第四版前言

首先非常感谢所有使用本教材的高校教师、学生和对本教材感兴趣的读者!
本教材第四版修订的重点放在习题与配套的数字资源上.

习题的修订如下. 每章习题都是配合课程相关内容而设置, 做习题是为了进一步巩固所学的课程内容, 第四版教材增加了各章习题的参考答案. 本版教材在部分章补充了少量习题, 增补习题是为了更全面地覆盖课程内容, 或是为了拓展课程内容, 加星号的题目作为选做题. 计算方法习题与微积分和线性代数的习题的形式并不完全相同, 计算方法做题的重点是在计算机上编程完成. 本教材一直包含编程习题作业, 我们更鼓励学生结合专业课程自己选择编程题. 教材上的习题主要是用二维三维简单的数据来模拟计算机上的计算过程, 这也是检查学生是否掌握课程内容简单而直接的方法. 例如, 迭代法求解方程组, 幂法求矩阵按模最大的特征值.

关于参考答案, 对于计算题我们给出简明计算步骤和计算结果, 或只给计算结果. 对证明题有的给出解题提示, 有的给出解题思路. 面对近百道习题, 参考答案的编写力求解题思路清晰, 解题步骤简明.

教材的数字资源的增加内容包括 Matlab 编程实例、应用案例和各章的课堂教学 PPT 文档, 这部分内容读者通过扫描书中二维码即可学习.

希望本版教材的修订对提高学生掌握课程内容有所帮助, 有益于读者开拓数值计算的思路, 提高计算的准确度, 真正掌握计算方法核心思想, 提升在计算机上的实践能力.

感谢徐宽教授、傅孝明副教授和张瑞博士! 他们提供了 Matlab 编程实例、应用案例和 PPT 文档.

感谢中国科学技术大学数学科学学院研究生许曾豪、李沫对习题参考答案内容所做的工作!

感谢数学科学学院研究生秦欧源和化学与材料科学学院本科生刘兮扬对 Matlab 编程所做的工作!

感谢中国科学技术大学数学科学学院和科学出版社对本版教材出版的支持!

编　者

2022 年 2 月

第三版前言

本教材从 2000 年 1 月第一版第一次印刷至今已历经 16 年, 2006 年 9 月修订为第二版, 并入选普通高等教育 "十一五" 国家级规划教材.

本次修订前, 编者征求我校信息与计算科学专业的相关教师和主讲教师的意见, 张梦萍教授、徐岩教授、童伟华副教授、段雅丽副教授、夏银华副教授、张明波博士和陈先进博士都提出了建设性的修改建议和意见, 在此深表感谢.

下列是本版教材的修订内容.

对章节目录做了适合教学结构的部分调整, 对有些章节的顺序做了变动. 将原版各章 C 语言例题统一放在附录 2 中, 将用数学软件 Mathematica 做题的例题放在附录 3 中.

增加了部分内容的定理证明. 例如: (第 4 章附录中) 直接法误差分析; (第 5 章中) Gauss-Seidel 迭代的收敛性证明等.

在部分章节增加了图示, 用图示表明几何意义. 例如: 图示向量范数、图示复化 Simpson 积分公式积分系数.

在部分章节增加了例题, 将拓宽的内容融合在例题中. 例如: 构造中心差商的外推公式, 用 Householder 变换作出矩阵 A 的 QR 分解.

本教材仅提供了数值计算方法课程的基本内容, 主讲教师在教学中常会针对所在院系的部分章节内容做更深入的展开, 也会根据学时的要求做相应的内容删减. 为适应不同学时的课程要求将教材中部分内容表以星号供选择.

本教材的 C 语言程序和大部分插图由中国科学技术大学陈长松博士 (现公安部第三研究所的研究员) 和窦斗博士 (现南京大学数学学院副教授) 完成, 在此向他们表示感谢!

感谢校内外使用本教材的教师和学生!

感谢科学出版社和中国科学技术大学教务处对第三版教材的出版支持!

编 者

2016 年 7 月

第二版前言

数值计算方法, 是一种研究并解决数学问题的数值近似解方法, 简称计算方法. 计算数学中的数值计算方法是解决 "计算" 问题的桥梁和工具. 计算机是数值计算方法最常用的计算工具, 随着计算机技术的迅速发展和普及, 计算方法课程已成为所有理工科学生的必修课程. 我们知道, 计算能力是计算工具和计算方法的效率的乘积, 提高计算方法的效率与提高计算机硬件的效率同样重要. 科学计算已用到科学技术和社会生活的各个领域中. 目前, 理论方法、实验方法和数值计算方法称为科学研究并列的三种方法.

本书覆盖了计算方法最基本的内容, 包括插值、数值微分和数值积分、曲线拟合的最小二乘法、非线性方程求解、解线性方程组的直接法、解线性方程组的迭代法、计算矩阵的特征值和特征向量、常微分方程数值解. 最后一章给出用符号计算语言 Mathematica 做各章计算方法的例题.

本书参考了国内外多本计算方法教材. 例如, 由教育部高等教育司推荐的国外优秀信息科学与技术系列教学用书; Richard L. Burden 的《数值分析》(Numerical Analysis), 并吸取了这些书的优点, 例如, 给出大部分方法对应的算法, 通过算法缩短数学方法和计算机实现的距离.

本书例题丰富, 通过典型例题帮助学生进一步理解计算对象、计算公式、限定条件和计算步骤. 学习计算方法中的逼近和迭代等数学思想, 掌握常用的数值方法, 获取近似计算的能力, 激发学生的学习兴趣, 扩大学生数值计算的知识面, 并能触类旁通地应用到各自的科研和技术领域中, 培养学生的数学综合分析能力和计算能力.

本书在每章的 "程序示例" 中, 给出用 C 语言编写的方法的程序和计算实例, 这些程序基于数值计算公式, 没有进行优化处理, 其目的是通过编程上机, 观察方法动态运行过程, 训练和提高计算机应用技术能力和水平. 在编程中领会和理解方法的计算要领和步骤, 在编程中思考问题的条件和限制范围, 在编程中理解一般问题和特殊问题的区别, 在编程中体验数值实验方法.

本书从 2000 年出版后已被多所学校选用作为教材, 在此深表感谢. 为了给要深入学习计算方法的学生做铺垫, 第二版增加了高斯积分简介和 "QR 初步" 等标注星号 (∗) 的内容供选择.

本书适合作为 40 学时的计算方法课程教材, 为了适应不同层次的读者, 少部

分标注星号 (*) 的内容可作为选修部分, 主讲教师可根据专业需求增加或减少各章节内容.

本书 "程序示例" 部分由中国科学技术大学数学系博士生陈长松和窦斗完成. 在此表示感谢. 编者还要向所有使用本教材的教师和学生表示深切的谢意, 感谢他们对本书提出的建议和修订意见, 我们要在修订中不断完善本书. 最后感谢中国科学技术大学教务处和科学出版社对本书出版的支持.

编 者

2006 年 3 月

第一版前言

随着现代科学技术的发展和计算机的广泛使用,数值计算方法不仅要面对数学工作者、数值计算专家,还要更多地面对一般的工程技术人员和各行各业的设计人员.

为了顾及一般读者,本书力求通俗易懂、简洁实用. 其内容按插值、数值微分和积分、曲线拟合、非线性方程求根、解线性方程组、计算特征值和特征向量、常微分方程数值解的顺序安排. 第 9 章给出调用 Mathematica 软件直接做数值题目的部分样例. 全书约需 40 学时. 本书介绍的各类问题的计算方法都有相对的独立性,可以根据不同的教学对象和要求选择其中的某些章、节和知识点,书中以 * 标记略有难度的内容以供选用.

本书以能正确选择计算对象的计算方法为前提,领会计算原理和掌握计算步骤为主干线,淡化数学定理证明中的严谨性部分,强化数值方法与计算机技术的应用能力训练,为此取书名为 "数值计算方法和算法". 希望读者通过本书的学习掌握数值计算中的基本思想和方法,培养自行处理常规数值计算问题的能力,为深入学习数值方法打好基础,也为部分读者调用各类程序包解决问题创造条件.

此次出版主要做了修订和勘误工作; 在内容上增加了少量的在应用软件中的实用算法,例如: 用牛顿插值构造埃尔米特插值的方法; 汇集了部分上机作业题,供学生上机实习时选用.

本书是作者在中国科学技术大学多年讲授计算方法课程的基础上编写而成的,可作为一般理工科 (非数学系和计算机系) 以及工商科专业的计算方法教材,也可作为工程技术人员的参考用书.

本书的插图和大部分程序由中国科学技术大学数学系陈长松博士完成,部分程序和例题由窦斗硕士完成. 在此表示感谢.

编者还要向使用本教材的教师和学生表示深切的谢意,感谢他们对本书提出的修订意见. 最后,感谢科学出版社和本书责任编辑对出版本书所做的工作.

编　者

1999 年 3 月

目　　录

第四版前言

第三版前言

第二版前言

第一版前言

绪论 ·· 1

  0.1　数值计算方法与算法 ·· 1

  0.2　误差与有效数字 ··· 2

  0.3　矩阵和向量范数 ··· 4

    0.3.1　向量范数 ·· 4

    0.3.2　矩阵范数 ·· 7

    0.3.3　矩阵的条件数 ·· 12

第 1 章　插值 ·· 15

  1.1　Lagrange 插值多项式 ·· 15

    1.1.1　线性插值 ·· 16

    1.1.2　二次插值 ·· 18

    1.1.3　n 次拉格朗日插值多项式 ··································· 20

  1.2　Newton 插值多项式 ··· 25

    1.2.1　差商及其计算 ·· 26

    1.2.2　Newton 插值 ·· 28

  *1.3　Hermite 插值 ··· 32

  1.4　三次样条函数 ·· 38

    1.4.1　分段插值 ·· 38

    1.4.2　三次样条插值的 M 关系式 ································ 41

    1.4.3　三次样条插值的 m 关系式 ································ 44

  习题 1 ··· 45

第 2 章　最小二乘拟合 ·· 48

  2.1　拟合函数 ·· 48

  2.2　多项式拟合 ·· 51

  2.3　矛盾方程组 ·· 56

习题 2 ·· 59

第 3 章　非线性方程求解 ··· 62

　3.1　迭代法 ··· 62

　　　3.1.1　实根的对分法 ·· 62

　　　3.1.2　不动点迭代 ·· 64

　3.2　Newton 迭代法 ·· 67

　3.3　弦截法 ··· 70

　3.4　求解非线性方程组的 Newton 方法 ····································· 72

　习题 3 ··· 75

第 4 章　求解线性方程组的直接法 ··· 77

　4.1　Gauss 消元法 ·· 78

　　　4.1.1　Gauss 顺序消元法 ·· 79

　　　4.1.2　Gauss 列主元消元法 ·· 83

　4.2　直接分解法 ·· 87

　　　4.2.1　Doolittle 分解 ·· 88

　　　4.2.2　Crout 分解 ··· 91

　　　4.2.3　特殊线性方程组 ·· 93

　习题 4 ··· 97

　附录　直接法误差分析 ·· 98

第 5 章　求解线性方程组的迭代方法 ······································· 100

　5.1　简单 (Jacobi) 迭代 ·· 101

　　　5.1.1　Jacobi 迭代计算公式 ··· 101

　　　5.1.2　Jacobi 迭代收敛条件 ··· 103

　5.2　Gauss-Seidel 迭代 ·· 104

　　　5.2.1　Gauss-Seidel 迭代计算 ······································· 104

　　　5.2.2　Gauss-Seidel 迭代矩阵 ······································· 105

　　　5.2.3　Gauss-Seidel 迭代算法 ······································· 106

　5.3　松弛迭代 ·· 108

　　　5.3.1　松弛迭代计算公式 ·· 108

　　　5.3.2　松弛迭代矩阵 ·· 108

　*5.4　经典迭代格式的统一 ·· 109

　习题 5 ··· 110

第 6 章　数值积分和数值微分 ··· 113

　6.1　Newton-Cotes 数值积分 ·· 113

　　　6.1.1　插值型数值积分 ·· 114

　　　　6.1.2　Newton-Cotes 积分 ··································· 115

　　6.2　复化数值积分 ··· 120

　　　　6.2.1　复化梯形积分 ·· 121

　　　　6.2.2　复化 Simpson 积分 ·································· 122

　　　　6.2.3　自动控制误差的复化积分 ···························· 124

　　　　6.2.4　Romberg 积分 ······································ 127

　*6.3　重积分计算 ··· 129

　*6.4　Gauss 型积分 ··· 132

　　　　6.4.1　Legendre 多项式 ···································· 132

　　　　6.4.2　Gauss-Legendre 积分 ································ 133

　　6.5　数值微分 ··· 135

　　　　6.5.1　差商与数值微分 ······································ 135

　　　　6.5.2　插值型数值微分 ······································ 139

　　习题 6 ··· 140

第 7 章　常微分方程数值解 ·· 143

　　7.1　Euler 公式 ··· 144

　　　　7.1.1　基于数值微商的 Euler 公式 ························· 144

　　　*7.1.2　Euler 公式的收敛性 ······························· 147

　　　　7.1.3　基于数值积分的近似公式 ···························· 149

　　7.2　Runge-Kutta 方法 ·· 151

　　　　7.2.1　二阶 Runge-Kutta 方法 ······················· 151

　　　　7.2.2　四阶 Runge-Kutta 公式 ······················· 153

　　7.3　线性多步法 ··· 155

　　7.4　常微分方程组的数值解法 ··································· 158

　　　　7.4.1　一阶常微分方程组的数值解法 ······················ 158

　　　　7.4.2　高阶常微分方程数值方法 ···························· 161

　*7.5　绝对稳定性 ··· 162

　　习题 7 ··· 166

第 8 章　计算矩阵的特征值和特征向量 ································ 168

　　8.1　幂法 ··· 168

　　　　8.1.1　幂法计算 ·· 168

　　　　8.1.2　幂法的规范运算 ······································ 171

　　　　8.1.3　原点位移法 ·· 174

　　8.2　反幂法 ··· 175

　*8.3　实对称矩阵的 Jacobi 方法 ································· 176

*8.4　QR 方法简介 ·· 183

　　8.4.1　QR 方法初步 ··· 183

　　8.4.2　矩阵的 QR 分解 ··· 184

习题 8 ··· 187

参考文献 ·· 189

附录 1　上机作业题 ·· 190

附录 2　C 语言程序示例 ·· 194

附录 3　在符号语言 Mathematica 中做题 ································ 203

附录 4　习题参考答案 ·· 215

绪　　论

0.1　数值计算方法与算法

数值计算方法, 是一种研究数学问题的数值近似解方法, 是在计算机上使用的解数学问题的方法, 简称计算方法. 它的计算对象是那些在理论上有解而又无法用手工计算的数学问题, 以及没有解析解的数学问题. 例如, 解一个有 300 个未知量的线性方程组; 计算 6 阶矩阵的全部特征值.

在科学研究和工程技术中都要用到各种计算方法. 例如, 在航天航空、地质勘探、汽车制造、桥梁设计、天气预报和汉字字体设计中都有计算方法的踪影. 在 20 世纪 70 年代, 大多数学校仅在数学系的计算数学专业和计算机系开设计算方法这门课程. 随着计算机技术的迅速发展和普及, 现在计算方法课程几乎已成为所有理工科学生的必修课程.

计算方法是一门理论性和实践性都很强的学科, 计算方法既有数学类课程中理论上的抽象性和严谨性, 又有实用性和实验性的技术特征. 计算方法的先修课程是微积分、线性代数、常微分方程和一门计算机语言.

大多数人学习计算方法的目的是为了使用方法, 在学习计算方法中, 在套用计算公式、修改计算公式和创建计算公式中, 都需要不同程度的专业知识和数学基础. 要注重学习计算方法中的逼近和迭代等数学思想和常用手法, 获取近似计算的能力, 并能触类旁通地应用到各个领域中. 一些有创造力的工程师不仅擅长使用某些计算方法, 而且能创建出简便有效的计算方法. 例如, 样条函数、快速傅里叶变换和有限元方法都是有创造力的工程师们创建的, 再由数学家们完善这些方法的理论基础, 并从理论上进行提高和推广.

从方法的计算公式到在计算机上实际运行, 两者之间还有距离, 这是数学能力与计算机应用技术能力之间的距离, 还与计算机的运行环境和编程工具有关, 为了缩小两者之间的距离, 本教材将给出部分计算公式的算法描述. 用算法容易准确而简便地描述计算公式, 在算法中能简洁地表达计算公式中的 "循环" 和 "迭代" 等操作. 有了方法的算法, 将它转化成 C 或 PASCAL 等语言的程序上机运行也就容易了.

在学习计算方法过程中, 如果能用某种语言编制该方法的程序并运行通过, 那么有利于准确而深刻地掌握该方法的计算步骤和过程.

本教材中提供了部分上机作业题, 在平时作业中布置一些上机编程题目, 其目的是通过编程上机, 加深对方法实施的理解和体会, 训练和提高数学与计算机应用能力和水平.

0.2 误差与有效数字

1. 绝对误差与绝对误差界

近似计算必然产生误差, 误差表示精确值与近似值的距离.

定义 0.1 设 x^* 为精确值 (或准确值), x 是 x^* 的一个近似值, 称 $e = x^* - x$ 为近似值 x 的绝对误差或误差.

$$绝对误差 = 精确值 - 近似值$$

误差 e 的值可正可负, 如果得不到精确值 x^*, 也就算不出绝对误差 e 的值. 常用限制误差绝对值的范围 ε 描述和控制误差的范围.

定义 0.2 如果精确值 x^* 与近似值 x 的误差的绝对值不超过某正数 ε, 即

$$|e| = |x^* - x| \leqslant \varepsilon$$

称 ε 为绝对误差限或误差限.

精确值 x^* 也可表示为 $x^* = x \pm \varepsilon$. 通常, 在误差允许的范围内的近似值 x, 即认为是精确值, 这也是计算中控制循环中止的常用手段.

例 0.1 若经四舍五入得到 $x = 123.456$, 对于数 123.4559, 123.4555, 123.4561, 123.4564 的近似值都是 $x = 123.456$, 即第四位小数大于 5 时, 必然进位到第三位小数; 第四位小数小于 5 时, 必然舍去. 它的误差限是

$$|e| = |x^* - x| \leqslant 10^{-4} \times 5 = \frac{1}{2} \times 10^{-3}$$

若 $x^* = 0.0123456$, 则它的误差限是

$$|e| = |x^* - x| \leqslant 10^{-8} \times 5 = \frac{1}{2} \times 10^{-7}$$

2. 相对误差与相对误差限

在很多情况下, 绝对误差并不能全面地反映近似程度. 例如, 某电器公司两次进货的某型号电风扇分别为 1000 台和 2000 台, 其中开箱不合格电风扇分别为 8 和 12(绝对误差的值). 不合格率分别为 8/1000=0.8% 和 12/2000=0.6%(相对误

差的值), 这说明该电风扇的质量有所提高. 我们把绝对误差与准确值的比值定义为相对误差.

定义 0.3 设 x^* 为精确值, x 是 x^* 的一个近似值, 称 $e_r = \dfrac{e}{x^*} = \dfrac{x^* - x}{x^*}$ 为近似值 x 的相对误差.

在实际计算中, 有时得不到精确值 x^*, 当 e_r 较小时 x^* 可用近似值 x 代替, 即

$$e_r = \frac{e}{x} = \frac{x^* - x}{x}$$

$$\text{相对误差} = \frac{\text{绝对误差}}{\text{精确值}} \quad \text{或} \quad \text{相对误差} = \frac{\text{绝对误差}}{\text{近似值}}$$

相对误差 e_r 的值也可正可负, 与绝对误差一样不易计算, 常用相对误差限控制相对误差的范围.

定义 0.4 如果有正数 ε_r 使得 $e_r = \left| \dfrac{e}{x^*} \right| \leqslant \varepsilon_r$, 则称 ε_r 为 x^* 的相对误差限.

产生误差的因素很多, 产生误差的原因主要如下.

(1) 原始误差.

由客观存在的模型抽象到物理模型产生的误差. 包括模型误差和原始数据误差.

(2) 截断误差.

用有限项近似无限项时, 由截取函数的部分项而产生的误差, 称为截断误差.

例如, $\mathrm{e}^x = 1 + x + \dfrac{x^2}{2!} + \cdots + \dfrac{x^k}{k!} + \cdots = \sum\limits_{n=0}^{\infty} \dfrac{x^n}{n!}$, 在计算中用 $\mathrm{e}^x = \sum\limits_{n=0}^{N} \dfrac{x^n}{n!} \approx \sum\limits_{n=0}^{\infty} \dfrac{x^n}{n!}$. e^x 的截断误差 $E(x) = \sum\limits_{n=N+1}^{\infty} \dfrac{x^n}{n!}$.

(3) 舍入误差.

在数值计算中, 通常都按有限位进行运算. 例如, 按照四舍五入的原则, $2/3 = 0.666667$ 或 $2/3 = 0.667$, 由舍入产生的误差, 称为舍入误差.

在实际计算中的数据通常是近似值, 它们由观察、估计或计算而得到, 这些数在计算机表示后也会带来进一步误差, 即误差的积累和传播. 关于误差的传播似乎没有多少统一的理论, 通常积累误差的界是以通例分析为基础而建立的.

3. 有效位数

定义 0.5 当 x 的误差限为某一位的半个单位, 则这一位到第一个非零位的位数称为 x 的有效位数.

例如, $x = 12.34$, $y = 0.004067$ 均有 4 位有效数字, 而 3.00 与 3.0000 分别有

3 位和 5 位有效位数.

有效位的多少直接影响到近似值的绝对误差和相对误差, 因此, 在计算中也应注意保持一定的有效位数.

4. 约束误差

数值计算的近似计算免不了有误差相随, 只能尽量约束和控制误差.

(1) 选择收敛的稳定的方法.

对同一问题选择不同的数值计算方法, 可能得到不同的计算结果. 在计算方法中, 除了给出方法的数值计算公式, 还要讨论计算公式的收敛性、稳定性和截断误差的特性. 选择收敛性要求低、稳定性好的方法是约束误差扩张最重要的措施. 例如, 样条插值函数比高次多项式的效果好得多, 是构造插值函数的首选方法.

(2) 提高数值计算精度.

数值在计算机中存放的位数称为字长. 有限位的字长是带来舍入误差和抑制数值计算精度的根源. 对同一种方法, 在字长大的计算机上的计算效果要比在字长小的计算机上优越.

同一计算问题, 简化计算步骤、减少运算次数、控制除法中分母的值等措施都会约束和减少舍入误差.

例如, 将多项式表达式 $f(x) = a_n x^n + a_{n-1} x^{n-1} + \cdots + a_1 x + a_0$ 改写为

$$f(x) = (\cdots (a_n x + a_{n-1}) x + \cdots + a_1) x + a_0$$

在计算机上, 用同一种数值计算方法对数据选用不同的数值类型, 有时会直接影响到计算效果. 例如, 对病态的线性方程组, 采用单精度数据的 Gauss 消元方法, 其数据解大大失真, 而用双精度数据 Gauss 列主元消元方法却可得到满意的数值解.

0.3   矩阵和向量范数

0.3.1   向量范数

1. 向量范数的定义

在一维空间中, 实轴上任意两点 a, b 的距离用两点坐标差的绝对值 $|a - b|$ 表示. 绝对值是单变量的一种度量距离的定义.

范数是在广义长度意义下, 对函数、向量和矩阵的一种度量定义. 任何对象的范数值都是一个非负实数. 使用范数可以测量两个函数、向量或矩阵之间的距离. 向量范数是度量向量长度的一种定义形式. 范数有多种定义形式, 只要满足向

量范数定义的三个条件即可定义一个范数.

对任一向量 $X \in \mathbf{R}^n$, 按照一个规则确定一个非负实数与它对应, 记该实数为 $\|X\|$, 若 $\|X\|$ 满足下面三个性质:

(1) 任取 $X \in \mathbf{R}^n$, 有 $\|X\| \geqslant 0$, 当且仅当 $X = 0$ 时, $\|X\| = 0$; (非负性)

(2) 任取 $X \in \mathbf{R}^n, \alpha \in \mathbf{R}$, 有 $\|\alpha X\| = |\alpha| \|X\|$; (齐次性)

(3) 任取 $X, Y \in \mathbf{R}^n$, 有 $\|X + Y\| \leqslant \|X\| + \|Y\|$, (三角不等式)

那么称实数 $\|X\|$ 为向量 X 的范数.

定义 0.6 向量 $X = (x_1, x_2, \cdots, x_n)^{\mathrm{T}}$ 的 L_p 范数 (Hölder 范数) 定义为

$$\|X\|_p = \left(\sum_{i=1}^{n} |x_i|^p \right)^{1/p}, \quad 1 \leqslant p \leqslant +\infty \tag{0.1}$$

其中, 经常使用的三种 L_p 向量范数是 $p = 1, 2, \infty$, 即

1 范数 (曼哈顿范数)

$$\|X\|_1 = \sum_{i=1}^{n} |x_i| = |x_1| + |x_2| + \cdots + |x_n|$$

2 范数 (欧几里得范数)

$$\|X\|_2 = \sqrt{\sum_{i=1}^{n} x_i^2} = \sqrt{x_1^2 + x_2^2 + \cdots + x_n^2}$$

∞ 范数

$$\|X\|_\infty = \max_{1 \leqslant i \leqslant n} \{|x_i|\} = \max\{|x_1|, |x_2|, \cdots, |x_n|\}$$

注 $\|X\|_\infty = \lim_{p \to \infty} (|x_1|^p + |x_2|^p + \cdots + |x_n|^p)^{1/p} = \max_{1 \leqslant i \leqslant n} \{|x_i|\}$.

例 0.2 计算向量 $X = (1, 3, a)^{\mathrm{T}}$ 的向量范数.

$$\|X\|_1 = 1 + 3 + |a| = 4 + |a|$$

$$\|X\|_2 = (1^2 + 3^2 + a^2)^{1/2} = \sqrt{10 + a^2}$$

$$\|X\|_\infty = \max\{1, 3, |a|\} = \max\{3, |a|\}$$

例 0.3 设 A 是一个正定矩阵, 对任何向量 $X \in \mathbf{R}^n$, 定义函数 $\|X\|_A = \sqrt{X^{\mathrm{T}} A X}$, $\|X\|_A$ 是一种向量范数.

例 0.4   当 $0 < p < 1$, $\|X\|_p = \left(\sum\limits_{i=1}^{n} |x_i|^p \right)^{1/p}$ 不是向量范数.

证明   取 $\alpha = (1, 0, \cdots, 0)^{\mathrm{T}}, \beta = (0, \cdots, 0, 1)^{\mathrm{T}}$, 则

$$\|\alpha\|_p = 1, \quad \|\beta\|_p = 1, \quad \|\alpha\|_p + \|\beta\|_p = 2, \quad \|\alpha + \beta\|_p = 2^{1/p} > 2$$

$$\|\alpha + \beta\|_p > \|\alpha\|_p + \|\beta\|_p$$

所以 $0 < p < 1$ 不是向量范数.

2. 不同向量范数的关系

同一向量, 在不同的范数定义下, 得到不同的范数值. 定理 0.1 给出有限维线性空间 $\mathbf{R}^n$ 中任意向量范数都是**等价**的.

定理 0.1   若 $R_1(X), R_2(X)$ 是 $\mathbf{R}^n$ 上两种不同的范数定义, 则必存在 $0 < m < M < \infty$, 使 $\forall X \in \mathbf{R}^n$, 均有

$$mR_2(X) \leqslant R_1(X) \leqslant MR_2(X) \tag{0.2}$$

或

$$m \leqslant \frac{R_1(X)}{R_2(X)} \leqslant M \quad (X \neq 0)$$

(证明略)

可以验证, 对于向量的 1, 2 和 ∞ 范数有下列等价关系:

$$\|X\|_\infty \leqslant \|X\|_1 \leqslant n\|X\|_\infty$$

$$\frac{1}{\sqrt{n}}\|X\|_1 \leqslant \|X\|_2 \leqslant \|X\|_1$$

$$\frac{1}{\sqrt{n}}\|X\|_2 \leqslant \|X\|_\infty \leqslant \|X\|_2$$

例 0.5 $\mathbf{R}^2$ 中向量 1 范数、2 范数、4 范数和 ∞ 范数的单位 "圆", 如图 0.1 所示.

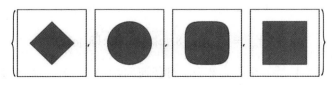

图 0.1   范数的单位 "圆"

解
$$\|A\|_1 = \max\{|-1| + 5, 3 + 7\} = 10$$

$$\|A\|_\infty = \max\{|-1| + 3, 5 + 7\} = 12$$

$$A^{\mathrm{T}}A = \begin{pmatrix} -1 & 5 \\ 3 & 7 \end{pmatrix} \begin{pmatrix} -1 & 3 \\ 5 & 7 \end{pmatrix} = \begin{pmatrix} 26 & 32 \\ 32 & 68 \end{pmatrix}$$

$A^{\mathrm{T}}A$ 的特征值为

$$\lambda_1 = 77.7771, \quad \lambda_2 = 6.2229$$

$$\|A\|_2 = \sqrt{77.7771} = 8.8191$$

$$\|A\|_F = (1 + 9 + 25 + 49)^{1/2} = \sqrt{84} = 9.1652$$

3. 谱半径与收敛矩阵

若 λ 是矩阵 A 的特征值, X 为其特征向量, $AX = \lambda X$, 对任一相容的矩阵范数

$$|\lambda|\,\|X\| = \|\lambda X\| = \|AX\| \leqslant \|A\|\,\|X\|$$

$$|\lambda| \leqslant \|A\| \tag{0.7}$$

即矩阵特征值的模不大于矩阵的任一范数.

定义 0.10 $\rho(A) = \max\limits_i \{|\lambda_i|\}$, 这里 $\lambda_1, \lambda_2, \cdots, \lambda_n$ 为 A 的特征值, $\rho(A)$ 称为 A 的谱半径.

由矩阵谱半径定义, 可得到矩阵范数的另一重要性质, $\rho(A) \leqslant \|A\|$. 由矩阵谱半径定义, 记 $\|A\|_2 = (\rho(A^{\mathrm{T}}A))^{1/2}$.

定义 0.11 设 $\{A^{(k)}, k = 1, 2, \cdots\}$ 为 $\mathbf{R}^{n \times n}$ 上的矩阵序列, 若存在 $A \in \mathbf{R}^{n \times n}$, 使得

$$\lim_{k \to \infty} \|A^{(k)} - A\| = 0$$

则称序列 $\{A^{(k)}, k = 1, 2, \cdots\}$ 是收敛的, 并称 A 为该序列的极限.

由矩阵范数的等价性, 矩阵序列 $\{A^{(k)}, k = 1, 2, \cdots\}$ 的收敛性与矩阵范数的定义无关.

定义 0.12 当 $\lim\limits_{k \to \infty} A^k = 0$ 时, 称 A 为收敛矩阵.

定理 0.2 $\lim\limits_{k \to \infty} A^k = 0$ 的充分必要条件是 $\rho(A) < 1$.

证明 每个复方阵都可以相似到 Jordan 标准形, 故只需考虑 $A = \lambda I_n + N$ 是 Jordan 块的情形. $A^k = \lambda^k I + \mathrm{C}_k^1 \lambda^{k-1} N + \cdots + \mathrm{C}_k^{n-1} \lambda^{k-n+1} N^{n-1}$, 其中

$$\mathrm{C}_k^i = \frac{k(k-1) \cdots (k-i+1)}{i!}$$

是关于 k 的 i 次多项式. 当 $|\lambda| < 1$ 时, $\lim\limits_{k \to \infty} A^k = O$. 当 $|\lambda| \geqslant 1$ 时, $\lim\limits_{k \to \infty} A^k = O$ 不成立. 证毕.

推论　$\lim\limits_{k \to \infty} A^k = 0$ 的一个充分条件是存在范数 $\|\cdot\|$, 使得 $\|A\| < 1$.

证明　$\|A^k\| \leqslant \|A^{k-1}\|\,\|A\| \leqslant \|A^{k-2}\|\,\|A\|^2 \leqslant \cdots \leqslant \|A\|^k$. 则

$$\|A\| < 1 \Rightarrow \|A\|^k \to 0 \Rightarrow \|A^k\| \to 0$$

由范数的性质得

$$\lim\limits_{k \to \infty} A^k = 0$$

0.3.3　矩阵的条件数

在解方程组时, 我们总是假定系数矩阵 A 和常数项 b 是准确的, 而在实际问题中, 系数矩阵 A 和常数项 b 往往是由前面的近似计算所得, 元素的误差是不可避免的. 这些误差会对方程组 $Ax = b$ 的解 x 有多大的影响? 矩阵的条件数给出一种粗略的衡量尺度.

定义 0.13　若 A 非奇异, 称 $\mathrm{Cond}_p(A) = \|A\|_p \|A^{-1}\|_p$ 为 A 的条件数. 其中 $\|\cdot\|_p$ 表示矩阵的某种范数.

$\mathrm{Cond}(A) \geqslant 1$, 当 A 为正交矩阵时 $\mathrm{Cond}(A) = 1$.

注　$\mathrm{Cond}(A) = \|A^{-1}\|\,\|A\| \geqslant \|A^{-1}A\| = \|I\| = 1$.

用矩阵 A 及其逆矩阵 A^{-1} 的范数的乘积表示矩阵的条件数, 由于矩阵范数的定义不同, 因而其条件数也不同, 但是由于矩阵范数的等价性, 故在不同范数下的条件数也是等价的.

对于线性方程组 $Ax = b$, 若常数项 b 有小扰动 δb, 设 $A(x + \delta x) = b + \delta b$, δx 受到 δb 的影响表示为

$$\frac{\|\delta x\|}{\|x\|} \leqslant \mathrm{Cond}(A) \frac{\|\delta b\|}{\|b\|} \tag{0.8}$$

分析　$A \cdot \delta x = \delta b$, $\delta x = A^{-1}\delta b$, $\|\delta x\| \leqslant \|A^{-1}\|\,\|\delta b\|$,

$$Ax = b, \quad \|b\| \leqslant \|A\|\,\|x\|, \quad \|x\| \geqslant \frac{\|b\|}{\|A\|}$$

所以

$$\frac{\|\delta x\|}{\|x\|} \leqslant \|A^{-1}\|\,\|A\| \frac{\|\delta b\|}{\|b\|} = \mathrm{Cond}(A) \frac{\|\delta b\|}{\|b\|}$$

若系数矩阵有小扰动 δA, 这时方程组的解也有扰动 δx, 于是

$$(A + \delta A)(x + \delta x) = b$$

δx 受到 δA 的影响表示为

$$\frac{\|\delta x\|}{\|x\|} \leqslant \frac{\operatorname{Cond}(A)\frac{\|\delta A\|}{\|A\|}}{1 - \operatorname{Cond}(A)\frac{\|\delta A\|}{\|A\|}} \qquad (0.9)$$

定理 0.3 设 $A \in \mathbf{R}^{n\times n}, b \in \mathbf{R}^n, Ax = b$, A 非奇异, δA 和 δb 是 A 和 b 的扰动,

$$\|A^{-1}\|\,\|\delta A\| < 1$$

则

$$\frac{\|\delta x\|}{\|x\|} \leqslant \frac{\operatorname{Cond}(A)}{1 - \operatorname{Cond}(A)}\left(\frac{\|\delta A\|}{\|A\|} + \frac{\|\delta b\|}{\|b\|}\right) \qquad (0.10)$$

矩阵条件数的大小是衡量矩阵 "好" 或 "坏" 的标志. 因此, 称 $\operatorname{Cond}(A)$ 大的矩阵为 "坏矩阵" 或 "病态矩阵", 对于 $\operatorname{Cond}(A)$ 大的矩阵, 小的误差可能会引起解的失真. 一般说来, 若 A 的按模最大特征值与按模最小特征值之比值较大时, 矩阵就会呈病态.

例 0.7 方程组

$$\begin{cases} 1.0002x_1 + 0.9998x_2 = 2 \\ 0.9998x_1 + 1.0002x_2 = 2 \end{cases}$$

的准确解为

$$x = (x_1, x_2)^{\mathrm{T}} = (1, 1)^{\mathrm{T}}$$

对常数项 b 引入小扰动 $\delta b = (0.001, -0.001)^{\mathrm{T}}$, 则

$$\begin{pmatrix} 1.0002 & 0.9998 \\ 0.9998 & 1.0002 \end{pmatrix}\begin{pmatrix} x_1 \\ x_2 \end{pmatrix} = \begin{pmatrix} 2.001 \\ 1.999 \end{pmatrix}, \quad \begin{pmatrix} x_1 + \delta x_1 \\ x_2 + \delta x_2 \end{pmatrix} = \begin{pmatrix} 3.5 \\ -1.5 \end{pmatrix}$$

$$A^{-1} = \begin{pmatrix} 1250.25 & -1249.75 \\ -1249.75 & 1250.25 \end{pmatrix}$$

故 $\operatorname{Cond}_\infty(A) = 2 \cdot 2500 = 5000$, $\frac{\|\delta x\|_\infty}{\|x\|_\infty} = 2.5$, $\frac{\|\delta b\|_\infty}{\|b\|_\infty} = \frac{0.001}{2} = 0.0005$, 解的相对误差是右端项相对误差放大 5000 倍.

从几何上看, 这两个方程是平面上的两条直线, 求方程组的解是求两条直线的交点, 条件数大表明这两条直线接近平行, 求解中对误差必然敏感.

对常数项 b 引入小扰动 $\delta b = (0.0001, -0.0001)^{\mathrm{T}}$, 则

$$\begin{pmatrix} 1.0002 & 0.9998 \\ 0.9998 & 1.0002 \end{pmatrix} \begin{pmatrix} x_1 \\ x_2 \end{pmatrix} = \begin{pmatrix} 2.0001 \\ 1.9999 \end{pmatrix}, \quad \begin{pmatrix} x_1 + \delta x_1 \\ x_2 + \delta x_2 \end{pmatrix} = \begin{pmatrix} 1.25 \\ 0.75 \end{pmatrix}$$

对常数项 b 引入小扰动 $\delta b = (0.00001, -0.00001)^{\mathrm{T}}$, 则

$$\begin{pmatrix} 1.0002 & 0.9998 \\ 0.9998 & 1.0002 \end{pmatrix} \begin{pmatrix} x_1 \\ x_2 \end{pmatrix} = \begin{pmatrix} 2.00001 \\ 1.99999 \end{pmatrix}, \quad \begin{pmatrix} x_1 + \delta x_1 \\ x_2 + \delta x_2 \end{pmatrix} = \begin{pmatrix} 1.025 \\ 0.975 \end{pmatrix}$$

注   本节矩阵范数内容可以结合第 4 章内容学习更便于理解掌握. 本节习题请看习题 5 第 1, 2 题.

本章课件

第 1 章　插　　值

什么是插值? 简单地说, 用给定的未知函数 $f(x)$ 的若干点的函数值构造近似函数 $\varphi(x)$, 称函数 $\varphi(x)$ 为 $f(x)$ 的插值函数.

在实际问题中 $f(x)$ 作为未知函数, 通过测量或经验只能得到函数 $f(x)$ 的一些离散点的值 $\{(x_i, f(x_i)), i = 0, 1, \cdots, n\}$; 或者函数 $f(x)$ 的表达式过于复杂而不便于运算. 这时我们需要构造 $f(x)$ 的近似函数 $\varphi(x)$. 例如, 在服装店订做风衣时, 选择好风衣的样式后, 服装师量出并记下你的胸围、衣长和袖长等几个尺寸, 这几个尺寸就是风衣函数的插值点数值, 在衣料上画出的裁剪线就是服装师构造的插值函数 $\varphi(x)$, 裁剪水平的差别就在于量准插值点和构造合乎身材的插值函数.

在数学上常用的函数逼近的方法有插值和拟合. 本章讨论用插值方法构造近似函数. 第 2 章讨论用拟合逼近函数.

定义 1.1 $f(x)$ 为定义在区间 $[a, b]$ 上的函数, $\{x_0, x_1, \cdots, x_n\}$ 为 $[a, b]$ 上 $n + 1$ 个互不相同的点, Φ 为给定的某一函数类. 若 Φ 上有函数 $\varphi(x)$, 满足

$$\varphi(x_i) = f(x_i), \quad i = 0, 1, \cdots, n$$

则称 $\varphi(x)$ 为 $f(x)$ 关于节点 $\{x_0, x_1, \cdots, x_n\}$ 在 Φ 上的插值函数. 称点 $\{x_0, x_1, \cdots, x_n\}$ 为插值节点; 称 $\{(x_i, f(x_i)), i = 0, 1, \cdots, n\}$ 为插值型值点, 简称**型值点**或**插值点**, $f(x)$ 称为被插函数. 在本章中我们约定 $a = x_0 < x_1 < \cdots < x_n = b$.

这样, 对函数 $f(x)$ 在区间 $[a, b]$ 上的各种计算, 就用对插值函数 $\varphi(x)$ 的计算取而代之.

构造插值函数需要关心下列问题:

◇ 插值函数是否存在?

◇ 插值函数是否唯一?

◇ 如何表示插值函数?

◇ 如何估计被插函数 $f(x)$ 与插值函数 $\varphi(x)$ 的误差?

1.1　Lagrange 插值多项式

可对插值函数的类型作多种不同函数的选择. 由于代数多项式具有简单和一些良好的特性, 例如, 多项式是无穷光滑的, 容易计算它的导数和积分, 故常选用代数多项式作为插值函数.

1.1.1 线性插值

1. 线性插值问题

问题 1.1　给定两个插值点 $(x_0, f(x_0)), (x_1, f(x_1))$, 其中 $x_0 \neq x_1$, 怎样做通过这两点的线性插值函数?

过两点作一条直线, 这条直线就是通过这两点的一次多项式插值函数, 简称线性插值, 如图 1.1 所示.

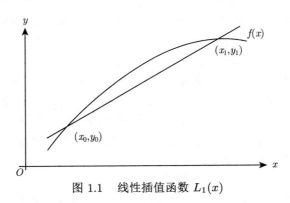

图 1.1　线性插值函数 $L_1(x)$

在初等数学中, 可用两点式、点斜式或截距式构造通过两点的一条直线. 下面先用待定系数法构造插值直线.

设直线方程为 $L_1(x) = a + bx$, 将 $(x_0, f(x_0)), (x_1, f(x_1))$ 分别代入直线方程 $L_1(x)$ 得

$$\begin{cases} a + bx_0 = f(x_0) \\ a + bx_1 = f(x_1) \end{cases}$$

设 $x_0 \neq x_1$ 时, 因 $\begin{vmatrix} 1 & x_0 \\ 1 & x_1 \end{vmatrix} \neq 0$, 所以方程组有解, 而且解是唯一的. 这也表明, 任给平面上两个不同点, 有且仅有一条直线通过, 这是大家所熟知的. 用待定系数法构造插值多项式的方法简单直观, 容易看到解的存在性和唯一性, 但要解一个方程组才能得到插值函数的系数. 因解方程组的工作量不便向高阶推广, 故待定系数法常用来证明插值函数的存在性和唯一性, 而不用在构造插值函数中.

设 $x_0 \neq x_1$ 时, 若用两点式表示这条直线, 则有

$$L_1(x) = \frac{x - x_1}{x_0 - x_1} f(x_0) + \frac{x - x_0}{x_1 - x_0} f(x_1) \tag{1.1}$$

称这种形式为 Lagrange 插值多项式.

记 $l_0(x) = \dfrac{x - x_1}{x_0 - x_1}$, $l_1(x) = \dfrac{x - x_0}{x_1 - x_0}$, 称 $l_0(x), l_1(x)$ 为插值基函数, 计算 $l_0(x), l_1(x)$ 的值, 易见

$$l_i(x_j) = \delta_{ij} = \begin{cases} 1, & i = j \\ 0, & i \neq j \end{cases} \tag{1.2}$$

在 Lagrange 插值多项式中可将 $L_1(x)$ 看作两条直线 $\dfrac{x - x_1}{x_0 - x_1} f(x_0)$, $\dfrac{x - x_0}{x_1 - x_0} f(x_1)$ 的叠加, 可以看到两个插值点的地位和作用都是平等的.

拉格朗日插值多项式形式免除了解方程组的计算, 易于向高次插值多项式形式推广.

2. 线性插值误差

定理 1.1 记 $L_1(x)$ 是以 $\{(x_0, f(x_0)), (x_1, f(x_1))\}$ 为插值点的插值函数, x_0, $x_1 \in [a, b], x_0 \neq x_1$, 设 $f(x)$ 一阶连续可导, $f''(x)$ 在 (a, b) 上存在, 则对任意给定的 $x \in [a, b]$, 至少存在一点 $\xi \in [a, b]$, 使

$$R(x) = f(x) - L_1(x) = \frac{f''(\xi)}{2!}(x - x_0)(x - x_1), \quad \xi \in [x_0, x_1] \tag{1.3}$$

证明 令 $R(x) = f(x) - L_1(x)$. 因 $R(x_0) = R(x_1) = 0$, x_0, x_1 是 $R(x)$ 的根, 可设

$$R(x) = k(x)(x - x_0)(x - x_1)$$

对任何一个固定的点 x, 引进辅助函数 $\varphi(t)$,

$$\varphi(t) = f(t) - L_1(t) - k(x)(t - x_0)(t - x_1)$$

则 $\varphi(x_i) = 0, i = 0, 1$.

由定义可得 $\varphi(x) = 0$, 这样 $\varphi(t)$ 至少有 3 个零点. 不失一般性, 假定 $x_0 < x < x_1$, 分别在 $[x_0, x]$ 和 $[x, x_1]$ 上应用 Rolle 定理, 可知 $\varphi'(t)$ 在每个区间至少存在一个零点, 不妨记为 ξ_1 和 ξ_2, 即 $\varphi'(\xi_1) = 0$ 和 $\varphi'(\xi_2) = 0$, 对 $\varphi'(t)$ 在 $[\xi_1, \xi_2]$ 上应用 Rolle 定理, 得到 $\varphi''(t)$ 在 $[\xi_1, \xi_2]$ 上至少有一个零点 ξ, $\varphi''(\xi) = 0$.

对 $\varphi(t)$ 求二次导数, 其中 $L_1''(t) = 0$, 有

$$\varphi''(t) = f''(t) - 2!k(x)$$

代入 ξ, 得 $f''(\xi) - 2!k(x) = 0$, 所以 $k(x) = \dfrac{f''(\xi)}{2!}$.

$$R(x) = \frac{f''(\xi)}{2!}(x - x_0)(x - x_1), \quad \xi \in [x_0, x_1]$$

对于不同的 x, ξ 的值一般也不相同, 即 $\xi = \xi(x)$.

定理 1.1 给出了线性插值的截断误差, 插值函数的截断误差也称**余项**.

1.1.2 二次插值

1. 二次插值问题

问题 1.2   给定三个插值点 $\{(x_i, f(x_i)), i = 0, 1, 2\}$, 其中 x_i 互不相等, 怎样构造函数 $f(x)$ 的二次 (抛物线) 插值多项式?

平面上的三个点能确定一条二次曲线, 如图 1.2 所示.

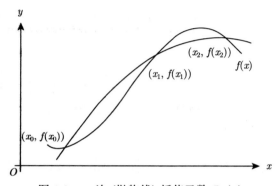

图 1.2   二次 (抛物线) 插值函数 $L_2(x)$

用插值基函数的方法构造二次插值多项式 $L_2(x)$.

设 $L_2(x) = l_0(x)f(x_0) + l_1(x)f(x_1) + l_2(x)f(x_2)$. 每个基函数 $l_i(x)$ 是一个二次函数, 对 $l_0(x)$ 来说, 要求 x_1, x_2 是它的零点, 因此可设

$$l_0(x) = A(x - x_1)(x - x_2)$$

同理 $l_1(x), l_2(x)$ 也有相应的形式, 得

$$L_2(x) = A(x - x_1)(x - x_2)f(x_0) + B(x - x_0)(x - x_2)f(x_1)$$
$$+ C(x - x_0)(x - x_1)f(x_2)$$

将 $x = x_0$ 代入 $L_2(x)$, 得

$$L_2(x_0) = A(x_0 - x_1)(x_0 - x_2)f(x_0) = f(x_0)$$

所以

$$A = \frac{1}{(x_0 - x_1)(x_0 - x_2)}$$

$$l_0(x) = A(x - x_1)(x - x_2) = \frac{(x - x_1)(x - x_2)}{(x_0 - x_1)(x_0 - x_2)}$$

同理将 $x = x_1, x = x_2$ 代入 $L_2(x)$ 得到 B 和 C 的值, 以及 $l_1(x)$ 和 $l_2(x)$ 的表达式

$$B = \frac{1}{(x_1 - x_0)(x_1 - x_2)}, \quad C = \frac{1}{(x_2 - x_0)(x_2 - x_1)}$$

即

$$l_1(x) = \frac{(x - x_0)(x - x_2)}{(x_1 - x_0)(x_1 - x_2)}, \quad l_2(x) = \frac{(x - x_0)(x - x_1)}{(x_2 - x_0)(x_2 - x_1)}$$

得到

$$L_2(x) = \frac{(x - x_1)(x - x_2)}{(x_0 - x_1)(x_0 - x_2)} f(x_0) + \frac{(x - x_0)(x - x_2)}{(x_1 - x_0)(x_1 - x_2)} f(x_1)$$
$$+ \frac{(x - x_0)(x - x_1)}{(x_2 - x_0)(x_2 - x_1)} f(x_2) \tag{1.4}$$

容易验证插值基函数仍然满足

$$l_i(x_j) = \delta_{ij} = \begin{cases} 1, & i = j \\ 0, & i \neq j \end{cases}$$

2. 二次插值函数误差

$$R_2(x) = \frac{f^{(3)}(\xi)}{3!}(x - x_0)(x - x_1)(x - x_2),$$
$$\xi \in [\min\{x_0, x_1, x_2, x\}, \max\{x_0, x_1, x_2, x\}] \tag{1.5}$$

上式证明完全类似于线性插值误差的证明, 故从略.

插值作为函数逼近方法, 常用于函数的近似计算. 当计算点落在插值点区间之内叫做内插, 否则叫做外插. 内插的效果一般优于外插.

例 1.1 给定 $\sin 11° = 0.190809$, $\sin 12° = 0.207912$, $\sin 13° = 0.224951$. 构造二次插值函数并计算 $\sin 11°30'$.

解

$$L_2(x) = \frac{(x - 12)(x - 13)}{(11 - 12)(11 - 13)} 0.190809 + \frac{(x - 11)(x - 13)}{(12 - 11)(12 - 13)} 0.207912$$
$$+ \frac{(x - 11)(x - 12)}{(13 - 11)(13 - 12)} 0.224951$$

例1.1的
Mathematica
实现

$L_2(11.5) = 0.199369$, 准确值 $\sin 11°30' = 0.199368$.

图 1.3 是本题二次基函数及基函数和的图示.

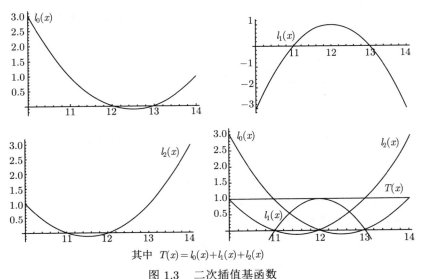

其中 $T(x) = l_0(x) + l_1(x) + l_2(x)$

图 1.3 二次插值基函数

例 1.2 要制作三角函数 $\sin x$ 的函数值表, 已知表值有四位小数, 要求用线性插值引起的截断误差不超过表值的舍入误差, 试确定其最大允许步长.

解 设 $h = h_i = x_i - x_{i-1}$,

$$|R(x)| = \left| \frac{f''(\xi)}{2!}(x - x_{i-1})(x - x_i) \right| = \left| \frac{\sin(\xi)}{2!}(x - x_{i-1})(x - x_i) \right|$$

$$\leqslant \frac{1}{2} |(x - x_{i-1})(x - x_i)| \leqslant \frac{1}{2} \left| \left(\frac{x_{i-1} + x_i}{2} - x_{i-1} \right) \left(\frac{x_{i-1} + x_i}{2} - x_i \right) \right|$$

$$= \frac{1}{8} |(x_{i-1} - x_i)(x_i - x_{i-1})| = \frac{h^2}{8} < \frac{1}{2} 10^{-4}$$

最大允许步长 $h \leqslant 0.02$.

1.1.3 n 次拉格朗日插值多项式

1. n 次插值多项式问题

问题 1.3 给定平面上两个互不相同的插值点 $\{(x_i, f(x_i)), i = 0, 1\}$, 有而且仅有一条通过这两点的直线; 给定平面上三个互不相同的插值点 $\{(x_i, f(x_i)), i = 0, 1, 2\}$, 有而且仅有一条通过这三个点的二次曲线; 给定平面上 $n + 1$ 个插值点

$\{(x_i, f(x_i)), i = 0, 1, 2, \cdots, n\}$, x_i 互不相同, 是否有而且仅有一条不高于 n 次的插值多项式? 如果曲线存在, 如何做出这条 n 次插值多项式曲线?

分析 n 次多项式 $P_n(x) = a_0 + a_1x + \cdots + a_nx^n$, 它完全由 $n+1$ 个系数 $\{a_0, a_1, \cdots, a_n\}$ 决定. 若曲线 $P_n(x)$ 通过给定平面上 $n+1$ 个互不相同的插值点 $\{(x_i, f(x_i)), i = 0, 1, \cdots, n\}$, 则 $P_n(x)$ 满足 $\{P_n(x_i) = f(x_i), i = 0, 1, 2, \cdots, n\}$, 事实上一个插值点就是一个插值条件.

将 $\{(x_i, f(x_i)), i = 0, 1, 2, \cdots, n\}$ 依次代入 $P_n(x)$ 中得到线性方程组

$$\begin{cases} a_0 + a_1x_0 + a_2x_0^2 + \cdots + a_nx_0^n = f(x_0) \\ a_0 + a_1x_1 + a_2x_1^2 + \cdots + a_nx_1^n = f(x_1) \\ \qquad \cdots\cdots \\ a_0 + a_1x_n + a_2x_n^2 + \cdots + a_nx_n^n = f(x_n) \end{cases} \tag{1.6}$$

方程组的系数行列式是 Vandermonde 行列式

$$V(x_0, x_1, \cdots, x_n) = \begin{vmatrix} 1 & x_0 & x_0^2 & \cdots & x_0^n \\ 1 & x_1 & x_1^2 & \cdots & x_1^n \\ \vdots & \vdots & \vdots & & \vdots \\ 1 & x_n & x_n^2 & \cdots & x_n^n \end{vmatrix} = \prod_{0 \leqslant j < i \leqslant n} (x_i - x_j)$$

当 x_i 互异时, $\prod\limits_{0 \leqslant j < i \leqslant n} (x_i - x_j) \neq 0$, 方程组 (1.6) 的解存在唯一. 即问题 1.3 的解存在而且唯一.

通过求解 (1.6) 得到插值多项式 $P_n(x)$, 因其计算量太大而不可取, 下面用 Lagrange 基函数, 构造 n 次 Lagrange 插值多项式.

对于 $n+1$ 个互不相同的插值节点 $\{(x_i, f(x_i)), i = 0, 1, 2, \cdots, n\}$, 由 n 次插值多项式的唯一性, 可对每个插值节点 x_i 作出相应的 n 次插值基函数 $\{l_i(x), i = 0, 1, 2, \cdots, n\}$, 要求

$$l_i(x_j) = \delta_{ij} = \begin{cases} 1, & i = j \\ 0, & i \neq j \end{cases}$$

$\{x_0, x_1, \cdots, x_{i-1}, x_{i+1}, \cdots, x_n\}$ 是 $l_i(x)$ 零点, 因此可设

$$l_i(x) = a_i(x - x_0)(x - x_1)\cdots(x - x_{i-1})(x - x_{i+1})\cdots(x - x_n)$$

由 $l_i(x_i) = 1$, 将 $x = x_i$ 代入 $l_i(x)$ 得到

$$l_i(x_i) = a_i(x_i - x_0)(x_i - x_1)\cdots(x_i - x_{i-1})(x_i - x_{i+1})\cdots(x_i - x_n) = 1$$

$$l_i(x) = \frac{(x - x_0) \cdots (x - x_{i-1})(x - x_{i+1}) \cdots (x - x_n)}{(x_i - x_0) \cdots (x_i - x_{i-1})(x_i - x_{i+1}) \cdots (x_i - x_n)} = \prod_{\substack{0 \leqslant j \leqslant n \\ j \neq i}} \frac{x - x_j}{x_i - x_j} \quad (1.7)$$

作其组合

$$L_n(x) = \sum_{i=0}^{n} l_i(x) f(x_i) \quad (1.8)$$

那么 $L_n(x)$ 为一至多 n 次多项式且满足 $\{L_n(x_i) = f(x_i),\ i = 0, 1, 2, \cdots, n\}$，故 $L_n(x)$ 就是关于插值点 $\{x_0, x_1, \cdots, x_n\}$ 的插值多项式，这种插值形式称为 Lagrange 插值多项式. $l_i(x)$ 称为关于节点 $\{x_0, x_1, \cdots, x_n\}$ 的 Lagrange 基函数.

例 1.3　用下列插值节点数据 (表 1.1)，构造三次 Lagrange 插值多项式，并计算 $f(0.6)$.

表 1.1

x_i	-2.00	0.00	1.00	2.00
$f(x_i)$	17.00	1.00	2.00	17.00

解　基函数为

$$l_0(x) = \frac{(x - x_1)(x - x_2)(x - x_3)}{(x_0 - x_1)(x_0 - x_2)(x_0 - x_3)} = \frac{(x - 0)(x - 1.00)(x - 2.00)}{(-2.00 - 0)(-2.00 - 1.00)(-2.00 - 2.00)}$$

$$= -\frac{1}{24} x(x - 1)(x - 2)$$

$$l_1(x) = \frac{(x - x_0)(x - x_2)(x - x_3)}{(x_1 - x_0)(x_1 - x_2)(x_1 - x_3)} = \frac{1}{4}(x + 2)(x - 1)(x - 2)$$

$$l_2(x) = \frac{(x - x_0)(x - x_1)(x - x_3)}{(x_2 - x_0)(x_2 - x_1)(x_2 - x_3)} = -\frac{1}{3}(x + 2)x(x - 2)$$

$$l_3(x) = \frac{(x - x_0)(x - x_1)(x - x_2)}{(x_3 - x_0)(x_3 - x_1)(x_3 - x_1)} = \frac{1}{8}(x + 2)x(x - 1)$$

三次 Lagrange 插值多项式

$$L_3(x) = -\frac{17}{24} x(x - 1)(x - 2) + \frac{1}{4}(x + 2)(x - 1)(x - 2) - \frac{2}{3}(x + 2)x(x - 2)$$

$$+ \frac{17}{8}(x + 2)x(x - 1)$$

$$f(0.6) \approx L_3(0.6) = 0.256$$

2. n 次插值多项式的误差

定理 1.2　设 $L_n(x)$ 是 $[a, b]$ 上过 $\{(x_i, f(x_i)), i = 0, 1, \cdots, n\}$ 的 n 次插值

多项式, $x_i \in [a, b]$, x_i 互不相同, 当 $f \in C^{n+1}[a, b]$ 时, 插值多项式的误差

$$R_n(x) = \frac{f^{(n+1)}(\xi)}{(n+1)!}(x - x_0)(x - x_1) \cdots (x - x_n), \quad \text{其中 } \xi \in [a, b] \tag{1.9}$$

* 证明   记 $R_n(x) = f(x) - L_n(x)$. 因 $L_n(x_i) = f(x_i), i = 0, 1, \cdots, n, \{x_0, x_1, \cdots, x_n\}$ 是 $R_n(x)$ 的根, 于是可设 $R_n(x) = k(x)(x - x_0)(x - x_1) \cdots (x - x_n)$.

下面的目标是算出 $k(x)$. 为此引入变量为 t 的函数 $\varphi(t)$:

$$\varphi(t) = f(t) - L_n(t) - k(x)(t - x_0)(t - x_1) \cdots (t - x_n)$$

令 $t = x_i$, 得 $\varphi(x_i) = 0$, $i = 0, 1, \cdots, n$;

令 $t = x$, 由定义 $\varphi(x) = f(x) - L_n(x) - k(x)(x - x_0)(x - x_1) \cdots (x - x_n) = 0$, 即 $\varphi(t)$ 至少有 $n + 2$ 个零点, 由于 $f \in C^{n+1}[a, b]$, 由 Rolle 定理, $\varphi'(t)$ 在相邻的两个零点之间至少有一个零点, 即 $\varphi'(t)$ 至少有 $n + 1$ 个零点, 同理再对 $\varphi''(t)$ 应用 Rolle 定理, 即 $\varphi''(t)$ 至少有 n 个零点, 反复应用 Rolle 定理得到 $\varphi^{(n+1)}(t)$ 至少有一个零点 ξ.

再对 $\varphi(t)$ 求 $n + 1$ 阶导数,

$$\varphi^{(n+1)}(t) = f^{(n+1)}(t) - k(x)(n+1)!$$

令 $t = \xi$, 有

$$0 = \varphi^{(n+1)}(\xi) = f^{(n+1)}(\xi) - k(x)(n+1)!$$

得到

$$k(x) = \frac{f^{(n+1)}(\xi)}{(n+1)!}$$

$$R_n(x) = \frac{f^{(n+1)}(\xi)}{(n+1)!}(x - x_0)(x - x_1) \cdots (x - x_n), \quad \xi \in [a, b]$$

由于 $\varphi^{(n+1)}(t)$ 的零点 ξ 与 $\varphi(t)$ 的零点 $\{x, x_0, \cdots, x_n\}$ 有关, 因而 ξ 为 x 的函数. n 次插值多项式的误差 $R_n(x)$ 是插值多项式 $L_n(x)$ 的截断误差, 每个插值条件都在余项 $R_n(x)$ 中有所贡献.

若 $\left| f^{(n+1)}(x) \right| \leqslant M, x \in [a, b]$, 则 $R_n(x)$ 可表示为

$$|R_n(x)| \leqslant \frac{M}{(n+1)!} \prod_{i=0}^{n} |x - x_i|$$

由插值多项式的存在唯一性, 对于函数 $\{f(x) = x^k, k = 0, 1, \cdots, n\}$, $f^{(n+1)}(x) = 0 \Rightarrow R_n(x) = 0$, 关于节点 $\{x_0, x_1, \cdots, x_n\}$ 的 Lagrange 插值多项式就是其

本身,

$$L_n(x) = \sum_{i=0}^n l_i(x) x_i^k = x^k, \quad k = 0, 1, \cdots, n$$

令 $k = 0$, 得到 $\sum_{i=0}^n l_i(x) \equiv 1$.

定理 1.2 给出了当被插函数充分光滑时的插值误差或称插值余项表达式, 但是, 在实际计算中, 常常不知道 $f(x)$ 的具体表达式, 得不到 $f^{(n+1)}(x)$ 的形式或较精确的误差界. 在实际计算中, 可对误差计算用下面的事后估计方法.

给出 $n+2$ 个插值节点 $\{x_0, x_1, \cdots, x_{n+1}\}$, 任选其中的 $n+1$ 个插值节点, 不妨取 $\{x_i, i = 0, 1, \cdots, n\}$, 构造一个 n 次插值多项式, 记为 $L_n(x)$, 在 $n+2$ 个插值节点中另选 $n+1$ 个插值点, 不妨取 $\{x_i, i = 1, 2, \cdots, n+1\}$, 构造一个 n 次插值多项式, 记为 $\tilde{L}_n(x)$, 由定理 1.2, 可得到

$$f(x) - L_n(x) = \frac{f^{(n+1)}(\xi_1)}{(n+1)!}(x - x_0)(x - x_1)\cdots(x - x_n)$$

$$f(x) - \tilde{L}_n(x) = \frac{f^{(n+1)}(\xi_2)}{(n+1)!}(x - x_1)(x - x_2)\cdots(x - x_{n+1})$$

设 $f^{(n+1)}(x)$ 在插值区间内连续而且变化不大, 设 $f^{(n+1)}(\xi_1) \approx f^{(n+1)}(\xi_2)$, 则有

$$\frac{f(x) - L_n(x)}{f(x) - \tilde{L}_n(x)} \approx \frac{x - x_0}{x - x_{n+1}}$$

得到

$$f(x) \approx \frac{x - x_{n+1}}{x_0 - x_{n+1}} L_n(x) + \frac{x - x_0}{x_{n+1} - x_0} \tilde{L}_n(x)$$

$$f(x) - L_n(x) \approx \frac{x - x_0}{x_0 - x_{n+1}} (L_n(x) - \tilde{L}_n(x)) \tag{1.10}$$

3. Lagrange 插值多项式的算法

下面用伪码描述 Lagrange 插值多项式的算法.

step1 输入: 插值节点 n, 插值点序列 $\{(x_i, y_i), i = 0, 1, \cdots, n\}$, 要计算的函数点 x.

step2 for $i = 0$ to n $\quad$!i 控制 Lagrange 基函数序列
$\quad\quad$ { 2.1 { tmp:= 1; !tmp 表示 Lagrange 基函数 $l_i(x)$;
$\quad\quad\quad$ for $j = 0$ to $i - 1$
$\quad\quad\quad\quad$ tmp:=tmp*$(x - x_j)/(x_i - x_j)$;
$\quad\quad\quad$ for $j = i + 1$ to n

```
              tmp:=tmp*(x - x_j)/(x_i - x_j);  }
    2.2   fx:=fx+tmp*y_i
    }                        ! 计算  L_n(x) = \sum_{i=0}^{n} l_i(x)y_i = fx;
```

step3 输出 $L_n(x)$ 的计算结果 fx

伪码是描述算法的过程设计语言, 它是某种高级语言和自然语言的混杂语言, 它取某种高级语言中的一些关键字, 用于描述算法的结构化构造和数据说明等. 伪码的语句中嵌有自然语言的叙述, 伪码易于理解和修改, 也易于转化为程序代码, 是一种使用频率较高的描写算法的语言. 在伪码中, 惊叹号! 表示注释语句.

本教材中算法重在理解和描述计算过程, 没有做优化处理.

例 1.4   设 $P_{0,1}(x)$ 是由点 $\{(x_0, f(x_0)), (x_1, f(x_1))\}$ 构造的 Lagrange 插值多项式, 设 $P_{1,2}(x)$ 是由点 $\{(x_1, f(x_1)), (x_2, f(x_2))\}$ 构造的 Lagrange 插值多项式, 则

$$P_{0,1,2}(x) = \frac{(x - x_0)P_{1,2}(x) - (x - x_2)P_{0,1}(x)}{x_2 - x_0}$$

是由点 $\{(x_i, f(x_i)), i = 0, 1, 2\}$ 构造的二次 Lagrange 插值多项式.

分析   按插值定义, 验证 $P_{0,1,2}(x_i) = f(x_i), i = 0, 1, 2$.

证明

$$P_{0,1,2}(x_0) = \frac{(x_0 - x_0)P_{1,2}(x_0) - (x_0 - x_2)P_{0,1}(x_0)}{x_2 - x_0} = f(x_0)$$

$$P_{0,1,2}(x_1) = \frac{(x_1 - x_0)P_{1,2}(x_1) - (x_1 - x_2)P_{0,1}(x_1)}{x_2 - x_0} = f(x_1)$$

$$P_{0,1,2}(x_2) = \frac{(x_2 - x_0)P_{1,2}(x_2) - (x_2 - x_2)P_{0,1}(x_2)}{x_2 - x_0} = f(x_2)$$

由插值多项式的唯一性, $P_{0,1,2}(x)$ 是由点 $(x_i, f(x_i)), i = 0, 1, 2$ 构造的二次插值多项式.

由点 $\{(x_i, f(x_i)), i = 0, 1, \cdots, n\}$ 按 Neville 方法构造的 n 次插值多项式:

$$P_{0,1,\cdots,n}(x) = \frac{(x - x_0)P_{1,2,\cdots,n}(x) - (x - x_n)P_{0,1,\cdots,n-1}(x)}{x_n - x_0}$$

1.2 Newton 插值多项式

Lagrange 插值多项式的优点是格式整齐和规范, 它的缺点是没有承袭性质, 当需要增加插值节点时, 需要重新计算所有插值基函数 $l_i(x)$. 本节给出具有承袭性质的 Newton 插值多项式. 在 Newton 插值中需要用到差商计算.

1.2.1 差商及其计算

1. 差商定义

定义 1.2 (一阶差商)　称函数值的差 $f(x_1) - f(x_0)$ 与自变量的差 $x_1 - x_0$ 之商比值为 $f(x)$ 关于点 $\{x_0, x_1\}$ 的一阶差商, 记为 $f[x_0, x_1]$,

$$f[x_0, x_1] = \frac{f(x_1) - f(x_0)}{x_1 - x_0}$$

而称

$$f[x_0, x_1, x_2] = \frac{f[x_1, x_2] - f[x_0, x_1]}{x_2 - x_0}$$

为 $f(x)$ 关于点 x_0, x_1, x_2 的二阶差商.

函数 f 关于 x_0 的零阶差商即为函数在 x_0 的函数值 $f[x_0] = f(x_0)$.

设 $f(x)$ 在包含 x_0 和 x_1 的区间上可微, 则由中值定理有

$$f[x_0, x_1] = f'(\xi), \quad \xi \in [x_0, x_1]$$

定义 1.3 (k 阶差商)　设 $x_0, x_1, \cdots, x_k$ 互不相同, $f(x)$ 关于 $x_0, x_1, \cdots, x_k$ 的 k 阶差商为

$$f[x_0, x_1, \cdots, x_k] = \frac{f[x_1, x_2, \cdots, x_k] - f[x_0, x_1, \cdots, x_{k-1}]}{x_k - x_0} \tag{1.11}$$

关于差商有很多性质, 我们仅列举其中的两条.

性质 1.1　k 阶差商 $f[x_0, x_1, \cdots, x_k]$ 是由函数值 $f(x_0), f(x_1), \cdots, f(x_k)$ 的线性组合而成.

$$f[x_0, x_1, \cdots, x_k] = \sum_{i=0}^{k} \frac{1}{(x_i - x_0)\cdots(x_i - x_{i-1})(x_i - x_{i+1})\cdots(x_i - x_k)} f(x_i)$$

用归纳法可以证明这一性质.

例如,

$$\begin{aligned} f[x_0, x_1, x_2] &= \frac{f[x_1, x_2] - f[x_0, x_1]}{x_2 - x_0} \\ &= \frac{f(x_0)}{(x_0 - x_1)(x_0 - x_2)} + \frac{f(x_1)}{(x_1 - x_0)(x_1 - x_2)} + \frac{f(x_2)}{(x_2 - x_0)(x_2 - x_1)} \end{aligned}$$

性质 1.2　若 $\{i_0, i_1, \cdots, i_k\}$ 为 $\{0, 1, \cdots, k\}$ 的任一排列, 则

$$f[x_0, x_1, \cdots, x_k] = f[x_{i_0}, x_{i_1}, \cdots, x_{i_k}]$$

该性质表明差商的值只与节点有关而与节点的顺序无关, 即差商对节点具有对称性, 这一性质由性质 1.1 可直接推出.

性质 1.3 若 $f(x)$ 为 m 次多项式, 则 $f[x_0, x_1, \cdots, x_{k-1}, x]$ 为 $m - k$ 次多项式.

事实上 $f(x) - f(x_0)$ 有因子 $x - x_0$, 故 $f[x_0, x] = \dfrac{f(x) - f(x_0)}{x - x_0}$ 为 $m - 1$ 次多项式, 于是可归纳证明此性质.

2. 差商的计算

按照差商定义用两个 $k - 1$ 阶差商计算 k 阶差商, 通常用差商表的形式存放和计算 (表 1.2).

表 1.2 差商表

i	x_i	$f(x_i)$	一阶差商	二阶差商	三阶差商	$\cdots$	n 阶差商
0	x_0	$f(x_0)$					
1	x_1	$f(x_1)$	$f[x_0, x_1]$				
2	x_2	$f(x_2)$	$f[x_1, x_2]$	$f[x_0, x_1, x_2]$			
3	x_3	$f(x_3)$	$f[x_2, x_3]$	$f[x_1, x_2, x_3]$	$f[x_0, x_1, x_2, x_3]$		
$\vdots$	$\vdots$	$\vdots$	$\vdots$	$\vdots$	$\vdots$		
n	x_n	$f(x_n)$	$f[x_{n-1}, x_n]$	$f[x_{n-2}, x_{n-1}, x_n]$	$f[x_{n-3}, \cdots, x_n]$	$\cdots$	$f[x_0, x_1, \cdots, x_n]$

由于差商对节点具有对称性, 可以任意选择两个 $k - 1$ 阶差商的值计算 k 阶差商. 例如,

$$f[x_0, x_1, x_2] = \frac{f[x_1, x_2] - f[x_0, x_1]}{x_2 - x_0} = \frac{f[x_0, x_2] - f[x_0, x_1]}{x_2 - x_1} = \frac{f[x_1, x_2] - f[x_0, x_2]}{x_1 - x_0}$$

等多种形式.

例 1.5 计算 $(-2, 17), (0, 1), (1, 2), (2, 19)$ 的一至三阶差商 (表 1.3).

表 1.3

i	x_i	$f(x_i)$	$f[x_{i-1}, x_i]$	$f[x_{i-2}, x_{i-1}, x_i]$	$f[x_{i-3}, x_{i-2}, x_{i-1}, x_i]$
0	-2	17			
1	0	1	$f[-2, 0] = -8$		
2	1	2	$f[0, 1] = 1$	$f[-2, 0, 1] = 3$	
3	2	19	$f[1, 2] = 17$	$f[0, 1, 2] = 8$	$f[-2, 0, 1, 2] = 1.25$

解 $f[-2, 0] = (1 - 17)/(0 - (-2)) = -8$

$f[0, 1] = (2 - 1)/(1 - 0) = 1, \quad f[1, 2] = (19 - 2)/(2 - 1) = 17$

$f[-2, 0, 1] = (f[0, 1] - f[-2, 0])/(1 - (-2)) = 3$

$f[0, 1, 2] = (f[1, 2] - f[0, 1])/(2 - 0) = 8$

$f[-2, 0, 1, 2] = (f[0, 1, 2] - f[-2, 0, 1])/(2 - (-2)) = 1.25$

1.2.2　Newton 插值

1. 线性插值

问题 1.4　给定两个插值点 $(x_0, f(x_0)), (x_1, f(x_1)), x_0 \neq x_1$, 怎样构造线性插值函数的 Newton 形式?

用点斜式构造线性插值函数, 设 $N_1(x) = a_0 + a_1(x - x_0)$, 将 $x = x_0, x = x_1$ 代入 $N_1(x)$ 得

$$N_1(x_0) = a_0 = f(x_0), \quad N_1(x_1) = f(x_0) + a_1(x_1 - x_0) = f(x_1)$$

$$a_1 = \frac{f(x_1) - f(x_0)}{x_1 - x_0} = f[x_0, x_1]$$

得到线性插值的 Newton 形式:

$$N_1(x) = f(x_0) + (x - x_0)f[x_0, x_1] \tag{1.12}$$

由插值唯一性, 线性插值的 Newton 形式 $N_1(x)$ 与 Lagrange 形式 $L_1(x)$ 为同一个多项式, 仅是表达形式不同而已.

2. 二次插值多项式

问题 1.5　给定 $\{(x_i, f(x_i)), i = 0, 1, 2\}$, x_i 互不相同, 怎样构造二次 Newton 插值多项式?

分析　Newton 插值基函数 $\{1, x - x_0, (x - x_0)(x - x_1)\}$

$$N_2(x) = a_0 + a_1(x - x_0) + a_2(x - x_0)(x - x_1)$$

由

$$N_2(x_0) = f(x_0), \quad N_2(x_1) = f(x_1)$$

$a_0 + a_1(x - x_0)$ 就是 $f(x)$ 关于 x_0, x_1 的线性 Newton 插值 $N_1(x)$, 即

$$N_2(x) = N_1(x) + a_2(x - x_0)(x - x_1)$$

在构造 $N_1(x)$ 过程中已经计算出 a_0, a_1, 将 $x = x_2$ 代入上式得

$$N_2(x_2) = f(x_0) + f[x_0, x_1](x_2 - x_0) + a_2(x_2 - x_0)(x_2 - x_1) = f(x_2)$$

整理得

$$a_2 = \frac{f[x_0, x_2] - f[x_0, x_1]}{x_2 - x_1} = f[x_0, x_1, x_2]$$

得到二次插值的 Newton 形式:

$$N_2(x) = f(x_0) + (x - x_0)f[x_0, x_1] + (x - x_0)(x - x_1)f[x_0, x_1, x_2] \tag{1.13}$$

3. n 次 Newton 插值函数

问题 1.6 给定 $\{(x_i, f(x_i)), i = 0, 1, \cdots, n\}$, 其中 x_i 互不相同, 怎样构造 n 次 Newton 插值多项式?

用数学归纳法给出构造过程. 由一阶差商的定义 $f[x, x_0] = \dfrac{f(x) - f(x_0)}{x - x_0}$, 有

$$f(x) = f(x_0) + (x - x_0)f[x, x_0] \tag{1.14}$$

注 (1.14) 式是 $f(x)$ 的零次插值, $f(x) = N_0(x) + R_0(x)$.

为了进一步展开 $f[x, x_0]$, 由 $f[x, x_0, x_1] = \dfrac{f[x, x_0] - f[x_0, x_1]}{x - x_1}$ 得

$$f[x, x_0] = f[x_0, x_1] + (x - x_1)f[x, x_0, x_1] \tag{1.15}$$

将 (1.15) 代入 (1.14) 得到 Newton 线性插值多项式:

$$f(x) = f(x_0) + f[x_0, x_1](x - x_0) + f[x, x_0, x_1](x - x_0)(x - x_1)$$

$$f(x) = N_1(x) + R_1(x)$$

设 $k = n - 1$ 时, 有

$$f(x) = f(x_0) + (x - x_0) f[x_0, x_1] + (x - x_0)(x - x_1) f[x_0, x_1, x_2] + \cdots$$
$$+ (x - x_0)(x - x_1) \cdots (x - x_{n-2}) f[x_0, x_1, \cdots, x_{n-1}] + R_{n-1}(x)$$

$$f(x) = N_{n-1}(x) + (x - x_0)(x - x_1) \cdots (x - x_{n-1}) f[x, x_0, x_1, \cdots, x_{n-1}] \tag{1.16}$$

由

$$f[x, x_0, \cdots, x_n] = \frac{f[x, x_0, \cdots, x_{n-1}] - f[x_0, x_1, \cdots, x_n]}{x - x_n}$$

有

$$f[x, x_0, \cdots, x_{n-1}] = f[x_0, x_1, \cdots, x_n] + (x - x_n)f[x, x_0, \cdots, x_n] \tag{1.17}$$

将 (1.17) 式代入 (1.16) 得到

$$f(x) = N_n(x) + R_n(x)$$

其中

$$N_n(x) = f(x_0) + (x - x_0) f[x_0, x_1] + \cdots$$
$$+ (x - x_0)(x - x_1) \cdots (x - x_{n-1}) f[x_0, x_1, \cdots, x_n]$$
$$R_n(x) = (x - x_0)(x - x_1) \cdots (x - x_n) f[x, x_0, x_1, \cdots, x_n]$$

$N_n(x)$ 至多为 n 次多项式, 可以验证 $N(x_i) = f(x_i), i = 1, 2, \cdots, n$. 称 $N(x)$ 是过 $n+1$ 个插值点的 (至多)n 次 Newton 插值多项式. 也记

$$N(x) = f[x_0] + \sum_{k=1}^{n} f[x_0, x_1, \cdots, x_k](x - x_0)(x - x_1) \cdots (x - x_{k-1})$$

其中

$$R(x) = f[x, x_0, x_1, \cdots, x_n] \prod_{i=0}^{n} (x - x_i)$$

为插值多项式的误差.

由插值多项式的唯一性得到 Lagrange 插值多项式 $L(x)$ 与 Newton 插值多项式 $N(x)$ 是完全相同的, 它们是同一插值多项式在不同基下的不同表达形式, 因此 Lagrange 插值多项式的余项与 Newton 插值多项式的余项也完全相等. 故当 $f \in C^{n+1}[a, b]$ 时, 有

$$R(x) = \frac{f^{(n+1)}(\xi)}{(n+1)!} \prod_{i=0}^{n} (x - x_i) = f[x, x_0, \cdots, x_n] \prod_{i=0}^{n} (x - x_i)$$

故有

$$\frac{f^{(n+1)}(\xi)}{(n+1)!} = f[x, x_0, x_1, \cdots, x_n] \tag{1.18}$$

(1.18) 给出函数差商和导数之间的关系式.

记 $N_n(x) = \sum\limits_{i=0}^{n} t_i(x) f[x_0, \cdots, x_i]$, 其中

$$t_0(x) \equiv 1, \quad t_i(x) = (x - x_{i-1}) t_{i-1}(x) = \prod_{k=0}^{i-1} (x - x_k), \quad i = 1, 2, \cdots, n$$

也有

$$\begin{cases} t_i(x_j) = 0, & j < i \\ t_i(x_j) \neq 0, & j = i \end{cases}$$

可以看到 Lagrange 插值多项式是基函数 $\{l_i(x), i = 0, 1, \cdots, n\}$ 的线性组合, Newton 插值多项式是基函数 $\{t_i(x), i = 0, 1, \cdots, n\}$ 的线性组合.

Newton 插值多项式的承袭性质表现在

$$N_k(x) = N_{k-1}(x) + t_k(x) f[x_0, x_1, \cdots, x_k]$$

对于 $k-1$ 阶 Newton 插值多项式 $N_{k-1}(x)$, 只需增加一项 $t_k(x) f[x_0, x_1, \cdots, x_k]$, 即可得到 k 阶 Newton 插值多项式 $N_k(x)$.

例 1.6 设 $f(x) = 10x^3 - 100x + 1$, 计算 $f[x_0, x_1, x_2, x_3]$, $f[x_0, x_1, x_2, x_3, x_4]$. 其中 $\{x_i, i = 0, 1, \cdots, 4\}$ 任取.

解 $f[x_0, x_1, x_2, x_3] = \dfrac{f^{(3)}(\xi)}{3!} = \dfrac{60}{6} = 10$

$$f[x_0, x_1, x_2, x_3, x_4] = \frac{f^{(4)}(\xi)}{4!} = \frac{0}{4!} = 0$$

例 1.7 给定如表 1.4 所列插值节点的值, 构造 Newton 形式插值函数, 计算 $N_2(0.9)$, $N_3(0.9)$.

表 1.4

x_i	-2	0	1	2
$f(x_i)$	17	1	2	19

解 $N_2(x) = f(x_0) + (x - x_0)f[x_0, x_1] + (x - x_0)(x - x_1)f[x_0, x_1, x_2]$

取 $x_0 = -2, x_1 = 0, x_2 = 1$, 用例 1.5 中算出的差商代入上式, 得到二阶 Newton 插值多项式:

$$N_2(x) = 17 - 8(x + 2) + 3(x + 2)x$$

$$N_2(0.9) = 17.0 - 8(0.9 + 2) + 3(0.9 + 2) \cdot 0.9 = 1.63$$

$$N_3(x) = N_2(x) + f[x_0, x_1, x_2, x_3](x - x_0)(x - x_1)(x - x_2)$$

取 $x_0 = -2, x_1 = 0, x_2 = 1, x_3 = 2$, 得到三阶 Newton 插值多项式:

$$N_3(x) = 17 - 8(x + 2) + 3x(x + 2) + 1.25x(x + 2)(x - 1)$$

$$N_3(0.9) = N_2(0.9) + 1.25 \cdot 0.9 \cdot (x + 0.9)(0.9 - 1.0) = 1.30375$$

构造 $N_3(x)$ 的嵌套乘法形式, 计算 $N_3(x)$ 只需 3 次乘法.

$$N_3(x) = f(x_0) + (x - x_0)[f[x_0, x_1] + (x - x_1)[f[x_0, x_1, x_2] + (x - x_2)f[x_0, x_1, x_2, x_3]]]$$

$$N_3(x) = 17 + (x + 2)[-8 + 3[x + 1.25(x - 1)]]$$

一般地, 记 $g_0 = f[x_0]$, $g_k = f[x_0, x_1, \cdots, x_k]$,

$$N_n(x) = g_0 + (x - x_0)[g_1 + (x - x_1)[g_2 + \cdots + (x - x_{n-1})[g_{n-1} + (x - x_n)g_n]]]$$

计算 $N_n(x)$ 的计算量为 n 次乘法.

4. Newton 插值的算法

step1 输入插值节点数 n, 插值点序列 $\{(x(i), f(i)), i = 1, 2, \cdots, n\}$
　　　　 要计算的插值点 u

step2 形成差商表 $\{g_k, k = 0, 1, \cdots, n\}$ ！g_k 表示 $f[x_0, x_1, \cdots, x_k]$

step3 置初始值 $t = 1$; newton $= g_0$

step4 for k = 1 to n

$$t = t(u - x_{k-1})$$

$$\text{newton} = \text{newton} + t \cdot g_k$$

step5 输出 $f(u)$ 的近似数值 $N_n(u) = \text{newton}$

从表 1.2 的差商计算中可以看到, 在给定的 $n + 1$ 个插值点, 似乎存放所有差商值需要 n^2 个存储单元, 而在 Newton 插值表达式中只用到 $f[x_0, x_1], f[x_0, x_1, x_2], \cdots, f[x_0, x_1, \cdots, x_n]$ 对角线上的差商值, 在计算中可用一维数组 $g[i], i = 0, 1, 2, \cdots, n$ 存放这些差商值.

下面对 step2 算法形成差商表 $\{g(k), k = 1, 2, \cdots, n\}$ 作进一步展开.

(1) 对 $\{g_i, i = 0, 1, 2, \cdots, n\}$ 初始化, $\{g_i = f(x_i), i = 0, 1, 2, \cdots, n\}$;

(2) 计算一阶差商时除了 g_0 以外, 其余函数值 $\{g[j], j = n, n - 1, \cdots, 1\}$ 以后不再使用, 因此可将一阶差商 $f[x_{j-1}, x_j]$ 放在 $\{g_j, j = n, n - 1, \cdots, 1\}$ 中, 其中 $g_0 = f(x_0)$;

(3) 计算二阶差商后也不再调用 $f[x_{j-1}, x_j]$, 即 g_j, 可将 $\{f[x_{j-2}, x_{j-1}, x_j], j = n, n - 1, \cdots, 2\}$ 放在 g_j 中, 这时有 $g_1 = f[x_0, x_1]$, $\cdots$, 一直做到 n 阶差商 $f[x_0, x_1, \cdots, x_n]$, $g_n = f[x_0, x_1, \cdots, x_n]$.

计算差商算法:

```
for i=0 to n  g_i = f(x_i)
for k = 1 to n   ! 计算 k 阶差商
      { for j = n to k
            g_j = (g_j - g_{j-1})/(x_j - x_{j-k}) }
```

*1.3 Hermite 插值

在构造插值时, 如果不仅要求插值多项式节点的函数值与被插函数的函数值相同, 还要求在节点处的插值函数与被插函数的一阶导数值或更高阶导数值也相同, 这样的插值称为 Hermite 插值或称密切插值.

常用的 Hermite 插值描述如下: 对于 $f(x)$ 具有一阶连续导数, 以及插值点 $\{x_i, i = 0, 1, \cdots, n\}$, x_i 互不相同, 若有至多为 $2n + 1$ 次的多项式函数 $H_{2n+1}(x)$ 满足

$$H_{2n+1}(x_i) = f(x_i), \quad H'_{2n+1}(x_i) = f'(x_i), \quad i = 0, 1, \cdots, n$$

则称 $H_{2n+1}(x)$ 为 $f(x)$ 关于节点 $\{x_i, i = 0, 1, \cdots, n\}$ 的 Hermite 的插值多项式.

问题 1.7 给定 $f(x_0) = y_0$, $f(x_1) = y_1$, $f'(x_0) = m_0$, $f'(x_1) = m_1, x_0 \neq x_1$. 怎样构造给定两个节点的函数值和一阶导数值的 Hermite 插值多项式?

分析 用 4 个条件, 至多可确定 3 次多项式. 设三次 Hermite 插值多项式为 $H_3(x) = a_0 + a_1 x + a_2 x^2 + a_3 x^3$, 将插值条件代入 $H_3(x)$, 得到线性方程组

$$
\begin{cases}
a_0 + a_1 x_0 + a_2 x_0^2 + a_3 x_0^3 = y_0 \\
a_0 + a_1 x_1 + a_2 x_1^2 + a_3 x_1^3 = y_1 \\
a_1 + 2a_2 x_0 + 3a_3 x_0^2 = m_0 \\
a_1 + 2a_2 x_1 + 3a_3 x_1^2 = m_1
\end{cases}
$$

方程组的系数行列式

$$
\begin{vmatrix}
1 & x_0 & x_0^2 & x_0^3 \\
1 & x_1 & x_1^2 & x_1^3 \\
0 & 1 & 2x_0 & 3x_0^2 \\
0 & 1 & 2x_1 & 3x_1^2
\end{vmatrix} = -(x_0 - x_1)^4 \neq 0
$$

所以方程组有解且唯一, 关于节点 x_0, x_1 的 Hermite 插值多项式存在唯一. 类似于构造 Lagrange 插值多项式的方法, 通过插值基函数作出 $H_3(x)$.

设

$$
H_3(x) = h_0(x) y_0 + h_1(x) y_1 + g_0(x) m_0 + g_1(x) m_1
$$

要

$$
H_3(x_0) = h_0(x_0) y_0 = y_0
$$

可设

$$
h_0(x_0) = 1, \quad h_1(x_0) = 0, \quad g_0(x_0) = 0, \quad g_1(x_0) = 0
$$

同理由 $H_3(x_1) = y_1$, $H_3'(x_0) = m_0$, $H_3'(x_0) = m_0$, 得到

$$
\begin{cases}
h_0(x_0) = 1, \\
h_0(x_1) = 0, \\
h_0'(x_0) = 0, \\
h_0'(x_1) = 0,
\end{cases}
\begin{cases}
h_1(x_0) = 0, \\
h_1(x_1) = 1, \\
h_1'(x_0) = 0, \\
h_1'(x_1) = 0,
\end{cases}
\begin{cases}
g_0(x_0) = 0, \\
g_0(x_1) = 0, \\
g_0'(x_0) = 1, \\
g_0'(x_1) = 0,
\end{cases}
\begin{cases}
g_1(x_0) = 0 \\
g_1(x_1) = 0 \\
g_1'(x_0) = 0 \\
g_1'(x_1) = 1
\end{cases}
$$

由 $h_0(x)$ 至多为三次多项式, x_1 是它的二重根, 可设

$$
h_0(x) = (a_0 + b_0 x) \left(\frac{x - x_1}{x_0 - x_1} \right)^2 = (a_0 + b_0 x) l_0^2(x)
$$

由

$$
h_0(x_0) = (a_0 + b_0 x_0) l_0^2(x_0) = (a_0 + b_0 x_0) = 1
$$

$$h_0'(x_0) = b_0 l_0^2(x) + (a_0 + b_0 x_0) 2 l_0(x_0) l'_0(x_0) = 0$$

解出

$$h_0(x) = (1 - 2(x - x_0) l'_0(x_0)) l_0^2(x)$$

$$h_0(x) = \left(1 - 2\frac{x - x_0}{x_0 - x_1}\right)\left(\frac{x - x_1}{x_0 - x_1}\right)^2$$

同理可得

$$h_1(x) = \left(1 - 2\frac{x - x_1}{x_1 - x_0}\right)\left(\frac{x - x_0}{x_1 - x_0}\right)^2$$

由

$$g_0(x_0) = 0, \quad g(x_1) = g'(x_1) = 0$$

令

$$g_0(x) = a(x - x_0) l_0^2(x)$$

由 $g_0'(x_0) = 1$, 得 $a = 1$,

$$g_0(x) = (x - x_0) l_0^2(x)$$

同理

$$g_1(x) = (x - x_1) l_1^2(x)$$

得到以 x_0, x_1 为节点的 Hermite 插值为

$$H_3(x) = h_0(x) f(x_0) + h_1(x) f(x_1) + g_0(x) f'(x_0) + g_1(x) f'(x_1)$$

$$H_3(x) = (1 - 2(x - x_0) l'_0(x_0)) l_0^2(x) f(x_0) + (1 - 2(x - x_1) l'_1(x_1)) l_1^2(x) f(x_1)$$
$$+ (x - x_0) l_0^2(x) + (x - x_1) l_1^2(x) \tag{1.19}$$

$$H_3(x) = \left(1 - 2\frac{x - x_0}{x_0 - x_1}\right)\left(\frac{x - x_1}{x_0 - x_1}\right)^2 f(x_0) + \left(1 - 2\frac{x - x_1}{x_1 - x_0}\right)\left(\frac{x - x_0}{x_1 - x_0}\right)^2 f(x_1)$$
$$+ (x - x_0)\left(\frac{x - x_1}{x_0 - x_1}\right)^2 f'(x_0) + (x - x_1)\left(\frac{x - x_0}{x_1 - x_0}\right)^2 f'(x_1) \tag{1.20}$$

容易证明, 当 $f \in C^4[a,b]$ 时插值误差为

$$R(x) = f(x) - H_3(x) = \frac{f^{(4)}(\xi)}{4!}(x - x_0)^2 (x - x_1)^2, \quad \xi \in [a,b] \tag{1.21}$$

如果要构造 $f(x)$ 关于节点 $\{x_i, i = 0, 1, \cdots, n\}$ 的 $n + 1$ 个节点的 $2n + 1$ 次 Hermite 插值多项式, 设

$$H_{2n+1}(x) = \sum_{i=0}^{n} h_i(x) f(x_i) + \sum_{i=0}^{n} g_i(x) f'(x_i)$$

这里 $\{h_i(x), g_i(x), i = 0, 1, \cdots, n\}$ 分别为不高于 $2n + 1$ 次插值多项式, 分别满足

$$\begin{cases} h_i(x_j) = \delta_{ij}, \\ h_i'(x_j) = 0, \end{cases} \quad 及 \quad \begin{cases} g_i(x_j) = 0 \\ g_i'(x_j) = \delta_{ij} \end{cases}$$

类似于问题 1.7 的推导: $h_i(x) = (1 - 2(x - x_i)l'(x_i)) \, l_i^2(x)$

$$h_i(x) = \left(1 - 2(x - x_i) \sum_{j \neq i} \frac{1}{x_i - x_j} \right) l_i^2(x) \tag{1.22}$$

$$g_i(x) = (x - x_i)l_i^2(x)$$

其中 $l_i(x)$ 为关于节点 $\{x_i, i = 0, 1, \cdots, n\}$ 的 Lagrange 基函数.

当 $f \in C^{2n+2}[a, b]$ 时, 误差为

$$R(x) = \frac{f^{(2n+2)}(\xi)}{(2n+2)!}(x - x_0)^2(x - x_1)^2 \cdots (x - x_n)^2, \quad \xi \in [a, b] \tag{1.23}$$

例 1.8　给定 $f(-1) = 0, f(1) = 4, f'(-1) = 2, f'(1) = 0$, 求 Hermite 插值多项式, 并计算 $f(0.5)$.

解　$H_3(x) = h_0(x) \cdot 0 + h_1(x) \cdot 4 + g_0(x) \cdot 2 + g_1(x) \cdot 0$.

显然本题不必计算 $h_0(x), g_1(x)$,

$$h_1(x) = \left(1 - 2\frac{x - 1}{1 + 1} \right) \left(\frac{x - (-1)}{1 - (-1)} \right)^2 = \frac{1}{4}(2 - x)(x + 1)^2$$

$$g_0(x) = x - (-1)\left(\frac{x - 1}{-1 - 1} \right)^2 = \frac{1}{4}(x + 1)(x - 1)^2$$

$$H_3(x) = h_1(x) \cdot 4 + g_0(x) \cdot 2 = (2 - x)(x + 1)^2 + \frac{1}{2}(x + 1)(x - 1)^2$$

$$H_3(0.5) = 3.5625$$

利用构造基函数方法做插值多项式广泛地被应用在不同的插值条件中.

例 1.9　给定 $f(x_0) = y_0, f'(x_0) = m_0, f(x_1) = y_1$, 构造二次插值多项式函数.

解　设 $P_2(x) = t_0(x)y_0 + t_1(x)y_1 + t_2(x)m_0, t_0(x), t_1(x), t_2(x)$ 均为不高于二次的多项式, 它们分别满足

$$\begin{cases} t_0(x_0) = 1, \\ t_0'(x_0) = 0, \\ t_0(x_1) = 0, \end{cases} \quad \begin{cases} t_1(x_0) = 0, \\ t_1'(x_0) = 0, \\ t_1(x_1) = 1, \end{cases} \quad \begin{cases} t_2(x_0) = 0 \\ t_2'(x_0) = 1 \\ t_2(x_1) = 0 \end{cases}$$

利用基函数的性质 $P_2(x)$ 可表示为

$$P_2(x) = (a_0 x + b_0)\frac{x - x_1}{x_0 - x_1}y_0 + a_1\left(\frac{x - x_0}{x_1 - x_0}\right)^2 y_1 + a_2(x - x_0)(x - x_1)m_0$$

由 $t_0(x_0) = 1$, 得 $a_0 x_0 + b_0 = 1$; 由 $t_0'(x_0) = 0$, 得

$$a_0\frac{x_0 - x_1}{x_0 - x_1} + (a_0 x_0 + b_0)\frac{1}{x_0 - x_1} = 0$$

得到

$$a_0 = -\frac{1}{x_0 - x_1}, \quad b_0 = \frac{2x_0 - x_1}{x_0 - x_1}$$

$$t_0(x) = \frac{(2x_0 - x_1 - x)}{x_0 - x_1} \cdot \frac{(x - x_1)}{(x_0 - x_1)}$$

类似地得到

$$t_1(x) = \frac{(x - x_0)^2}{(x_1 - x_0)^2}, \quad t_2(x) = \frac{(x - x_0)(x - x_1)}{x_0 - x_1}$$

$$P_2(x) = \frac{2x_0 - x_1 - x}{x_0 - x_1} \cdot \frac{x - x_1}{x_0 - x_1}y_0 + \left(\frac{x - x_0}{x_1 - x_0}\right)^2 y_1 + \frac{(x - x_0)(x - x_1)}{x_0 - x_1}m_0$$

用扩展的 Newton 插值构造 Hermite 插值, 需要引入推广的差商定义.
设 $f(x)$ 充分可微, 则定义

$$f[x_0, x_0] = \lim_{x_1 \to x_0} f[x_0, x_1] = \lim_{x_1 \to x_0} \frac{f(x_1) - f(x_0)}{x_1 - x_0} = f'(x_0) \tag{1.24}$$

$$f[x_0, \cdots, x_0] = \frac{1}{n!}f^{(n)}(x_0)$$

对于一部分节点相同的情况类似于 (1.24) 的定义. 例如,

$$f[x_0, x_0, x_1] = \frac{f[x_0, x_1] - f[x_0, x_0]}{x_1 - x_0} = \frac{f[x_0, x_1] - f'(x_0)}{x_1 - x_0}$$

问题 1.8 对给定的插值点的函数值和一阶导数值 $(x_i, f(x_i), f'(x_i)), i = 0, 1, \cdots, n$, 定义序列 $\{z_{2i} = z_{2i+1} = x_i, \ i = 0, 1, \cdots, n\}$, 用 Newton 插值构造 Hermite 插值多项式. 其中

$$z_0 = z_1 = x_0, z_2 = z_3 = x_1, \cdots, z_{2n} = z_{2n+1} = x_n$$

$$f[z_{2i-1}, z_{2i}] = \frac{f(z_{2i}) - f(z_{2i-1})}{z_{2i} - z_{2i-1}}$$

$$f[z_{2i}, z_{2i+1}] = f'(x_i), \quad i = 0, 1, \cdots, n$$

在差商表中用 $f'(x_0), f'(x_1), \cdots, f'(x_n)$ 代替 $f[z_0, z_1], f[z_2, z_3], \cdots, f[z_{2n}, z_{2n+1}]$, 其余差商公式不变, 得到差商型 Hermite 插值公式:

$$H_{2n+1}(x) = f[z_0] + \sum_{k=1}^{2n+1} f[z_0, z_1, \cdots, z_k](x - z_0)(x - z_1) \cdots (x - z_{k-1}) \quad (1.25)$$

例 1.10 用 Newton 插值重做前两个例题.

(1) 给定 $f(-1) = 0, f(1) = 4, f'(-1) = 2, f'(1) = 0$, 构造 Hermite 插值多项式.

(2) 给定 $f(x_0) = y_0, f'(x_0) = m_0, f(x_1) = y_1$, 构造二次插值多项式函数.

解 (1) 由例 1.8, 给定 $f(-1) = 0, f(1) = 4, f'(-1) = 2, f'(1) = 0$, 有 (表 1.5)

表 1.5

z_i	$f(z_i)$	$f(z_{i-1}, z_i)$	$f(z_{i-2}, z_{i-1}, z_i)$	
-1	0			
-1	0	2		
1	4	2	0	
1	4	0	-1	-0.5

$$H_3(x) = 2(x + 1) - 0.5(x + 1)^2(x - 1)$$

更一般地, 给定 $\{x_0, f(x_0), f'(x)\}, \{x_1, f(x_1), f'(x_1)\}$, 记 $f'(x_0) = m_0, f'(x_1) = m_1$, 得到下列至多 3 次的 Hermite 插值多项式 (表 1.6)

表 1.6

x_i	z_i	$f(z_i)$	$f(z_{i-1}, z_i)$	$f(z_{i-2}, z_{i-1}, z_i)$	
x_0	z_0	$f(x_0)$			
x_0	z_1	$f(x_0)$	m_0		
x_1	z_2	$f(x_1)$	$f[x_0, x_1]$	$(f[x_0, x_1] - m_0)/(x_1 - x_0)$	
x_1	z_3	$f(x_1)$	m_1	$(m_1 - f[x_0, x_1])/(x_1 - x_0)$	$\cdots$

$$\begin{aligned} H_3(x) = {} & y_0 + m_0(x - x_0) + \frac{f[x_0, x_1] - m_0}{x_1 - x_0}(x - x_0)^2 \\ & + \frac{m_1 - 2f[x_0, x_1] + m_0}{x_1 - x_0}(x - x_0)^2(x - x_1) \end{aligned}$$

(2) 由例 1.9, 给定 $f(x_0) = y_0, f(x_0) = m_0, f(x_1) = y_1$, 有 (表 1.7)

表 1.7

z_i	$f(z_i)$	$f(z_{i-1}, z_i)$	$f(z_{i-2}, z_{i-1}, z_i)$
x_0	y_0		
x_0	y_0	m_0	
x_1	y_1	$f[x_0, x_1]$	$\dfrac{f[x_0, x_1] - m_0}{x_1 - x_0}$

$$H_2(x) = y_0 + m_0(x - x_0) + \frac{f[x_0, x_1] - m_0}{x_1 - x_0}(x - x_0)^2$$

例 1.11　用下列数据 (表 1.8) 构造 Hermite 插值多项式并计算 $f(1.36)$.

表 1.8

x	1.2	1.4	1.6
$f(x)$	0.6	0.9	1.1
$f'(x)$	0.5	0.7	0.6

解　计算差商, 如表 1.9 所示.

表 1.9

$f(x_i)$	$f[x_{i-1}, x_i]$	$f[x_{i-2}, x_{i-1}, x_i]$	$f[x_{i-3}, x_{i-2}, x_{i-1}, x_i]$	$\cdots$		
1.2	0.6					
1.2	0.6	0.5				
1.4	0.9	1.5	5.0			
1.4	0.9	0.7	-4.0	-45		
1.6	1.1	1.0	1.5	13.75	145	
1.6	1.1	0.6	-2.0	-17.5	-76.25	-553.125

$$H_5(x) = 0.6 + 0.5(x - 1.2) + 5(x - 1.2)^2 - 45(x - 1.2)^2(x - 1.4)$$
$$+ 145(x - 1.2)^2(x - 1.4)^2 - 553.125(x - 1.2)^2(x - 1.4)^2(x - 1.6)$$

$$H_3(1.36) = 0.8655$$

1.4　三次样条函数

1.4.1　分段插值

1. Runge 现象

在构造插值多项式时, 根据误差表达式 (1.9), 你是否认为多取插值点总比少取插值点的效果好呢? 答案是不一定. 对有些函数来说, 有时点取得越多, 效果越不尽如人意. 请看下面的例子.

例 1.12　给定函数 $f(x) = \dfrac{1}{1 + 25x^2}$, $x \in [-1, 1]$, 构造 10 次插值多项式 $L_{10}(x)$.

解 对 $[-1,1]$ 作等距分割, 取 $h = \dfrac{2}{10} = 0.2$, $x_i = -1 + 0.2i$, 取插值点为

$$\left(x_i, \frac{1}{1 + 25x_i^2} \right), \quad i = 0, 1, \cdots, 10$$

$L_{10}(x)$ 如图 1.4 所示. 从图中可看到, 在零点附近, $L_{10}(x)$ 对 $f(x)$ 的逼近效果较好, 在 $x = -0.90, -0.70, 0.70, 0.90$ 这些点的误差较大. 下面列出 $L_{10}(x)$ 和 $f(x)$ 的几个插值点的数值 (表 1.10).

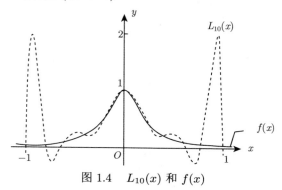

图 1.4　$L_{10}(x)$ 和 $f(x)$

表 1.10

x	-0.90	-0.70	-0.50	-0.30
$f(x)$	1.57872	0.07547	0.13793	0.30769
$L_{10}(x)$	0.04706	-0.22620	0.25376	0.23535

这个例子是由 Runge 提出的, 也称插值多项式在插值区间内发生剧烈振荡的现象为 Runge 现象. Runge 现象揭示了高次插值多项式的缺陷. 它说明高次多项式的插值效果不一定优于低次多项式的插值的效果, 同时表明等距插值不能保证有较好的插值效果.

在插值过程中, 误差由截断误差和舍入误差组成, (1.9) 给出的是插值函数 $\varphi(x)$ 与原函数 $f(x)$ 的截断误差, 在近似计算过程中还会产生舍入误差, 舍入误差在插值计算过程中可能被扩散或放大, 这就是插值的稳定性问题. 而高次多项式的稳定性就比较差, 这从另一角度说明了高次插值多项式的缺陷.

演示1　Lagrange 插值与Runge现象

2. 分段线性插值

既然增加插值点并不能提高插值函数的逼近效果, 那么采用分段插值效果如何? 对给定区间 $[a, b]$ 作分割

$$a = x_0 < x_1 < \cdots < x_n = b$$

在每个小区间 $[x_i, x_{i+1}]$ 上作 $f(x)$ 以 $\{x_i, x_{i+1}\}$ 为节点的线性插值, 记这个插值函数为 $p(x) = p_i(x)$, 则

$$p_i(x) = \frac{x - x_{i+1}}{x_i - x_{i+1}} f(x_i) + \frac{x - x_i}{x_{i+1} - x_i} f(x_{i+1}), \quad x_i \leqslant x \leqslant x_{i+1}$$

把每个小区间的线性插值函数连接起来, 就得到了 $f(x)$ 的以 $a = x_0 < x_1 < \cdots < x_n = b$ 为剖分节点的分段线性函数 $p(x)$, 如图 1.5 所示, $p(x)$ 在 $[x_i, x_{i+1}]$ 上为一个不高于一次的多项式. 事实上 $p(x)$ 是平面上以点 $(x_i, f(x_i))$ 为折点的折线. 由线性插值误差公式, 当 $x \in [x_i, x_{i+1}]$ 时,

$$f(x) - p(x) = f(x) - p_i(x) = \frac{f^{(2)}(\xi)}{2!}(x - x_i)(x - x_{i+1})$$

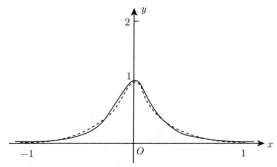

图 1.5　分段线性插值 $p(x)$ 和 $f(x)$

因而

$$|f(x) - p(x)| \leqslant \frac{M_2}{2} |(x - x_i)(x - x_{i+1})|$$
$$\leqslant \frac{M_2}{2} \frac{1}{4}(x_{i+1} - x_i)^2 = \frac{M_2}{8}(x_{i+1} - x_i)^2$$

其中

$$M_2 = \max_{a \leqslant x \leqslant b} |f''(x)|$$

于是, 当区间分割加密, $\max_{i}(x_{i+1} - x_i) \to 0$ 时, 分段线性插值收敛于 $f(x)$. 事实上, 只要 $f(x)$ 连续, 分段线性插值序列就能收敛于 $f(x)$.

分段线性插值算法简单, 只要区间充分小, 就能保证它的误差要求. 它的一个显著优点是它的局部性质, 如果修改了某节点 $(x_i, f(x_i))$ 的值, 仅在相邻的两个区间 $[x_{i-1}, x_i], [x_i, x_{i+1}]$ 受到影响. 分段线性插值的缺点是在插值节点处不光滑.

图 1.5 给出分段线性插值 $p_i(x)$(虚线表示) 和 $f(x)$ 的图形, 可以看到分段线性插值的效果明显好于整体的 Lagrange 插值效果.

例 1.13 对下列数据 (表 1.11) 作分段线性插值, 并计算 $f(1.2), f(3.3)$.

表 1.11

x_i	−3	−1	2	3	9
$f(x_i)$	12	5	1	6	12

解 $P(x) = p_i(x) = \dfrac{x - x_{i+1}}{x_i - x_{i+1}} f(x_i) + \dfrac{x - x_i}{x_{i+1} - x_i} f(x_{i+1}), x \in [x_i, x_{i+1}]$.

由 $1.2 \in [-1, 2]$, 有

$$P(1.2) = p_1(x) = \frac{1.2 - 2}{-1 - 2} \times 5 + \frac{1.2 + 1}{2 + 1} \times 1 = 2.0667$$

由 $3.3 \in [3, 9]$, 有

$$P(3.3) = p_3(x) = \frac{3.3 - 9}{-6} \times 6 + \frac{3.3 - 3}{6} \times 12 = 6.3$$

1.4.2 三次样条插值的 M 关系式

在制造船体和汽车外形等工艺中, 传统的设计方法, 首先由设计人员按外形要求, 给出外形曲线的一组离散点值 $\{(x_i, y_i), i = 0, 1, \cdots, n\}$, 施工人员准备好样条 (竹条或钢条) 和压铁, 调整样条的形状, 使其通过点 $\{x_i, y_i\}$ 并自然光顺, 将压铁放在点 $\{x_i, y_i\}$ 的位置上, 这时样条表示一条插值曲线, 我们称为样条函数. 从数学上看, 这一条分段的 3 次多项式, 在节点处具有一阶和二阶连续微商. 样条函数的主要优点是它的光滑程度较高, 它保证了插值函数二阶导数的连续性, 对于三阶导数的间断, 人类的眼睛已难以辨认了. 样条函数是一种隐式格式, 最后需要解一个三对角形系数矩阵的方程组, 它的工作量大于多项式 Lagrange 或 Newton 等显式插值方法.

定义 1.4 给定区间 $[a, b]$ 上 $n + 1$ 个节点 $a = x_0 < x_1 < \cdots < x_n = b$ 和这些点上的函数值 $\{f(x_i) = y_i, i = 0, 1, \cdots, n\}$, 若 $S(x)$ 满足: $\{S(x_i) = y_i, i = 0, 1, \cdots, n\}$, $S(x)$ 在每个小区间 $[x_i, x_{i+1}]$ 上至多是一个三次多项式; $S(x)$ 在 $[a, b]$ 上有连续的二阶导数, 则称 $S(x)$ 为 $f(x)$ 关于剖分 $a = x_0 < x_1 < \cdots < x_n = b$ 的三次样条插值函数, 称 $\{x_0, x_1, \cdots, x_n\}$ 为样条节点.

要在每个子区间 $[x_i, x_{i+1}]$ 上构造三次多项式

$$S(x) = S_i(x) = a_i x^3 + b_i x^2 + c_i x + d_i, \quad x \in [x_i, x_{i+1}], \quad i = 0, 1, \cdots, n - 1$$

共需要 $4n$ 个条件, 由插值条件 $\{S(x_i) = y_i, i = 0, 1, \cdots, n\}$ 提供了 $n + 1$ 个条件; 用每个内点的关系建立条件

$$S(x_i + 0) = S(x_i - 0)$$

$$S'(x_i + 0) = S'(x_i - 0)$$

$$S''(x_i + 0) = S''(x_i - 0), \quad i = 1, \cdots, n - 1$$

又得到 $3n - 3$ 个条件; 再附加两个边界条件, 即可唯一确定样条函数了. 用待定系数法确定了构造样条函数的存在性和唯一性. 下面给出构造三次样条插值的 M 关系式和 m 关系式的方法.

引入记号 $\{M_i = S''(x_i), m_i = S'(x_i), i = 0, 1, \cdots, n\}$. 用节点处二阶导数表示样条插值函数时称为大 M 关系式, 用一阶导数表示样条插值函数时称为小 m 关系式.

问题 1.9   给定插值点 $\{(x_i, f(x_i)), i = 0, 1, \cdots, n\}$, 怎样构造用二阶导数表示的样条插值函数, 即怎样构造 M 关系式?

记 $S(x)$ 在区间 $[x_i, x_{i+1}]$ 上的表达式为 $S_i(x)$, $S(x)$ 是三次多项式, $S''(x)$ 是线性函数, 用插值点 $\{(x_i, S''(x_i)), (x_{i+1}, S''(x_{i+1}))\}$ 作线性插值, 记 $S''(x_i) = M_i$, $S''(x_{i+1}) = M_{i+1}$.

$$S_i''(x) = \frac{x - x_{i+1}}{x_i - x_{i+1}} M_i + \frac{x - x_i}{x_{i+1} - x_i} M_{i+1}, \quad x_i \leqslant x \leqslant x_{i+1}$$

对 $S''(x)$ 积分两次, 记 $h_i = x_{i+1} - x_i$,

$$\begin{aligned}
S(x) = S_i(x) &= \frac{(x_{i+1} - x)^3}{6h_i} M_i + \frac{(x - x_i)^3}{6h_i} M_{i+1} + cx + d \\
&= \frac{(x_{i+1} - x)^3}{6h_i} M_i + \frac{(x - x_i)^3}{6h_i} M_{i+1} + C(x_{i+1} - x) + D(x - x_i)
\end{aligned}$$

将 $S(x_i) = y_i, S(x_{i+1}) = y_{i+1}$ 代入上式解出

$$C = \frac{y_i}{h_i} - \frac{h_i M_i}{6}, \quad D = \frac{y_{i+1}}{h_i} - \frac{h_i M_{i+1}}{6}$$

$$\begin{aligned}
S(x) = {} & \frac{(x_{i+1} - x)^3 M_i + (x - x_i)^3 M_{i+1}}{6h_i} + \frac{(x_{i+1} - x)y_i + (x - x_i)y_{i+1}}{h_i} \\
& - \frac{h_i}{6}[(x_{i+1} - x)M_i + (x - x_i)M_{i+1}], \quad x \in [x_i, x_{i+1}]
\end{aligned} \tag{1.26}$$

在内节点 x_i, 由 $S_i'(x_i) = S_{i-1}'(x_i)$ 可得到

$$f(x_i, x_{i+1}) - \frac{h_i}{3} M_i - \frac{h_i}{6} M_{i+1} = f(x_{i-1}, x_i) + \frac{h_{i-1}}{6} M_{i-1} + \frac{h_{i-1}}{3} M_i$$

整理后得到

$$\mu_i M_{i-1} + 2M_i + \lambda_i M_{i+1} = d_i, \quad i = 1, 2, \cdots, n-1 \qquad (1.27)$$

其中

$$\lambda_i = \frac{h_i}{h_i + h_{i-1}}, \quad \mu_i = 1 - \lambda_i$$

$$d_i = \frac{6}{h_i + h_{i-1}} \left(\frac{y_{i+1} - y_i}{h_i} - \frac{y_i - y_{i-1}}{h_{i-1}} \right) = 6f(x_{i-1}, x_i, x_{i+1})$$

式 (1.27) 称为样条插值的 M 关系方程组, 解方程组 (1.27) 得到 $\{M_i, i = 1, 2, \cdots, M_{n-1}\}$, 再加上两个端点条件, 满足端点条件的样条插值函数 $S(x)$ 在 $[x_i, x_{i+1}]$ 上的表达就是式 (1.26).

下面分三种情况讨论边界条件.

(1) 给定 M_0, M_n 的值, 此时 $n-1$ 个方程组有 $n-1$ 个未知量 $\{M_i, i = 1, 2, \cdots, n-1\}$. 当 $M_0 = 0, M_n = 0$ 时, 称为自然边界条件.

$$\begin{bmatrix} 2 & \lambda_1 & & & \\ \mu_2 & 2 & \lambda_2 & & \\ & \ddots & \ddots & \ddots & \\ & & \mu_{n-2} & 2 & \lambda_{n-2} \\ & & & \mu_{n-1} & 2 \end{bmatrix} \begin{bmatrix} M_1 \\ M_2 \\ \vdots \\ M_{n-2} \\ M_{n-1} \end{bmatrix} = \begin{bmatrix} d_1 - \mu_1 M_0 \\ d_2 \\ \vdots \\ d_{n-2} \\ d_{n-1} - \lambda_{n-1} M_n \end{bmatrix}$$

(2) 给定 $S'(x_0) = m_0, S'(x_n) = m_n$ 的值, 将 $S'(x_0) = m_0, S'(x_n) = m_n$ 的值分别代入 $S'(x)$ 在 $[x_0, x_1], [x_{n-1}, x_n]$ 中的表达式, 得到另外两个方程:

$$2M_0 + M_1 = \frac{6}{h_0}[f[x_0, x_1] - m_0] = d_0$$

$$M_{n-1} + 2M_n = \frac{6}{h_{n-1}}[m_n - f[x_{n-1}, x_n]] = d_n$$

得到 $n+1$ 个未知量, $n+1$ 个方程组

$$\begin{bmatrix} 2 & 1 & & & & \\ \mu_1 & 2 & \lambda_1 & & & \\ & \mu_2 & 2 & \lambda_2 & & \\ & & \ddots & \ddots & \ddots & \\ & & & \mu_{n-2} & 2 & \lambda_{n-1} \\ & & & & 1 & 2 \end{bmatrix} \begin{bmatrix} M_0 \\ M_1 \\ M_2 \\ \vdots \\ M_{n-1} \\ M_n \end{bmatrix} = \begin{bmatrix} d_0 \\ d_1 \\ d_2 \\ \vdots \\ d_{n-1} \\ d_n \end{bmatrix}$$

(3) 被插函数以 $x_n - x_0$ 为基本周期时, 即 $f(x_0) = f(x_n)$, 即

$$S(x_0) = S(x_n), \quad S'(x_0) = S'(x_n), \quad S''(x_0) = S''(x_n)$$

即 $m_0 = m_n$, $M_0 = M_n$, 将 $S'(x_0) = S'(x_n)$ 加入方程组, 此时化为 n 个变量, n 个方程的方程组.

样条插值构造的 M 关系式是对角占优的三对角带状矩阵, 可用第 4 章中追赶法求解.

例 1.14   给出离散数值表 (表 1.12). 取 $M_0 = M_n = 0$, 构造三次样条插值的 M 关系式, 并计算 $f(1.25)$.

表 1.12

x_i	1.1	1.2	1.4	1.5
y_i	0.4000	0.8000	1.6500	1.8000

解   由表 1.12 中 (x_i, y_i) 的数值, 计算得

$$h_0 = 0.1, \quad h_1 = 0.2, \quad h_2 = 0.1$$

$$\begin{cases} \lambda_1 = 0.6667, \\ \mu_1 = 0.3333, \end{cases} \quad \begin{cases} \lambda_2 = 0.3333 \\ \mu_2 = 0.6667 \end{cases}$$

$$d_1 = 5, \quad d_2 = -55$$

由 $M_0 = M_n = 0$ 的边界条件, 得

$$\begin{bmatrix} 2 & 0.6667 \\ 0.6667 & 2 \end{bmatrix} \begin{bmatrix} M_1 \\ M_2 \end{bmatrix} = \begin{bmatrix} 5 \\ -55 \end{bmatrix}$$

解得 $M_1 = 13.125$, $M_2 = -31.875$.

因此, 三次样条插值的分段表达为

$$S(x) = \begin{cases} 21.875x^3 - 72.1875x^2 + 83.1875x - 32.875, & x \in [1.1, 1.2] \\ -37.5x^3 + 141.5625x^2 - 173.75x + 59.725, & x \in [1.2, 1.4] \\ 53.125x^3 - 239.0625x^2 + 358.0625x - 179.05, & x \in [1.4, 1.5] \end{cases}$$

特别地, $f(1.25) \approx S(1.25) = 1.0436$.

1.4.3   三次样条插值的 m 关系式

问题 1.10   给定插值点 $\{(x_i, f(x_i)), i = 0, 1, \cdots, n\}$, 怎样构造用节点处一阶导数表示的样条插值函数, 即怎样构造 m 关系式?

对给定的插值点 $\{(x_i, y(x_i)), i = 0, \cdots, n\}$, 先假定已知 $S'(x_i) = m_i$, 在每个小区间 $[x_i, x_{i+1}]$ 上作 Hermite 插值, 在整个 $[x_0, x_n]$ 上是分段的 Hermite 插值, 在 $[x_i, x_{i+1}]$ 上 $S(x)$ 的表达式为

$$S(x) = \left(1 - 2\frac{x - x_i}{x_i - x_{i+1}}\right)\left(\frac{x - x_{i+1}}{x_i - x_{i+1}}\right)^2 y_i + (x - x_i)\left(\frac{x - x_{i+1}}{x_i - x_{i+1}}\right)^2 m_i$$
$$+ \left(1 - 2\frac{x - x_{i+1}}{x_{i+1} - x_i}\right)\left(\frac{x - x_i}{x_{i+1} - x_i}\right)^2 y_{i+1}$$
$$+ (x - x_{i+1})\left(\frac{x - x_i}{x_{i+1} - x_i}\right)^2 m_{i+1} \tag{1.28}$$

再用 $S''(x_i + 0) = S''(x_i - 0)$ 得到方程组

$$\lambda_i m_{i-1} + 2m_i + \mu_i m_{i+1} = c_i, \quad i = 1, 2, \cdots, n-1 \tag{1.29}$$

$$\lambda_i = \frac{h_i}{h_i + h_{i-1}}, \quad \mu_i = 1 - \lambda_i, \quad c_i = 3[\lambda_i y[x_{i-1}, x_i] + \mu_i y[x_i, x_{i+1}]]$$

再附加两个边界条件, 即可解出 m_i 的值. 附加的边界条件情况同 M 关系式中类似, 不再详说.

例 1.15　对 $f(x) = \dfrac{1}{1 + 25x^2}$, 作样条插值, 插值效果如图 1.6 所示. 可以看到样条插值效果优于分段插值效果.

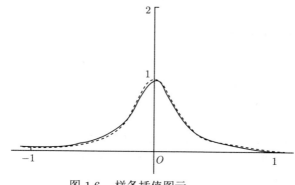

图 1.6　样条插值图示

案例1 三次样条函数
用于优化算法中障碍
函数的设计

习　题　1

1. 作出插值点 $\{(-1.00, 3.00), (2.00, 5.00), (3.00, 7.00)\}$ 的二次 Lagrange 插值多项式 $L_2(x)$, 并计算 $L_2(0)$.

2. 作出插值点 $\{(-2.00, 0.00), (2.00, 3.00), (5.00, 6.00)\}$ 的二次 Lagrange 插值多项式 $L_2(x)$, 并计算 $L_2(-1.2)$, $L_2(1.2)$.

3. 作出下列插值点的三次 Lagrange 插值多项式.

(1) $(-1, 3), (0, -1/2), (1/2, 0), (1, 1)$;

(2) $(-1, 2), (0, 0), (2, 1), (3, 3)$.

4. 设 $f \in C^2[a, b]$, 且 $f(a) = f(b) = 0$, 证明:

$$|f(x)| \leqslant \frac{1}{8}(b - a)^2 M_2, \quad a \leqslant x \leqslant b$$

其中 $M_2 = \max\limits_{a \leqslant x \leqslant b} |f''(x)|$.

5. $f(x) = \sqrt{x}$ 在离散点有 $\{f(81) = 9,\ f(100) = 10,\ f(121) = 11\}$, 用插值方法计算 $\sqrt{105}$ 的近似值, 并由误差公式给出误差界, 同时与实际误差作比较.

6. 给出函数表 1.13. 作出差商表, 作出三次 Newton 插值多项式, 并计算 $f(1.2)$ 的近似值.

表 1.13

x	−1.00	2.00	3.00	4.00
$f(x)$	3.00	5.00	7.00	5.00

7. 若函数 $f(x)$ 足够光滑, $f(4) = 1, f[1, 4] = 2, f[1, 3, 4] = 1, f[1, 2, 3, 4] = -1$.

(1) 写出 $f(x)$ 的 Newton 插值多项式;

(2) 计算 $f(2)$ 和 $f[2, 3, 4]$.

8. 要制作三角函数 $\sin x$ 的函数值表, 已知表值有四位小数的近似值, 要求用线性插值引起的截断误差不超过表值的舍入误差, 试决定其最大允许步长.

9. $f(x) = x^7 - 125x^5 + 237x^3 - 999$, 计算差商 $f[2^0, 2^1]$, $f[2^0, 2^1, \cdots, 2^7]$ 以及 $f[2^0, 2^1, \cdots, 2^8]$.

10. 给出函数表 1.14. 构造分段线性函数, 并计算 $f(1.075)$ 和 $f(1.175)$ 的近似值.

表 1.14

x	1.05	1.10	1.15	1.20
$f(x)$	2.12	2.20	2.17	2.32

11. 给定数据 $f(0)$, $f(1)$, $f'(1)$, 作出二次插值多项式, 并写出插值余项.

12. 给定数据 $f(3) = 5.00$, $f(5) = 15.00$, $f'(5) = 7.00$, 作出二次插值多项式, 写出插值余项, 并计算 $f(3.7)$ 的近似值.

13. 给定数据 $f(0)$, $f(1)$, $f(3)$, $f'(3)$, 作出三次插值多项式, 并写出插值余项.

14. 给定数据 $f(0) = 1.0$, $f(1) = 0.75$, $f(3) = 0.25$, $f'(3) = 0.56$, 作出三次插值多项式, 并写出插值余项.

15. 给定数据 $f(1) = 0.5$, $f(2) = 1$, $f'(1) = 0.5$, $f'(2) = -1$, $f''(2) = 1$, 构造四次插值多项式, 并写出插值余项.

16. 试求满足表 1.15 中数据和 $S''(-2) = 0$, $S''(2) = 0$ 的三次样条函数, 并计算 $S(0)$ 的值.

表 1.15

x	−2.00	−1.00	1.00	2.00
$f(x)$	−4.00	3.00	5.00	12.00

17. 试求满足表 1.16 中数据和 $S'(-1) = 5, S'(3) = 29.00$ 的三次样条函数, 并计算 $S(2)$ 的值.

表 1.16

x	-1.00	0.00	1.00	3.00
$f(x)$	2.00	3.00	4.00	29.00

本章课件

第 2 章　最小二乘拟合

2.1　拟　合　函　数

插值和拟合是构造逼近函数的两种方法. 通过观察或测量得到一组离散数据 $\{(x_i, y_i), i = 1, 2, \cdots, m\}$. 当所得数据存在函数关系 $y_i = f(x_i)$ 时, 可构造插值函数 $\varphi(x)$ 逼近客观存在的函数 $f(x)$. 插值的原则是要求插值函数通过这些数据点, 即 $\{\varphi(x_i) = y_i, i = 1, 2, \cdots, m\}$. 此时, 向量 $Z = (\varphi(x_1), \varphi(x_2), \cdots, \varphi(x_m))$ 与 $Y = (y_1, y_2, \cdots, y_m)$ 相等.

如果数据 $\{(x_i, y_i), i = 1, 2, \cdots, m\}$ 含有误差或 "噪声"(图 2.1), 如果数据无法同时满足某个特定函数 (图 2.2), 那么只能要求逼近函数 $\varphi(x)$ 尽量靠近数据点, 即向量 $Z = (\varphi(x_1), \varphi(x_2), \cdots, \varphi(x_m))$ 与 $Y = (y_1, y_2, \cdots, y_m)$ 的误差或距离最小. 按 Z 与 Y 之间误差最小的原则构造的逼近函数 $\varphi(x)$ 称为拟合函数.

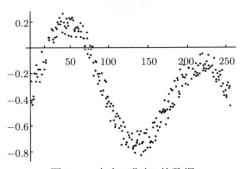

图 2.1　含有 "噪声" 的数据

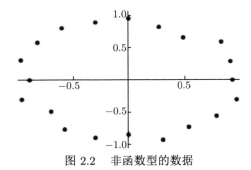

图 2.2　非函数型的数据

向量 Z 与 Y 之间的误差或距离有各种不同的定义方式. 例如, 各种向量范数

$$\|Z-Y\|_1 = \sum_{i=1}^m |\varphi(x_i) - y_i|, \quad \|Z-Y\|_2 = \sqrt{\sum_{i=1}^m (\varphi(x_i) - y_i)^2}$$

$$\|Z-Y\|_\infty = \max_{1 \leqslant i \leqslant n} |\varphi(x_i) - y_i|$$

特别地,

$$Q = \|Z-Y\|_2^2 = \sum_{i=1}^m (\varphi(x_i) - y_i)^2$$

称为误差平方和, 由于计算误差平方和最小值的方法容易实现而被广泛采用. 按误差平方和达到极小构造拟合曲线的方法称为最小二乘法. 本章主要讲述用最小二乘法构造拟合函数 $\varphi(x)$.

在运筹学、统计学、逼近论和控制论中, 最小二乘法都是很重要的求解方法. 例如, 它是统计学中估计回归参数的最基本方法.

关于最小二乘法的发明权, 在数学史的研究中尚未定论. 有材料表明 Gauss 和 Legendre 分别独立提出这种方法. Legendre 在 1805 年第一次公开发表关于最小二乘法的论文, 这时 Gauss 指出, 他早在 1795 年之前就使用了这种方法. 但数学史研究者只找到了 Gauss 约在 1803 年之前使用这种方法的证据.

在实际问题中, 怎样由测量的数据构造和确定 "最贴近" 的拟合函数? 关键在于选择适当的拟合函数类型. 有时根据专业知识和工作经验即可确定拟合函数类型. 如果对拟合函数一无所知, 不妨先绘制数据的粗略图形, 或许从中观察出拟合函数的类型. 一般地, 我们从已知函数族 $\{\varphi_\alpha(x)\}$ 中挑选拟合函数, 利用最小二乘法原则, 求参数 α 使 $Q(\alpha) = \sum_{i=1}^m (\varphi_\alpha(x_i) - y_i)^2$ 最小.

例 2.1 表 2.1 是 1950 年至 1959 年我国的人口数据资料.

表 2.1 （单位: 亿人）

年份 x_i	1950	1951	1952	1953	1954	1955	1956	1957	1958	1959
人口 y_i	5.52	5.63	5.75	5.88	6.03	6.15	6.28	6.46	6.60	6.72

解 观察数据的散点图, 发现数据点大约在一条直线上, 故可进行线性拟合. 设

$$\varphi(x) = a + b(x - 1950)$$

$$Q(a,b) = \sum_{i=1}^{10} (a + b(x_i - 1950) - y_i)^2$$

解得当 $a = 5.48945, b = 0.136121$ 时, $Q(a,b)$ 达最小值 0.00331879.

$$\varphi(x) = 5.48945 + 0.136121(x - 1950)$$

拟合直线如图 2.3 所示. 根据专业知识, 也可作形如 $\varphi(x) = a \cdot b^x$ 类型的函数拟合, 请见例 2.5.

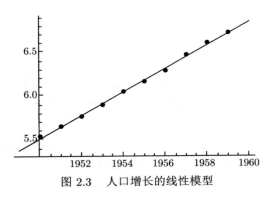

图 2.3　人口增长的线性模型

最小二乘法的思想不仅可用于离散数据的拟合, 也可用于连续函数的逼近.

例 2.2　构造 $\varphi(x) = a + bx$, 在 $[-1, 1]$ 上逼近 $f(x) = \mathrm{e}^x$.

解　根据最小二乘法的思想, 定义 $Q = \displaystyle\int_{-1}^{1} |\varphi(x) - f(x)|^2 \, \mathrm{d}x$ 为恒量 $\varphi(x)$ 与 $f(x)$ 接近程度的标准, 求 a, b 使 Q 最小.

$$Q = \int_{-1}^{1} (a + bx - \mathrm{e}^x)^2 \mathrm{d}x = 2a^2 + \frac{2}{3}b^2 - 2(\mathrm{e} - \mathrm{e}^{-1})a - 4\mathrm{e}^{-1}b + \frac{1}{2}(\mathrm{e}^2 - \mathrm{e}^{-2})$$

由

$$\begin{cases} \dfrac{\partial Q}{\partial a} = 4a - 2(\mathrm{e} - \mathrm{e}^{-1}) = 0 \\[2mm] \dfrac{\partial Q}{\partial b} = \dfrac{4}{3}b - 4\mathrm{e}^{-1} = 0 \end{cases}$$

解得

$$\begin{cases} a = \dfrac{1}{2}(\mathrm{e} - \mathrm{e}^{-1}) \approx 1.1752 \\[2mm] b = 3\mathrm{e}^{-1} \approx 1.1036 \end{cases}$$

所以

$$\varphi(x) \approx 1.1752 + 1.1036x.$$

2.2 多项式拟合

给定一组数据 $\{(x_i, y_i), i = 1, 2, \cdots, m\}$. 当拟合函数 $\varphi(x)$ 形如 $a_0 + a_1 x + \cdots + a_n x^n$ 时, 拟合问题称为 n 次多项式拟合, 即求 $\alpha = (a_0, a_1, \cdots, a_n)$ 使得

$$Q(\alpha) = \sum_{i=1}^{m} (a_0 + a_1 x_i + \cdots + a_n x_i^n - y_i)^2$$

达到最小值.

首先考虑最常见的线性拟合, 即 $n = 1$ 情形. 由微积分知识, 我们知道 Q 的最小值一定存在, 并且最小值点 α 满足

$$\begin{cases} \dfrac{\partial Q}{\partial a_0} = 2 \sum_{i=1}^{m} (a_0 + a_1 x_i - y_i) = 0 \\ \dfrac{\partial Q}{\partial a_1} = 2 \sum_{i=1}^{m} (a_0 + a_1 x_i - y_i) x_i = 0 \end{cases}$$

整理得到线性方程组

$$\begin{cases} m a_0 + \left(\sum_{i=1}^{m} x_i \right) a_1 = \sum_{i=1}^{m} y_i \\ \left(\sum_{i=1}^{m} x_i \right) a_0 + \left(\sum_{i=1}^{m} x_i^2 \right) a_1 = \sum_{i=1}^{m} x_i y_i \end{cases}$$

或写成矩阵形式

$$\begin{pmatrix} m & \sum\limits_{i=1}^{m} x_i \\ \sum\limits_{i=1}^{m} x_i & \sum\limits_{i=1}^{m} x_i^2 \end{pmatrix} \begin{pmatrix} a_0 \\ a_1 \end{pmatrix} = \begin{pmatrix} \sum\limits_{i=1}^{m} y_i \\ \sum\limits_{i=1}^{m} x_i y_i \end{pmatrix} \tag{2.1}$$

式 (2.1) 称为法方程, 其公式解为

$$a_0 = \frac{\left(\sum\limits_{i=1}^{m} x_i^2 \right) \left(\sum\limits_{i=1}^{m} y_i \right) - \left(\sum\limits_{i=1}^{m} x_i \right) \left(\sum\limits_{i=1}^{m} x_i y_i \right)}{m \sum\limits_{i=1}^{m} x_i^2 - \left(\sum\limits_{i=1}^{m} x_i \right)^2},$$

$$a_1 = \frac{m \sum\limits_{i=1}^{m} x_i y_i - \left(\sum\limits_{i=1}^{m} x_i\right)\left(\sum\limits_{i=1}^{m} y_i\right)}{m \sum\limits_{i=1}^{m} x_i^2 - \left(\sum\limits_{i=1}^{m} x_i\right)^2}$$

例 2.3   P.Sale 和 R.Dybdall 两年间在某处做的鱼类抽样调查如表 2.2 所示, 其中 x 为鱼的数量, y 为鱼的种类数目. 用线性函数拟合鱼的数量和种类数目.

表 2.2

x_i	13	15	16	21	22	23	25	29	30	31	36
y_i	11	10	11	12	12	13	13	12	14	16	17
x_i	40	42	55	60	62	64	70	72	100	130	
y_i	13	14	22	14	21	21	24	17	23	34	

解   设 $\varphi(x) = a + bx$. 将表 2.3 数据代入法方程 (2.1) 得到

表 2.3

i	x_i	y_i	$x_i y_i$	x_i^2
1	13	11	143	169
2	15	10	150	225
3	16	11	176	256
4	21	12	252	441
5	22	12	264	484
⋮	⋮	⋮	⋮	⋮
21	130	34	4420	16900
Σ	956	344	18913	61640

$$\begin{pmatrix} 21 & 956 \\ 956 & 61640 \end{pmatrix} \begin{pmatrix} a \\ b \end{pmatrix} = \begin{pmatrix} 344 \\ 18913 \end{pmatrix} \Rightarrow \begin{pmatrix} a \\ b \end{pmatrix} = \begin{pmatrix} 8.20841 \\ 0.179522 \end{pmatrix}$$

$$\varphi(x) = 8.20841 + 0.179522x, \quad Q = 111.0$$

拟合直线如图 2.4 所示.

下面考虑一般的 n 次多项式拟合. 与线性拟合类似, $Q(\alpha)$ 的最小值一定存在, 并且最小值点 α 满足

$$\frac{\partial Q}{\partial a_j} = 2 \sum_{i=1}^{m} (a_0 + a_1 x_i + \cdots + a_n x_i^n - y_i) x_i^j = 0, \quad j = 0, 1, \cdots, n$$

整理得多项式拟合的法方程

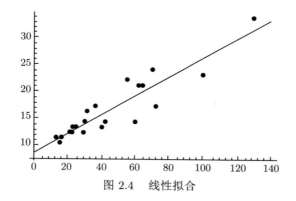

图 2.4　线性拟合

$$\begin{pmatrix} m & \sum\limits_{i=1}^{m} x_i & \cdots & \sum\limits_{i=1}^{m} x_i^n \\ \sum\limits_{i=1}^{m} x_i & \sum\limits_{i=1}^{m} x_i^2 & \cdots & \sum\limits_{i=1}^{m} x_i^{n+1} \\ \vdots & \vdots & & \vdots \\ \sum\limits_{i=1}^{m} x_i^n & \sum\limits_{i=1}^{m} x_i^{n+1} & \cdots & \sum\limits_{i=1}^{m} x_i^{2n} \end{pmatrix} \begin{pmatrix} a_0 \\ a_1 \\ \vdots \\ a_n \end{pmatrix} = \begin{pmatrix} \sum\limits_{i=1}^{m} y_i \\ \sum\limits_{i=1}^{m} x_i y_i \\ \vdots \\ \sum\limits_{i=1}^{m} x_i^n y_i \end{pmatrix} \qquad (2.2)$$

线性方程组 (2.2) 的系数矩阵 A 显然是对称的, 我们还可以证明 A 是半正定的, 并且线性方程组 (2.2) 对任意 $y_1, y_2, \cdots, y_m$ 都有解. 尽管如此, 在实际应用中 A 很有可能是病态的, 需要使用一些高精度或专门的数值算法以保证解的准确性.

　　例 2.4　用二次多项式拟合下列数据 (表 2.4).

表 2.4

x_i	-3	-2	-1	0	1	2	3
y_i	4	2	3	0	-1	-2	-5

　　解　设 $\varphi(x) = a_0 + a_1 x + a_2 x^2$, 如表 2.5 所示.
相应的法方程为

$$\begin{pmatrix} 7 & 0 & 28 \\ 0 & 28 & 0 \\ 28 & 0 & 196 \end{pmatrix} \begin{pmatrix} a_0 \\ a_1 \\ a_2 \end{pmatrix} = \begin{pmatrix} 1 \\ -39 \\ -7 \end{pmatrix} \quad \Rightarrow \quad \begin{pmatrix} a_0 \\ a_1 \\ a_2 \end{pmatrix} = \begin{pmatrix} 0.666667 \\ -1.39286 \\ -0.130952 \end{pmatrix}$$

$$\varphi(x) = 0.666667 - 1.39286x - 0.130952x^2$$

$$Q = \sum_{i=1}^{7}(\varphi(x_i) - y_i)^2 = 3.09524$$

拟合曲线如图 2.5 所示.

表 2.5

i	x_i	x_i^2	x_i^3	x_i^4	y_i	x_iy_i	$x_i^2y_i$
1	-3	9	-27	81	4	-12	36
2	-2	4	-8	16	2	-4	8
3	-1	1	-1	1	3	-3	3
4	0	0	0	0	0	0	0
5	1	1	1	1	-1	-1	-1
6	2	4	8	16	-2	-4	-8
7	3	9	27	81	-5	-15	-45
Σ	0	28	0	196	1	-39	-7

例2.4的Mathematica
实现

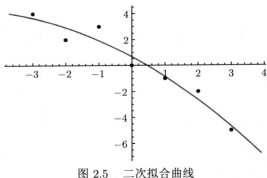

图 2.5　二次拟合曲线

通过对多项式拟合的考察, 我们发现 $\varphi(x)$ 是否是关于 x 的线性函数并不重要. 只要 $\varphi(x)$ 是关于未知参数 $\alpha = (\alpha_1, \alpha_2, \cdots, \alpha_n)$ 的线性函数, 则误差平方和 Q 是关于 α 的二次函数, 方程组 $\left\{\dfrac{\partial Q}{\partial \alpha_j} = 0, j = 1, 2, \cdots, n\right\}$ 是关于 α 的线性方程组. 因此, 多项式拟合的方法可以推广到其他类型的函数拟合.

例 2.5　根据 Malthus 关于人口在自然状态下增长的理论模型, 对例 2.1 中的数据作形如 $\varphi(x) = a \cdot b^x$ 的函数拟合.

解　$Q(a, b) = \sum_{i=1}^{10}(a \cdot b^{x_i} - y_i)^2$ 的最值点不容易求得. 为此, 我们首先对数据作预处理, 令 $\hat{y}_i = \ln y_i$, 然后对 $(x_i, \hat{y}_i), i = 1, 2, \cdots, m$ 作形如 $\ln \varphi(x) = \ln a + x \ln b$ 的线性拟合. 即求 $c_0 = \ln a, c_1 = \ln b$ 使得 $\hat{Q}(c_0, c_1) = \sum_{i=1}^{10}(c_0 + c_1 x_i - \hat{y}_i)^2$ 达到最小值.

相应的法方程为

$$\begin{pmatrix} 10 & 45 \\ 45 & 285 \end{pmatrix} \begin{pmatrix} c_0 \\ c_1 \end{pmatrix} = \begin{pmatrix} 18.0656 \\ 83.1364 \end{pmatrix} \quad \Rightarrow \quad \begin{pmatrix} c_0 \\ c_1 \end{pmatrix} = \begin{pmatrix} 1.70613 \\ 0.0223176 \end{pmatrix}$$

$$a = \mathrm{e}^{c_0} = 5.50761, \quad b = \mathrm{e}^{c_1} = 1.02257$$

$$\varphi(x) = 5.50761 \times 1.02257^x$$

拟合曲线如图 2.6 所示, $\sum_{i=1}^{10} (a \cdot b^{x_i} - y_i)^2 = 0.00158641$. 与例 2.1 的结果相比较, 指数增长模型优于线性增长模型.

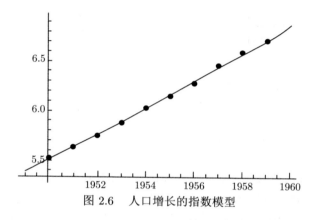

图 2.6　人口增长的指数模型

类似的数据预处理方法可以在其他类型的函数拟合中出现. 例如, 作双曲函数拟合 $\varphi(x) = \dfrac{1}{a + bx}$, 可令

$$Q = \sum_{i=1}^{m} \left(a + bx_i - \frac{1}{y_i} \right)^2$$

作有理函数拟合 $\varphi(x) = \dfrac{a_0 + a_1 x + \cdots + a_p x^p}{1 + b_1 x + \cdots + b_q x^q}$, 可令

$$Q = \sum_{i=1}^{m} \left(a_0 + a_1 x_i + \cdots + a_p x_i^p - b_1 x_i y_i - \cdots - b_q x_i^q y_i - y_i \right)^2$$

需要指出的是, 不进行预处理, 也可以用最小二乘法求得拟合函数. 预处理的目的是提高求解效率, 但是同时有可能降低求解精度. 预处理后求得的拟合函数, 其误差平方和并非最小. 我们实际上是定义了一个新的尺度来衡量 $Z = (\varphi(x_1), \varphi(x_2), \cdots, \varphi(x_m))$ 与 $Y = (y_1, y_2, \cdots, y_m)$ 之间的误差或距离.

2.3　矛盾方程组

上节用最小二乘法构造拟合多项式, 本节从线性代数的角度对此方法进行分析和推广. 给定一组数据 $\{(x_i, y_i), i = 1, 2, \cdots, m\}$. 假设拟合函数 $\varphi(x)$ 具有

$$\varphi(x) = \alpha_1 \varphi_1(x) + \alpha_2 \varphi_2(x) + \cdots + \alpha_n \varphi_n(x)$$

的形式, 其中 $\varphi_1(x), \varphi_2(x), \cdots, \varphi_n(x)$ 是已知的函数, $\alpha_1, \alpha_2, \cdots, \alpha_n$ 是未知的参数. 记

$$A = \begin{pmatrix} \varphi_1(x_1) & \varphi_2(x_1) & \cdots & \varphi_n(x_1) \\ \varphi_1(x_2) & \varphi_2(x_2) & \cdots & \varphi_n(x_2) \\ \vdots & \vdots & & \vdots \\ \varphi_1(x_m) & \varphi_2(x_m) & \cdots & \varphi_n(x_m) \end{pmatrix}, \quad \alpha = \begin{pmatrix} \alpha_1 \\ \alpha_2 \\ \vdots \\ \alpha_n \end{pmatrix}, \quad Y = \begin{pmatrix} y_1 \\ y_2 \\ \vdots \\ y_m \end{pmatrix}$$

则误差平方和

$$Q(\alpha) = \sum_{i=1}^{m} (\varphi(x_i) - y_i)^2 = \|A\alpha - Y\|_2^2$$

于是, 在最小二乘法意义下, 拟合问题转化为: 已知矩阵 $A \in \mathbf{R}^{m \times n}$ 和向量 $Y \in \mathbf{R}^m$, 求向量 $\alpha \in \mathbf{R}^n$ 使得 $\|A\alpha - Y\|_2$ 最小.

当线性方程组 $A\alpha = Y$ 有解 α 时, 拟合函数 $\varphi(x)$ 经过所有数据点; 当线性方程组 $A\alpha = Y$ 无解时, 称为矛盾方程组. 使 $\|A\alpha - Y\|_2$ 最小的 α 称为矛盾方程组 $A\alpha = Y$ 的最小二乘解.

定理 2.1　给定矩阵 $A \in \mathbf{R}^{m \times n}$, 向量 $Y \in \mathbf{R}^m$:

(1) $\text{rank} A^{\mathrm{T}} A = \text{rank} A^{\mathrm{T}}$,

(2) 线性方程组 $A^{\mathrm{T}} A \alpha = A^{\mathrm{T}} Y$ 恒有解 α,

(3) $\|A\alpha - Y\|_2$ 达最小值当且仅当 $A^{\mathrm{T}} A \alpha = A^{\mathrm{T}} Y$,

(4) 使 $\|A\alpha - Y\|_2$ 达最小值的 α 是唯一的当且仅当 $\text{rank} A = n$.

证明　(1) 若 $Ax = 0$, 则 $A^{\mathrm{T}} A x = 0$. 若 $A^{\mathrm{T}} A x = 0$, 则 $x^{\mathrm{T}} A^{\mathrm{T}} A x = \|Ax\|_2^2 = 0$, $Ax = 0$. 因此线性方程组 $A^{\mathrm{T}} A x = 0$ 与 $Ax = 0$ 同解. 从而 $\text{rank} A^{\mathrm{T}} A = \text{rank} A = \text{rank} A^{\mathrm{T}}$.

(2) 由 $\text{rank}(A^{\mathrm{T}} A) \leqslant \text{rank}(A^{\mathrm{T}} A, A^{\mathrm{T}} Y) \leqslant \text{rank} A^{\mathrm{T}}$ 和 (1) 可得 $\text{rank}(A^{\mathrm{T}} A, A^{\mathrm{T}} Y) = \text{rank} A^{\mathrm{T}} A$, 从而线性方程组 $A^{\mathrm{T}} A \alpha = A^{\mathrm{T}} Y$ 有解.

(3) 证法 1. $\|A\alpha - Y\|_2$ 达最小值 $\Leftrightarrow (A\alpha - Y) \perp A$ 的列空间 $\Leftrightarrow A^{\mathrm{T}}(A\alpha - Y) = 0$, 即 $A^{\mathrm{T}} A \alpha = A^{\mathrm{T}} Y$.

证法 2. 设 x 满足 $A^{\mathrm{T}}Ax = A^{\mathrm{T}}b$, 任取 y, 记 $y = x + (y - x) = x + e$, 则

$$\|Ay - b\|^2 = \|Ax + Ae - b\|_2^2 = (Ax - b + Ae)^{\mathrm{T}}(Ax - b + Ae)$$
$$= (Ax - b)^{\mathrm{T}}(Ax - b) + 2(Ae)^{\mathrm{T}}(Ax - b) + (Ae)^{\mathrm{T}}(Ae)$$
$$= \|Ax - b\|_2^2 + \|Ae\|_2^2 + 2e^{\mathrm{T}}(A^{\mathrm{T}}Ax - A^{\mathrm{T}}b)$$
$$= \|Ax - b\|_2^2 + \|Ae\|_2^2 \geqslant \|Ax - b\|_2^2$$

由于 y 是任取的, 故法方程组 $A^{\mathrm{T}}AX = A^{\mathrm{T}}b$ 的解为极小问题 $\min\|AX - b\|_2^2$ 的解.

(4) 由 (3) 可知, 使 $\|A\alpha - Y\|_2$ 达最小值的 α 是唯一的 $\Leftrightarrow A^{\mathrm{T}}A\alpha = A^{\mathrm{T}}Y$ 有唯一解 $\Leftrightarrow \det A^{\mathrm{T}}A \neq 0 \Leftrightarrow \mathrm{rank}A = n$. 证毕.

线性方程组 $A^{\mathrm{T}}A\alpha = A^{\mathrm{T}}Y$ 称为矛盾方程组 $A\alpha = Y$ 的法方程.

在通常情况下, $m \gg n$ 且 $\mathrm{rank}A = n$, 则 $A^{\mathrm{T}}A$ 是正定的, 矛盾方程组 $A\alpha = Y$ 有唯一的最小二乘解 α, 可以使用多种数值算法求解, 详见第 5 章. 在某些情况下, $A^{\mathrm{T}}A$ 是近似奇异的, 这表明 $\varphi_1(x), \varphi_2(x), \cdots, \varphi_n(x)$ 之间存在一定的相关性, 需要修改拟合函数 $\varphi(x)$ 的形式.

重新考察多项式拟合问题 $\varphi(x) = a_0 + a_1 x + \cdots + a_n x^n$, 即 $\varphi_k(x) = x^{k-1}$, 则

$$A = \begin{pmatrix} 1 & x_1 & \cdots & x_1^n \\ 1 & x_2 & \cdots & x_2^n \\ \vdots & \vdots & & \vdots \\ 1 & x_m & \cdots & x_m^n \end{pmatrix}, \quad \alpha = \begin{pmatrix} a_0 \\ a_1 \\ \vdots \\ a_n \end{pmatrix}, \quad Y = \begin{pmatrix} y_1 \\ y_2 \\ \vdots \\ y_m \end{pmatrix}$$

法方程 $A^{\mathrm{T}}A\alpha = A^{\mathrm{T}}Y$ 与式 (2.2) 完全相同.

例 2.6 给定数据序列 $\{(x_i, y_i), i = 1, 2, \cdots, m\}$, 用求矛盾方程组的最小二乘解的方法作拟合直线 $p(x) = a_0 + a_1 x$.

解 如果要直线 $p(x)$ 过这些点, 则 $p(x_i) = a_0 + a_1 x_i = y_i, i = 1, 2, \cdots, m$. 即

$$\begin{cases} a_0 + a_1 x_1 = y_1 \\ a_0 + a_1 x_2 = y_2 \\ \cdots\cdots \\ a_0 + a_1 x_m = y_m \end{cases}$$

写成矩阵形式

$$\begin{pmatrix} 1 & x_1 \\ 1 & x_2 \\ \vdots & \vdots \\ 1 & x_m \end{pmatrix} \begin{pmatrix} a_0 \\ a_1 \end{pmatrix} = \begin{pmatrix} y_1 \\ y_2 \\ \vdots \\ y_m \end{pmatrix}$$

根据定理 2.1,

$$
\begin{pmatrix} 1 & 1 & \cdots & 1 \\ x_1 & x_2 & \cdots & x_m \end{pmatrix}
\begin{pmatrix} 1 & x_1 \\ 1 & x_2 \\ \vdots & \vdots \\ 1 & x_m \end{pmatrix}
\begin{pmatrix} a_0 \\ a_1 \end{pmatrix}
=
\begin{pmatrix} 1 & 1 & \cdots & 1 \\ x_1 & x_2 & \cdots & x_m \end{pmatrix}
\begin{pmatrix} y_1 \\ y_2 \\ \vdots \\ y_m \end{pmatrix}
$$

得到线性拟合的法方程

$$
\begin{pmatrix} m & \displaystyle\sum_{i=1}^{m} x_i \\ \displaystyle\sum_{i=1}^{m} x_i & \displaystyle\sum_{i=1}^{m} x_i^2 \end{pmatrix}
\begin{pmatrix} a_0 \\ a_1 \end{pmatrix}
=
\begin{pmatrix} \displaystyle\sum_{i=1}^{m} y_i \\ \displaystyle\sum_{i=1}^{m} x_i y_i \end{pmatrix}
\tag{2.3}
$$

例 2.7   求解例 2.4. 设拟合函数 $\varphi(x) = a_0 + a_1 x + a_2 x^2$, 法方程 $A^{\mathrm{T}} A \alpha = A^{\mathrm{T}} Y$, 其中

$$
A = \begin{pmatrix} 1 & -3 & 9 \\ 1 & -2 & 4 \\ 1 & -1 & 1 \\ 1 & 0 & 0 \\ 1 & 1 & 1 \\ 1 & 2 & 4 \\ 1 & 3 & 9 \end{pmatrix}, \quad
\alpha = \begin{pmatrix} a_0 \\ a_1 \\ a_2 \end{pmatrix}, \quad
Y = \begin{pmatrix} 4 \\ 2 \\ 3 \\ 0 \\ -1 \\ -2 \\ -5 \end{pmatrix}
$$

则

$$
A^{\mathrm{T}} A = \begin{pmatrix} 7 & 0 & 28 \\ 0 & 28 & 0 \\ 28 & 0 & 196 \end{pmatrix}, \quad
A^{\mathrm{T}} Y = \begin{pmatrix} 1 \\ -39 \\ -7 \end{pmatrix}
$$

解得

$$
a_0 = 0.666667, \quad a_1 = -1.39286, \quad a_2 = -0.130952,
$$
$$
\varphi(x) = 0.666667 - 1.39286x - 0.130952x^2
$$

例 2.8   对下列数据 (表 2.6) 用最小二乘法求形如 $\varphi(x) = a + bx^3$ 的经验公式.

表 2.6

x_i	-3	-2	-1	2	4
y_i	14.3	8.3	4.7	-8.3	-22.7

解 列出法方程 $A^{\mathrm{T}}A\alpha = A^{\mathrm{T}}Y$, 其中

$$A = \begin{pmatrix} 1 & -27 \\ 1 & -8 \\ 1 & -1 \\ 1 & 8 \\ 1 & 64 \end{pmatrix}, \quad \alpha = \begin{pmatrix} a \\ b \end{pmatrix}, \quad Y = \begin{pmatrix} 14.3 \\ 8.3 \\ 4.7 \\ -8.3 \\ -22.7 \end{pmatrix}$$

则

$$A^{\mathrm{T}}A = \begin{pmatrix} 5 & 36 \\ 36 & 4954 \end{pmatrix}, \quad A^{\mathrm{T}}Y = \begin{pmatrix} -3.7 \\ -1976.4 \end{pmatrix}$$

解得

$$a = 2.25017, \quad b = -0.415302, \quad \varphi(x) = 2.25017 - 0.415302x^3$$

例 2.9 解矛盾方程

$$\begin{cases} x_1 + x_2 + x_3 = 2 \\ x_1 + 3x_2 - x_3 = -1 \\ 2x_1 + 5x_2 + 2x_3 = 1 \\ 3x_1 - x_2 + 5x_3 = -2 \end{cases}$$

解 写出法方程

$$\begin{pmatrix} 1 & 1 & 2 & 3 \\ 1 & 3 & 5 & -1 \\ 1 & -1 & 2 & 5 \end{pmatrix} \begin{pmatrix} 1 & 1 & 1 \\ 1 & 3 & -1 \\ 2 & 5 & 2 \\ 3 & -1 & 5 \end{pmatrix} \begin{pmatrix} x_1 \\ x_2 \\ x_3 \end{pmatrix} = \begin{pmatrix} 1 & 1 & 2 & 3 \\ 1 & 3 & 5 & -1 \\ 1 & -1 & 2 & 5 \end{pmatrix} \begin{pmatrix} 2 \\ -1 \\ 1 \\ -2 \end{pmatrix}$$

即

$$\begin{pmatrix} 15 & 11 & 19 \\ 11 & 36 & 3 \\ 19 & 3 & 31 \end{pmatrix} \begin{pmatrix} x_1 \\ x_2 \\ x_3 \end{pmatrix} = \begin{pmatrix} -1 \\ 6 \\ -5 \end{pmatrix}$$

解得

$$\begin{pmatrix} x_1 \\ x_2 \\ x_3 \end{pmatrix} = \begin{pmatrix} -1.59173 \\ 0.589928 \\ 0.757194 \end{pmatrix}$$

习 题 2

1. 求 a, b, 使 $\displaystyle\int_0^1 (\sqrt{x} - (a+bx))^2 \mathrm{d}x$ 达到最小.

2. 构造线性函数, 在 $[-1,1]$ 上逼近 $f(x) = x^2$.

3. 给出数据如表 2.7, 分别用一次、二次多项式拟合这些数据, 并给出最小平方误差.

表 2.7

x_i	−1.00	−0.50	0.00	0.25	0.75
y_i	0.22	0.80	2.00	2.50	3.80

4. 对下列数据 (表 2.8) 用最小二乘法求形如 $y(x) = a + bx^2$ 的经验公式.

表 2.8

x_i	−3	−2	−1	2	4
y_i	14.3	8.3	4.7	8.3	22.7

5. 对数据 data={{1, 3.5}, {2, 4.3284}, {3, 4.9641}, {4, 5.5}} 用最小二乘法求形如 $f(x) = a + b\sqrt{x}$ 的经验公式.

6. 对下列数据 (表 2.9) 用最小二乘法求形如 $\varphi(x) = a + b\sin x$ 的经验公式.

表 2.9

x_i	0.3	0.5	0.6	0.7	0.9
y_i	1.37731	1.48766	1.53899	1.58653	1.67

7. 对下列数据 (表 2.10) 用最小二乘法求形如 $\varphi(x) = a\cos x + b\sin x$ 的经验公式.

表 2.10

x_i	0.20	0.25	0.30	0.50
y_i	1.36	1.20	1.02	0.32

8. 对下列数据 (表 2.11) 用最小二乘法求形如 $y = ae^{bx}$ 的经验公式.

表 2.11

x_i	−0.70	−0.50	0.25	0.75
y_i	0.99	1.21	2.57	4.23

9. 对下列数据 (表 2.12) 用最小二乘法作形如 $f(x) = \dfrac{x}{a + bx}$ 的拟合函数.

表 2.12

x_i	2.1	2.5	2.8	3.2
y_i	0.6087	0.6849	0.7368	0.8111

10. 用最小二乘法求解下列矛盾方程组:

$$(1) \begin{cases} x_1 + 2x_2 = 5, \\ 2x_1 + x_2 = 6, \\ x_1 + x_2 = 4; \end{cases} \qquad (2) \begin{cases} x_1 - 2x_2 = 1, \\ x_1 + 5x_2 = 13.1, \\ 2x_1 + x_2 = 7.9, \\ x_1 + x_2 = 5.1. \end{cases}$$

演示2　最小二乘拟合　　　　本章课件

第 3 章 非线性方程求解

在自然界中非线性问题远多于线性问题. 例如, 汽车导航的 GPS 定位取决于解一个非线性方程组. 解非线性方程 (组) 也是计算方法中的一个主题. 一般地, 我们用符号 $f(x)$ 来表示方程左端的函数, 方程的一般形式表示为 $f(x) = 0$, x 称为方程的根或函数的零点.

与线性方程相比, 非线性方程问题无论是从理论上还是从计算公式上都要复杂得多. 对于一般的非线性方程, 在准确解的意义下没有求解方程的根的数学公式. 例如, 求解高次方程 $7x^6 - x^3 + x - 1.5 = 0$ 的根, 求解含有指数和正弦函数的超越方程 $\mathrm{e}^x - \cos(\pi x) = 0$ 的零点.

对于非线性方程 (组) 用迭代法可以计算其近似数值解. 通常, 非线性方程的根不止一个, 因此, 在求解非线性方程时, 要给定初始值或求解范围.

3.1 迭 代 法

3.1.1 实根的对分法

1. 使用对分法的条件

对分法或称二分法是求方程近似解的一种简单直观的方法. 设函数 $f(x)$ 在 $[a, b]$ 上连续, 且 $f(a)f(b) < 0$, 则 $f(x)$ 在 $[a, b]$ 上至少有一个零点. 这是微积分中的介值定理, 也是使用对分法的理论基础. 计算中通过对分区间, 缩小区间范围的步骤搜索零点的位置.

例 3.1　用对分法求 $f(x) = x^3 - 7.7x^2 + 19.2x - 15.3 = 0$ 在区间 $[1, 2]$ 的根.

解　$f(x) = x^3 - 7.7x^2 + 19.2x - 15.3$.

(1) $f(1) = -2.8, f(2) = 0.3$, 由介值定理可得有根区间 $[a, b] = [1, 2]$;

(2) 计算 $x_1 = (1 + 2)/2 = 1.5, f(1.5) = -0.45$, 有根区间 $[a, b] = [1.5, 2]$;

(3) 计算 $x_2 = (1.5 + 2)/2 = 1.75, f(1.75) = 0.078125$, 有根区间 $[a, b] = [1.5, 1.75]$, 一直做到 $|f(x_n)| < \varepsilon$(计算前给定的精度)或 $|a - b| < \varepsilon$ 时停止. 详细计算结果见表 3.1.

表 3.1

k	x	$f(x)$	求解区间	$\|x_k - x_{k-1}\|$
0	1	-2.8		
1	2	0.3	[1, 2]	
2	1.5	-0.45	[1.5,2]	0.5
3	1.75	0.078125	[1.5, 1.75]	0.25
4	1.625	-0.141797	[1.625,1.75]	0.125
5	1.6875	-0.0215332	[1.6875,1.75]	0.0625
6	1.71875	0.03078	[1.6875,1.71875]	0.03125
7	1.70312	0.00525589	[1.6875,1.70312]	0.015625

2. 对分法求根算法

step1 输入求根区间 $[a,b]$ 和误差控制量 ε, 定义函数 $f(x)$,

if $(f(a)f(b) < 0)$ then step2

else 选用其他求根方法

step2 while $|a - b| > \varepsilon$ 时

(1) 计算中点 $x = (a+b)/2$ 以及 $f(x)$ 的值,

(2) 分情况处理

$|f(x)| < \varepsilon$: 停止计算 $x^* = x$, 转向 step4

$f(a)f(x) < 0$: 修正区间 $[a, x] \to [a, b]$

$f(x)f(b) < 0$: 修正区间 $[x, b] \to [a, b]$

end while

step3 $x^* = \dfrac{a+b}{2}$

step4 输出近似根 x^*

图 3.1 给出对分法的示意图.

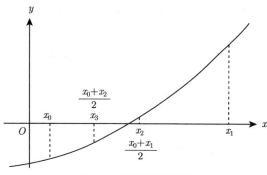

图 3.1 逐步对分区间

在算法中, 常用 $\mathrm{sgn}(f(a)) \cdot \mathrm{sgn}(f(x)) < 0$ 代替 $f(a) \cdot f(x) < 0$ 的判断, 以避免 $f(a) \cdot f(x)$ 数值溢出.

对分法的算法简单, 然而, 若 $f(x)$ 在 $[a, b]$ 上有几个零点时, 只能算出其中一个零点. 另一方面, 即使 $f(x)$ 在 $[a, b]$ 上有零点, 也未必有 $f(a)f(b) < 0$, 这就限制了对分法的使用范围. 对分法只能计算方程 $f(x) = 0$ 的实根.

3.1.2　不动点迭代

对给定的方程 $f(x) = 0$, 将它转换成等价形式: $x = \varphi(x)$. 给定初值 x_0, 由此来构造迭代序列 $x_{k+1} = \varphi(x_k)$, $k = 1, 2, \cdots$. 如果 $\varphi(x)$ 连续且迭代收敛,

$$\lim_{k \to \infty} x_{k+1} = \lim_{k \to \infty} \varphi(x_k) = \alpha$$

则有 $\alpha = \varphi(\alpha)$, 而 α 就是方程 $f(x) = 0$ 的根.

例如, 代数方程 $x^3 - 2x - 5 = 0$ 的四种等价形式及其迭代格式:

(1) $x^3 = 2x + 5$, $x = \sqrt[3]{2x + 5}$; 迭代格式 $x_{k+1} = \sqrt[3]{2x_k + 5}$;

(2) $2x = x^3 - 5$, 迭代格式 $x_{k+1} = \dfrac{x_k^3 - 5}{2}$;

(3) $x^3 = 2x + 5$, $x = \dfrac{2x + 5}{x^2}$, 迭代格式 $x_{k+1} = \dfrac{2x_k + 5}{x_k^2}$;

(4) $x = x^3 - x - 5$, 迭代格式 $x_{k+1} = x_k^3 - x_k - 5$.

对方程 $f(x) = 0$ 构造的多种迭代格式 $x_{k+1} = \varphi(x_k)$, 怎样判断构造的迭代格式是否收敛? 收敛速度与哪个量有关? 收敛是否与迭代的初值有关?

定理 3.1　若 $\varphi(x)$ 定义在 $[a, b]$ 上, 如果 $\varphi(x)$ 满足

(1) 当 $x \in [a, b]$ 时有 $a \leqslant \varphi(x) \leqslant b$;

(2) $\varphi(x)$ 在 $[a, b]$ 上可导, 并且存在正数 $L < 1$, 使对任意的 $x \in [a, b]$, 有 $|\varphi'(x)| \leqslant L$.

则在 $[a, b]$ 上有唯一的点 x^* 满足 $x^* = \varphi(x^*)$, 称 x^* 为 $\varphi(x)$ 的不动点. 而且迭代格式 $x_{k+1} = \varphi(x_k)$ 对任意的初值 $x_0 \in [a, b]$ 均收敛于 $\varphi(x)$ 的不动点 x^*, 并有误差估计式

$$|x^* - x_k| \leqslant \frac{L^k}{1 - L} |x_1 - x_0| \tag{3.1}$$

证明　(1) 令 $\psi(x) = x - \varphi(x)$, 则有

$$\psi(a) = a - \varphi(a) \leqslant 0, \quad \psi(b) = b - \varphi(b) \geqslant 0$$

由介值定理, 存在 x^*, $a \leqslant x^* \leqslant b$, 使得

$$\psi(x^*) = x^* - \varphi(x^*) = 0 \quad \text{或} \quad x^* = \varphi(x^*)$$

另一方面, 若另有 x^{**} 满足 $x^{**} = \varphi(x^{**})$, 则由

$$|x^* - x^{**}| = |\varphi(x^*) - \varphi(x^{**})| = |\varphi'(\xi)(x^* - x^{**})| \leqslant L|x^* - x^{**}|, \quad \xi \in [a, b]$$

以及 $L < 1$, 得到 $x^* = x^{**}$.

(2) 当 $x_0 \in [a, b]$ 时可用归纳法证明, 迭代序列 $\{x_k\} \subset [a, b]$, 由微分中值定理

$$x_{k+1} - x^* = \varphi(x_k) - \varphi(x^*) = \varphi'(\xi)(x_k - x^*), \quad \xi \in [a, b]$$

和 $|\varphi'(x)| \leqslant L$, 得

$$\begin{aligned}|x_{k+1} - x^*| &\leqslant L|x_k - x^*| = L|\varphi(x_{k-1}) - \varphi(x^*)| \\ &\leqslant L^2|x_{k-1} - x^*| \leqslant \cdots \leqslant L^{k+1}|x_0 - x^*|\end{aligned}$$

因为 $L < 1$, 所以当 $k \to \infty$ 时, $L^{k+1} \to 0$, $x_{k+1} \to x^*$, 迭代格式 $x_{k+1} = \varphi(x_k)$ 收敛.

(3) 误差估计:

$$|x_{k+1} - x_k| = |\varphi(x_k) - \varphi(x_{k-1})| \leqslant L|x_k - x_{k-1}| \leqslant \cdots \leqslant L^k|x_1 - x_0|$$

设 k 固定, 对于任意的正整数 p 有

$$\begin{aligned}|x_{k+p} - x_k| &\leqslant |x_{k+p} - x_{k+p-1}| + |x_{k+p-1} - x_{k+p-2}| + \cdots + |x_{k+1} - x_k| \\ &\leqslant (L^{k+p-1} + L^{k+p-2} + \cdots + L^k)|x_1 - x_0| = \frac{L^k(1 - L^p)}{1 - L}|x_1 - x_0|\end{aligned}$$

由于 p 的任意性及 $\lim\limits_{p \to \infty} x_{k+p} = x^*$, 故有

$$|x^* - x_k| \leqslant \frac{L^k}{1 - L}|x_1 - x_0|$$

要构造满足定理条件的等价形式一般不容易做到. 事实上, 如果 x^* 为 $f(x)$ 的零点, 若能构造等价形式 $x = \varphi(x)$, 而 $|\varphi'(x^*)| < 1$, 由 $\varphi'(x)$ 的连续性, 一定存在 x^* 的邻域 $[x^* - \rho, x^* + \rho]$, 其上有 $|\varphi'(x)| < L < 1$, 这时若初始值 $x_0 \in (x^* - \rho, x^* + \rho)$, 迭代也就收敛了. 由此构造收敛迭代格式, 有两个要素. 其一, 等价形式 $x = \varphi(x)$ 应满足 $|\varphi'(x^*)| < 1$; 其二, 初始必须取自 x^* 的充分小邻域, 这个邻域大小决定于函数 $f(x)$, 以及做出的等价形式 $x = \varphi(x)$.

例 3.2 求代数方程 $x^3 - 2x - 5 = 0$ 在 $x_0 = 2$ 附近的实根.

解 (1) $x^3 = 2x + 5$, $x_{k+1} = \sqrt[3]{2x_k + 5}$.

因为

$$\varphi'(x) = \frac{1}{3}\frac{1}{(2x+5)^{\frac{2}{3}}}, \quad |\varphi'(x)| < 1, \quad \text{当 } x \in [1.5, 2.5],$$

所以构造的迭代序列收敛.

取 $x_0 = 2$, 则

$$x_1 = 2.08008, \quad x_2 = 2.09235, \quad x_3 = 2.094217$$

$$x_4 = 2.094494, \quad x_5 = 2.094543, \quad x_6 = 2.094550$$

准确解是

$$x = 2.09455148150$$

(2) 将迭代格式写为

$$x_{n+1} = \frac{x_n^3 - 5}{2}, \quad \varphi_2(x) = \frac{x^3 - 5}{2}, \quad |\varphi_2'(x)| = \left| \frac{3x^2}{2} \right| > 1$$

当 $x \in [1.5, 2.5]$, 迭代格式 $x_{n+1} = \varphi_2(x_n)$ 不能保证收敛.

迭代法的几何意义: 迭代格式 $x_{k+1} = g(x_k)$, 求直线 $y = x$ 与曲线 $y = g(x)$ 交点的横坐标 x^*, 如图 3.2 所示.

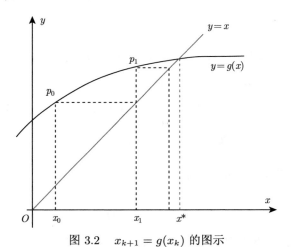

图 3.2　$x_{k+1} = g(x_k)$ 的图示

例 3.3　解方程 $f(x) = 0$ 的 Helley 公式 $g(x) = x - \dfrac{f(x)}{f'(x)} \left(1 - \dfrac{f(x)f''(x)}{2(f'(x))^2} \right)^{-1}$,

试写出求解 $\sqrt{5}$ 的迭代公式 $x_{k+1} = g(x_k)$, 取初始值 2.0, 迭代计算 3 步.

解　$f(x) = x^2 - 5$, $f'(x) = 2x$, $f''(x) = 2$.

$$x_{k+1} = g(x_k); \quad x_{k+1} = x_k - \frac{x_k^2 - 5}{2x_k} \left(1 - \frac{2(x_k^2 - 5)}{2(2x_k)^2} \right)^{-1}$$

$$x_0 = 2.0, \quad x_1 = 2.0 - \frac{2.0^2 - 5}{2 \times 2} \left[1 - \frac{2 \times (2^2 - 5)}{8 \times 2^2} \right]^{-1} = \frac{38}{17} = 2.23529$$

$$x_2 = 2.23607, \quad x_3 = 2.23607$$

3.2 Newton 迭代法

1. Newton 法迭代公式

对非线性方程 $f(x) = 0$ 可以构造多种迭代格式 $x_{k+1} = \varphi(x_k)$, Newton 迭代法是对函数 $f(x)$ 作 Taylor 展开取其线性部分构造的一种迭代格式, 即非线性问题的局部线性化.

作 $f(x)$ 在 x_0 的 Taylor 展开:

$$f(x) = f(x_0) + f'(x_0)(x - x_0) + \frac{f''(x_0)}{2!}(x - x_0)^2 + \cdots$$

取展开式的线性部分作为 $f(x) \approx 0$ 的近似值, 则有

$$f(x_0) + f'(x_0)(x - x_0) \approx 0$$

设 $f'(x_0) \neq 0$, 则

$$x = x_0 - \frac{f(x_0)}{f'(x_0)}$$

令

$$x_1 = x_0 - \frac{f(x_0)}{f'(x_0)}$$

再作 $f(x)$ 在 x_1 的 Taylor 展开并取其线性部分得到

$$x_2 = x_1 - \frac{f(x_1)}{f'(x_1)}$$

一直做下去得到 Newton 迭代格式:

$$x_{k+1} = x_k - \frac{f(x_k)}{f'(x_k)}, \quad k = 1, 2, \cdots \tag{3.2}$$

Newton 迭代对应于 $f(x) = 0$ 的迭代方程是 $\varphi(x) = x - \dfrac{f(x)}{f'(x)}$,

$$\varphi'(x) = \frac{f(x)f''(x)}{(f'(x))^2} \tag{3.3}$$

若 α 是 $f(x)$ 的单根时, $f(\alpha) = 0$, $f'(\alpha) \neq 0$, 则有 $|\varphi'(\alpha)| = 0$, 只要初值 x_0 充分接近 α, $|\varphi'(x_0)| < 1$, Newton 迭代则收敛.

定义 3.1　若存在 $M > 0$,

$$\lim_{k \to \infty} \frac{|e_{k+1}|}{|e_k|^n} = \lim_{k \to \infty} \frac{|x_{k+1} - \alpha|}{|x_k - \alpha|^n} = M \tag{3.4}$$

称迭代格式收敛的阶为 n.

分析 Newton 迭代法收敛的阶:

$$x_{k+1} - \alpha = \varphi(x_k) - \varphi(\alpha)$$

$$= \varphi(\alpha) + (x_k - \alpha)\varphi'(\alpha) + \frac{(x_k - \alpha)^2}{2!}\varphi''(\xi) - \varphi(\alpha)$$

$$= \frac{(x_k - \alpha)^2}{2!}\varphi''(\xi)$$

$$\lim_{k \to \infty} \frac{|x_{k+1} - \alpha|}{|x_k - \alpha|^2} = \lim_{k \to \infty} \frac{|e_{k+1}|}{|e_k|^2} = \varphi''(\alpha)$$

因此求单根 Newton 迭代是二阶迭代方法.

设 α 为 $f(x)$ 的 p 重根时, 记

$$f(x) = (x - \alpha)^p h(x)$$

$$\varphi(x) = x - \frac{(x - \alpha)^p h(x)}{p(x - \alpha)^{p-1} h(x) + (x - \alpha)^p h'(x)}$$

$$\varphi(x) = x - \frac{(x - \alpha) h(x)}{p h(x) + (x - \alpha) h'(x)}$$

$$\varphi'(x) = \frac{\left(1 - \dfrac{1}{p}\right) + (x - \alpha)\dfrac{2h'(x)}{ph(x)} + (x - \alpha)^2 \dfrac{h''(x)}{p^2 h(x)}}{\left[1 + (x - \alpha)\dfrac{h'(x)}{ph(x)}\right]^2}$$

$$\varphi'(\alpha) = 1 - \frac{1}{p}$$

仍然有 $|\varphi'(\alpha)| < 1$, 当初始值在根 α 附近, 迭代也收敛, 这是一阶迭代方法, 收敛因子为 $1 - \dfrac{1}{p}$. 若 α 为 $f(x)$ 的 p 重根时, 这时取下面迭代格式, 仍是二阶方法

$$x_{k+1} = x_k - p\frac{f(x_k)}{f'(x_k)}, \quad k = 1, 2, \cdots \tag{3.5}$$

2. Newton 法的几何意义

以 $f'(x_0)$ 为斜率作过 $(x_0, f(x_0))$ 点的直线, 即作 $f(x)$ 在 x_0 点的切线方程

$$y - f(x_0) = f'(x_0)(x - x_0)$$

令 $y = 0$, 则得此切线与 x 轴的交点 x_1, 即

$$x_1 = x_0 - f(x_0)/f'(x_0)$$

再作 $f(x)$ 在 x_1 处的切线, 得交点 x_2, 逐步逼近方程的根 α. 如图 3.3 所示.

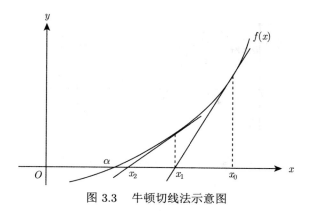

图 3.3　牛顿切线法示意图

例 3.4　用 Newton 迭代法求方程 $x^3 - 7.7x^2 + 19.2x - 15.3 = 0$ 在 $x_0 = 1$ 附近的根.

解　$f(x) = x^3 - 7.7x^2 + 19.2x - 15.3$,

$$x_{k+1} = x_k - \frac{x_k^3 - 7.7x_k^2 + 19.2x_k - 15.3}{3x_k^2 - 15.4x_k + 19.2}$$

$$x_{k+1} = x_k - \frac{((x_k - 7.7)x_k + 19.2)x_k - 15.3}{(3x_k - 15.4)x_k + 19.2}$$

计算结果列于表 3.2 中.

表 3.2

k	x_k	$f(x)$
0	1.00	-2.8
1	1.41176	-0.727071
2	1.62424	-0.145493
3	1.6923	-0.0131682
4	1.69991	-0.0001515
5	1.7	0

比较表 3.1 和表 3.2 的数值, 可以看到 Newton 迭代法的收敛速度明显快于对分法.

Newton 迭代法也有局限性. 在 Newton 迭代法中收敛与否与迭代初始值 x_0 密切相关, 当迭代的初始值 x_0 在某根的附近时迭代才能收敛到这个根, 有时会发生从一个根附近跳向另一个根附近的情况, 尤其在导数 $f'(x_0)$ 数值很小时, 如图 3.4 所示.

如果 $f(x) = 0$ 没有实根, 初始值 x_0 是实数, 则迭代序列不收敛. 图 3.5 给出迭代函数 $f(x) = 2 + x^2$, 初始值 $x_0 = 2$ 的发散的迭代序列.

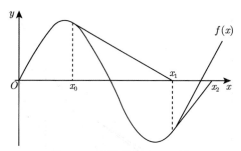

图 3.4   失效的 Newton 法

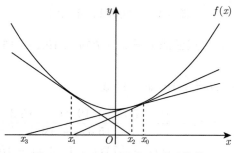

图 3.5   Newton 迭代序列不收敛

3. Newton 迭代算法

step1   定义函数 $f(x), g(x)$，输入迭代初始值 x_k0 和控制精度值 epsilon

step2   **for** k = 1 **to** MAXREPT

$$x_1: \ = g(x_0) \quad // \quad g(x) = x - \frac{f(x)}{f'(x)}$$

if ($|x_1 - x_0| <$ epsilon)

then   {输出满足给定精度的近似解 x_1，结束}

$$x_0: \ = x_1$$

endfor

step3   输出：在 x_0 附近 $f(x)$ 无根.

3.3 弦　截　法

1. 弦截法迭代格式

在 Newton 迭代格式中：$x_{k+1} = x_k - \dfrac{f(x_k)}{f'(x_k)}$.

用差商 $f[x_{k-1}, x_k] = \dfrac{f(x_k) - f(x_{k-1})}{x_k - x_{k-1}}$ 代替导数 $f'(x_k)$，并给定两个初始值 x_0

和 x_1, 得到弦截法迭代格式:

$$x_{k+1} = x_k - \frac{f(x_k)(x_k - x_{k-1})}{f(x_k) - f(x_{k-1})}, \quad k = 1, 2, \cdots \tag{3.6}$$

也可用 $\{x_{k-1}, f(x_{k-1})\}, \{x_k, f(x_k)\}$ 做线性插值, x_{k+1} 是线性插值函数与 x 轴的交点, 用弦截法迭代求根, 每次只需计算一次函数值, 而用 Newton 迭代法每次要计算一次函数值和一次导数值; 但弦截法收敛速度稍慢于 Newton 迭代法. 弦截法为 1.618 阶迭代方法.

2. 弦截法的几何意义

作过 $(x_0, f(x_0))$ 和 $(x_1, f(x_1))$ 两点的一条直线 (弦), 该直线与 x 轴的交点就是生成的迭代点 x_2, 再作过 $(x_1, f(x_1))$ 和 $(x_2, f(x_2))$ 两点的一条直线, x_3 是该直线与 x 轴的交点, 继续做下去得到方程的根 $f(\alpha) = 0$, 如图 3.6 所示.

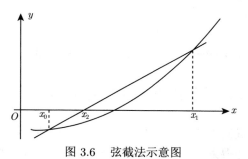

图 3.6 弦截法示意图

例 3.5 用弦截法求方程 $x^3 - 7.7x^2 + 19.2x - 15.3 = 0$ 的根, 取 $x_0 = 1.5$, $x_1 = 4.0$.

解

$$f(x) = x^3 - 7.7x^2 + 19.2x - 15.3$$
$$x_{k+1} = x_k - \frac{f(x_k)(x_k - x_{k-1})}{f(x_k) - f(x_{k-1})}$$

计算结果列于表 3.3 中.

表 **3.3**

k	x_k	$f(x)$
0	1.5	-0.45
1	4	2.3
2	1.90909	0.248835
3	1.65543	-0.0805692
4	1.71748	0.0287456
5	1.70116	0.00195902
6	1.69997	-0.0000539246
7	1.7	9.459×10^{-8}

3. 弦截法算法

step1　定义函数 $f(x)$, 输入控制精度 epsilon, 迭代初始值 x_1, x_2
　　　　计算
　　　　　　$f1 := f(x_1)$ $\quad !x_1, x_2$ 表示 x_{k-1}, x_k

step2　for k = 2 to MAXREPT
　　2.1　$f2 := f(x_2)$
　　2.2　$x :=$ $\quad x_2 - f2(x_2 - x_1)/(f2 - f1)$ $!x$ 表示 x_{k+1}
　　2.3　if ($|x - x_2| <$ epsilon) OR ($|f(x)| <$ epsilon)
　　　　　　then { 输出满足给定精度的近似解 x, 结束 }
　　2.4　$f1 := f2$ $\quad !$ 为下一次迭代准备数值
　　　　　$x_1 := x_2$
　　　　　$x_2 := x$
　　　　　endfor

step3　输出: 在初始值 x_1, x_2 附近 $f(x)$ 无根

3.4　求解非线性方程组的 Newton 方法

为了叙述简单, 我们以解二阶非线性方程组为例, 演示 Newton 迭代求解的方法和步骤, 类似地可以得到解高阶非线性方程组的方法和步骤.

设二阶方程组

$$\begin{cases} f(x,y) = 0 \\ g(x,y) = 0 \end{cases}$$

x, y 为自变量. 为了方便起见, 将方程组写成向量形式: $F(w) = 0$, 其中

$$F(w) = \begin{pmatrix} f(x,y) \\ g(x,y) \end{pmatrix}, \quad w = \begin{pmatrix} x \\ y \end{pmatrix}$$

对 $f(x,y), g(x,y)$ 在 (x_0, y_0) 作二元 Taylor 展开, 并取其线性部分, 得到方程组

$$\begin{cases} f(x,y) \approx f(x_0, y_0) + (x - x_0)\dfrac{\partial f(x_0, y_0)}{\partial x} + (y - y_0)\dfrac{\partial f(x_0, y_0)}{\partial y} = 0 \\ g(x,y) \approx g(x_0, y_0) + (x - x_0)\dfrac{\partial g(x_0, y_0)}{\partial x} + (y - y_0)\dfrac{\partial g(x_0, y_0)}{\partial y} = 0 \end{cases}$$

令 $x - x_0 = \Delta x, y - y_0 = \Delta y$, 则有

$$\begin{cases} \Delta x \dfrac{\partial f(x_0, y_0)}{\partial x} + \Delta y \dfrac{\partial f(x_0, y_0)}{\partial y} = -f(x_0, y_0) \\ \Delta x \dfrac{\partial g(x_0, y_0)}{\partial x} + \Delta y \dfrac{\partial g(x_0, y_0)}{\partial y} = -g(x_0, y_0) \end{cases} \tag{3.7}$$

如果

$$\det(J(x_0, y_0)) = \left| \begin{array}{cc} \dfrac{\partial f}{\partial x} & \dfrac{\partial f}{\partial y} \\ \dfrac{\partial g}{\partial x} & \dfrac{\partial g}{\partial y} \end{array} \right|_{(x_0, y_0)} \neq 0$$

解出 $\Delta x, \Delta y$

$$w_1 = w_0 + \left(\begin{array}{c} \Delta x \\ \Delta y \end{array} \right) = \left(\begin{array}{c} x_0 + \Delta x \\ y_0 + \Delta y \end{array} \right) = \left(\begin{array}{c} x_1 \\ y_1 \end{array} \right)$$

再列出方程组

$$\begin{cases} \dfrac{\partial f(x_1, y_1)}{\partial x}(x - x_1) + \dfrac{\partial f(x_1, y_1)}{\partial y}(y - y_1) = -f(x_1, y_1) \\ \dfrac{\partial g(x_1, y_1)}{\partial x}(x - x_1) + \dfrac{\partial g(x_1, y_1)}{\partial y}(y - y_1) = -g(x_1, y_1) \end{cases}$$

解出

$$\Delta x = x - x_1, \quad \Delta y = y - y_1$$

$$w_2 = \left(\begin{array}{c} x_1 + \Delta x \\ y_1 + \Delta x \end{array} \right) = \left(\begin{array}{c} x_2 \\ y_2 \end{array} \right)$$

继续做下去, 每一次迭代都是解一个类似式 (3.7) 的方程组

$$J(x_k, y_k) \left(\begin{array}{c} \Delta x \\ \Delta y \end{array} \right) = \left(\begin{array}{c} -f(x_k, y_k) \\ -g(x_k, y_k) \end{array} \right)$$

$$\Delta x = x_{k+1} - x_k, \quad \Delta y = y_{k+1} - y_k$$

即

$$x_{k+1} = x_k + \Delta x, \quad y_{k+1} = y_k + \Delta y$$

直到 $\max(|\Delta x|, |\Delta y|) < \varepsilon$ 为止.

Newton 迭代法求解二阶非线性方程组的几何意义: 分别作出 $f_1(x, y), f_2(x, y)$ 在 (x_0, y_0) 处的切平面,

$$\begin{cases} F(x, y) = f(x_0, y_0) + (x - x_0)f_x(x_0, y_0) + (y - y_0)f_y(x_0, y_0) \\ G(x, y) = g(x_0, y_0) + (x - x_0)g_x(x_0, y_0) + (y - y_0)g_y(x_0, y_0) \end{cases}$$

$F(x, y) = 0, G(x, y) = 0$ 分别称为 $F(x, y)$ 和 $G(x, y)$ 的零曲线, 零曲线是一条直线, 两条零曲线的交点为 (x_1, y_1).

例 3.6   求解非线性方程组

$$\begin{cases} f_1(x, y) = 4 - x^2 - y^2 = 0 \\ f_2(x, y) = 1 - \mathrm{e}^x - y = 0 \end{cases}$$

取初始值 $\begin{pmatrix} x_0 \\ y_0 \end{pmatrix} = \begin{pmatrix} 1 \\ -1.7 \end{pmatrix}$.

解 $J(x, y) = \begin{bmatrix} \dfrac{\partial f_1}{\partial x} & \dfrac{\partial f_1}{\partial y} \\ \dfrac{\partial f_2}{\partial x} & \dfrac{\partial f_2}{\partial y} \end{bmatrix} = \begin{pmatrix} -2x & -2y \\ -\mathrm{e}^x & -1 \end{pmatrix}$

$$J(x_0, y_0) = \begin{pmatrix} -2 & 3.4 \\ -2.71828 & -1 \end{pmatrix}, \quad \begin{pmatrix} f_1(x_0, y_0) \\ f_2(x_0, y_0) \end{pmatrix} = \begin{pmatrix} 0.11 \\ -0.01828 \end{pmatrix}$$

$$\begin{cases} -2\Delta x + 3.4\Delta y = -0.11 \\ -2.71828\Delta x - \Delta y = 0.01828 \end{cases}$$

解方程得

$$\begin{pmatrix} \Delta x \\ \Delta y \end{pmatrix} = \begin{pmatrix} 0.004256 \\ -0.029849 \end{pmatrix}$$

所以

$$w_1 = \begin{pmatrix} x_0 \\ y_0 \end{pmatrix} + \begin{pmatrix} \Delta x \\ \Delta y \end{pmatrix} = \begin{pmatrix} 1 \\ -1.7 \end{pmatrix} + \begin{pmatrix} 0.004256 \\ -0.029849 \end{pmatrix} = \begin{pmatrix} 1.004256 \\ -1.729849 \end{pmatrix}$$

继续做下去, 直到 $\max(|\Delta x|, |\Delta y|) < 10^{-5}$ 时停止.

将两个变量的非线性方程组推广到 n 个变量的非线性方程组:

$$\begin{cases} f_1(x_1, x_2, \cdots, x_n) = 0 \\ f_2(x_1, x_2, \cdots, x_n) = 0 \\ \qquad \cdots\cdots \\ f_n(x_1, x_2, \cdots, x_n) = 0 \end{cases}$$

记 $X = (x_1, x_2, \cdots, x_n)^{\mathrm{T}}$, $F(x) = (f_1(x), f_2(x), \cdots, f_n(x))^{\mathrm{T}}$.

用 Newton 迭代法求方程组 $F(x) = 0$ 的迭代公式为

$$X^{(k+1)} = X^{(k)} - J^{-1}(X^{(k)})F(X^{(k)})$$

或

$$J(X^{(k)})(X^{(k+1)} - X^{(k)}) = -F(X^{(k)})$$

其中

$$J(X) = \begin{pmatrix} \dfrac{\partial f_1(X)}{\partial x_1} & \dfrac{\partial f_1(X)}{\partial x_2} & \cdots & \dfrac{\partial f_1(X)}{\partial x_n} \\[2mm] \dfrac{\partial f_2(X)}{\partial x_1} & \dfrac{\partial f_2(X)}{\partial x_2} & \cdots & \dfrac{\partial f_2(X)}{\partial x_n} \\[2mm] \vdots & \vdots & & \vdots \\[2mm] \dfrac{\partial f_n(X)}{\partial x_1} & \dfrac{\partial f_n(X)}{\partial x_2} & \cdots & \dfrac{\partial f_n(X)}{\partial x_n} \end{pmatrix} \tag{3.8}$$

迭代计算公式

$$\begin{aligned} J(X^{(k)})\Delta X^{(k)} &= -F(X^{(k)}) \\ X^{(k+1)} &= X^{(k)} + \Delta X^{(k)} \end{aligned} \tag{3.9}$$

一直做到 $\|\Delta X^{(k)}\|_\infty$ 小于给定精度为止.

在 X 的邻域中若 $\rho(X) < 1$ 或 $\|J(X)\|_\infty < 1$, 而初始值充分接近于解, 则迭代收敛.

我们知道, 多变量函数组的 Jacobi 矩阵 $J(X)$ 相当于单变量函数的导函数, 解单个变量的 Newton 迭代公式可写为 $x_{k+1} = x_k - (f'(x_k))^{-1}f(x_k)$, 则对应的求解非线性方程组 $F(X) = 0$ 的 Newton 迭代公式为 $X_{k+1} = X_k - J^{-1}(X_k)F(X_k)$ 也是十分自然的结果.

习 题 3

1. $f(x) = x - \dfrac{1}{2} - \sin x$, 作等价形式 $x = \varphi(x) = \dfrac{1}{2} + \sin x$, 用迭代 $x_{k+1} = \varphi(x_k)$, 求解 $f(x)$ 在 $[1, 2]$ 的根, 计算到 $|x_{k+1} - x_k| < 10^{-3}$ 时停止.

2. 方程 $2x^3 - 5x^2 - 19x + 42 = 0$ 在 $x = 3.0$ 附近有根, 写出该方程的三种不同的等价形式, 并判断迭代格式在 $x = 3.0$ 的收敛性.

3. $f(x) = x^3 + x^2 - 1$, 取 $\varepsilon = 10^{-2}$, 用二分法求 $f(x)$ 在 $[0.6, 0.7]$ 上的根.

4. 写出解非线性方程 $2x = \sin(x) + \cos(x)$ 的 Newton 迭代格式.

5. 用 Newton 迭代法对方程 $f(x) = x^n - a = 0$ 导出计算 $\sqrt[n]{x}$ 的迭代公式.

6. 正实数 α 的平方根为 $f(x) = x^2 - \alpha$ 的零点, 用 Newton 迭代法

$$x_{k+1} = \frac{1}{2}\left(x_k + \frac{\alpha}{x_k}\right)$$

计算 $\sqrt{11}$, 取 $x_0 = 4$, 误差控制量 $\varepsilon = 10^{-4}$.

7. 计算 $\sqrt[5]{9}$, 取 $x_0 = 2$, 直到 $|x_{k+1} - x_k| < 10^{-2}$ 时停止计算.

8. $f(x) = x^3 - 3x - 2$, 取 $\varepsilon = 10^{-3}$, $x_0 = 1.5$, 用 Newton 迭代法计算 $f(x)$ 的根.

9. $f(x) = x^3 - 3x - 2$, 取 $\varepsilon = 10^{-3}$, $x_0 = 1$, $x_1 = 3$, 用弦截法计算 $f(x)$ 的根.

10. 用 Newton 迭代法求解非线性方程组

$$
\begin{cases}
x^2 + y^2 - 1 = 0 \\
x^3 - y = 0
\end{cases}
$$

取 $\begin{pmatrix} x_0 \\ y_0 \end{pmatrix} = \begin{pmatrix} 0.8 \\ 0.6 \end{pmatrix}$, 误差控制 $\|\Delta W\| < 10^{-3}$.

本章课件

第 4 章　求解线性方程组的直接法

求解方程和方程组是中国古代数学研究的中心问题. 在数值计算和工程应用中, 求解方程组也具有核心的地位. 许多问题的关键是求解一个线性方程组. 例如, 样条插值中形成的 M 关系式、函数拟合形成的法方程等, 都归结为求解一个线性方程组; 非线性方程组的 Newton 迭代法的思想也是用线性方程组来局部近似非线性方程组.

线性方程组具有一般形式

$$\begin{cases} a_{11}x_1 + a_{12}x_2 + \cdots + a_{1n}x_n = b_1 \\ a_{21}x_1 + a_{22}x_2 + \cdots + a_{2n}x_n = b_2 \\ \qquad\qquad \cdots\cdots \\ a_{m1}x_1 + a_{m2}x_2 + \cdots + a_{mn}x_n = b_m \end{cases} \tag{4.1}$$

其中 a_{ij}, b_i 为常数, $x_1, x_2, \cdots, x_n$ 是未知量. 式 (4.1) 也可写成矩阵形式

$$Ax = b \tag{4.2}$$

$m \times n$ 矩阵 $A = (a_{ij})$ 称为系数矩阵, n 维列向量 $x = (x_1, x_2, \cdots, x_n)^{\mathrm{T}}$ 称为解向量, m 维列向量 $b = (b_1, b_2, \cdots, b_m)^{\mathrm{T}}$ 称为常数向量. 本章仅考虑 A 是 n 阶可逆实方阵的情形. 此时, 线性方程组 (4.2) 存在唯一解.

当 n 较小时, Cramer 法则给出了线性方程组的公式解 $\left\{x_i = \dfrac{\Delta_i}{\Delta}, i = 1, 2, \cdots, n\right\}$, 其中 Δ 是 A 的行列式, Δ_i 是把 A 的第 i 列换成 b 之后所得方阵的行列式. Cramer 法则需要计算 $n + 1$ 个行列式, 每个行列式有 $n!$ 项, 每项是 n 个矩阵元素的乘积. 因此, 线性方程组的公式解是一个非常复杂的表达式. 当 n 较大时, 我们难以承受它的计算量. 例如, 用 Cramer 法解一个 100 阶的线性方程组, 计算量约为 10^{162} 次浮点运算, 使用每秒 33.86 千万亿次浮点运算的 "天河二号" 超级计算机, 也需要近 10^{138} 年的时间.

求解线性方程组的经典算法是初等变换方法, 其理论运算量为 $O(n^3)$. 目前普通的家用计算机可进行每秒 10^{10} 次浮点运算, 一秒钟之内即可求解一个 1000 阶的线性方程组. 随着大数据时代的到来, 实际问题中经常会遇到需要求解大规

模线性方程组的情形 (如 $n = 100000$), 如何快速准确地求解一个大规模线性方程组是计算数学中的一个重要研究课题.

线性方程组的解法可分为直接解法和迭代解法.

直接解法经过有限次四则运算, 得到线性方程组的解, 运算量通常是固定的或相差不多的. 直接解法没有系统误差, 对系数矩阵和常数向量也没有特殊要求. 当 a_{ij}, b_i 都是符号时, 直接解法也可进行下去, 得到线性方程组的公式解. 当 a_{ij}, b_i 都是浮点数时, 由于在计算过程中完全杜绝舍入误差是不可能的, 直接解法得到有误差的数值解, 有时 a_{ij}, b_i 会严重影响误差的大小.

迭代解法的思想是逐步逼近线性方程组的真实解, 随着迭代次数的增加, 减少系统误差. 在使用迭代解法时, 通常限制迭代次数, 得到满足一定精度的近似解. 因此, 迭代解法的运算量和精度都受 a_{ij}, b_i 的影响. 迭代解法还有针对性. 例如, 针对 a_{ij}, b_i, x_i 都是整数的 Hensel 方法不适用于 a_{ij}, b_i, x_i 都是浮点数的情形. 又如, 当 A 是稀疏矩阵时, A 与向量的乘积所需的运算量可能远小于 $O(n^2)$, 可以有与一般迭代法不同的快速实现.

在数值计算历史上, 直接解法和迭代解法交替生辉. 两种解法有各自的优缺点和适用范围, 与实现解法的计算机软硬件环境也是密切相关的. 一般说来, 直接解法比迭代解法准确可靠, 但是对计算机的要求高. 当线性方程组的规模很大时, 直接解法难以在一般的计算机上实现, 迭代解法是唯一的选择.

4.1 Gauss 消元法

首先考虑几种相对容易求解的线性方程组, 并设其系数矩阵 A 可逆.

对角形

当 A 是对角方阵时, 显然, 线性方程组 (4.1) 的解为

$$x_i = \frac{b_i}{a_{ii}}, \quad i = 1, 2, \cdots, n$$

求解过程的运算量为 n 次.

下三角形

$$\begin{cases} a_{11}x_1 & = b_1 \\ \quad\quad \cdots\cdots \\ a_{i1}x_1 + \cdots + a_{ii}x_i & = b_i \\ \quad\quad \cdots\cdots \\ a_{n1}x_1 + a_{n2}x_2 + \cdots + a_{nn}x_n & = b_n \end{cases}$$

当 A 是下三角方阵时, 由上列线性方程组的第 1 个方程, 解得 $x_1 = \dfrac{b_1}{a_{11}}$. 把

x_1 代入第 2 个方程, 解得 $x_2 = \dfrac{b_2 - a_{21}x_1}{a_{22}}$. 依次做下去, 把 $x_1, x_2, \cdots, x_{i-1}$ 代入第 i 个方程, 解得

$$x_i = \frac{1}{a_{ii}}(b_i - a_{i1}x_1 - \cdots - a_{i,i-1}x_{i-1}), \quad i = 1, 2, \cdots, n \qquad (4.3)$$

依次解出 $\{x_1, x_2, \cdots, x_n\}$. 这种解法称为回代法. 计算每个 x_i 需要 $i-1$ 次减法、$i-1$ 次乘法和 1 次除法运算. 因此, 回代法的四则运算量合计为 $\displaystyle\sum_{i=1}^{n}(2i-1)$ $= n^2$.

上三角形

当 A 是下三角方阵时, 同上可依次解出

$$x_i = \frac{b_i - a_{i,i+1}x_{i+1} - \cdots - a_{i,n}x_n}{a_{ii}}, \quad i = n, n-1, \cdots, 1 \qquad (4.4)$$

求解过程的四则运算量也是 n^2.

消元法的基本思想就是通过对方程组作初等变换, 把一般形式的方程组化为等价的具有上述形式的容易求解的对角形或三角形方程组.

4.1.1 Gauss 顺序消元法

消元法的基本思想是对方程组作同解变形, 同时减少每个方程中所含变量的个数. 消元法不仅是求解线性方程组的基本方法, 也是符号求解非线性代数方程组的基本方法. 对线性方程组消元的基本方式是: 对线性方程组作初等变换, 把线性方程组变为同解的对角形或三角形线性方程组. 早在汉代时期, 中国数学家就已经掌握了这种消元解法, 并记载在数学专著《九章算术》中. 该方法通常被称为 Gauss 消元法. 线性方程组的直接解法大多是在 Gauss 消元法的基础之上做了改进和推广.

例 4.1 以 $n = 4$ 演示 Gauss 消元法步骤和过程.

解 方程组

$$\begin{cases} a_{11}x_1 + a_{12}x_2 + a_{13}x_3 + a_{14}x_4 = b_1 \\ a_{21}x_1 + a_{22}x_2 + a_{23}x_3 + a_{24}x_4 = b_2 \\ a_{31}x_1 + a_{32}x_2 + a_{33}x_3 + a_{34}x_4 = b_3 \\ a_{41}x_1 + a_{42}x_2 + a_{43}x_3 + a_{44}x_4 = b_4 \end{cases}$$

的增广矩阵为

$$(A\,,b) = \begin{pmatrix} a_{11} & a_{12} & a_{13} & a_{14} & b_1 \\ a_{21} & a_{22} & a_{23} & a_{24} & b_2 \\ a_{31} & a_{32} & a_{33} & a_{34} & b_3 \\ a_{41} & a_{42} & a_{43} & a_{44} & b_4 \end{pmatrix} = \begin{pmatrix} \alpha_1 & b_1 \\ \alpha_2 & b_2 \\ \alpha_3 & b_3 \\ \alpha_4 & b_4 \end{pmatrix}$$

$k = 1$: 设 $a_{11} \neq 0$.

第一行分别乘以 $-a_{21}/a_{11}, -a_{31}/a_{11}, -a_{41}/a_{11}$ 对应加到第二行、第三行、第四行上, 得到

$$A^{(1)} = \begin{pmatrix} a_{11} & a_{12} & a_{13} & a_{14} & b_1 \\ 0 & a_{22}^{(1)} & a_{23}^{(1)} & a_{24}^{(1)} & b_2^{(1)} \\ 0 & a_{32}^{(1)} & a_{33}^{(1)} & a_{34}^{(1)} & b_3^{(1)} \\ 0 & a_{42}^{(1)} & a_{43}^{(1)} & a_{44}^{(1)} & b_4^{(1)} \end{pmatrix}$$

即

$$A^{(1)}x = b^{(1)}$$

其中

$$a_{ij}^{(1)} = a_{ij} - \frac{a_{i1}}{a_{11}}a_{1j}, \quad i,j = 2,3,4$$

$$b_i^{(1)} = b_i - \frac{a_{i1}}{a_{11}}b_1, \quad i = 2,3,4$$

即

$$\texttt{for}\quad i = 2\,\texttt{to}\,4 \quad \left\{ -\frac{a_{i1}}{a_{11}}\alpha_1 + \alpha_i \to \alpha_i, -\frac{a_{i1}}{a_{11}}b_1 + b_i \to b_i \right\}$$

$k = 2$: 设 $a_{22}^{(1)} \neq 0$.

将第二行分别乘以 $-a_{32}^{(1)}/a_{22}^{(1)}, -a_{42}^{(1)}/a_{22}^{(1)}$ 对应加到第三行、第四行上, 得到

$$A^{(2)} = \begin{pmatrix} a_{11} & a_{12} & a_{13} & a_{14} & b_1 \\ 0 & a_{22}^{(1)} & a_{23}^{(1)} & a_{24}^{(1)} & b_2^{(1)} \\ 0 & 0 & a_{33}^{(2)} & a_{34}^{(2)} & b_3^{(2)} \\ 0 & 0 & a_{43}^{(2)} & a_{44}^{(2)} & b_4^{(2)} \end{pmatrix}, \quad A^{(2)}X = b^{(2)}$$

其中

$$a_{ij}^{(2)} = a_{ij}^{(1)} - \frac{a_{i2}^{(1)}}{\alpha_{22}^{(1)}a_{2j}^{(1)}}, \quad i,j = 3,4$$

$$b_i^{(2)} = b_i^{(1)} - \frac{a_{i2}^{(1)}}{\alpha_{22}^{(1)}b_2^{(1)}}, \quad i = 3,4$$

即

$$\text{for} \quad i = 3 \text{ to } 4 \quad \left\{ -\frac{a_{i2}}{a_{22}}\alpha_2 + \alpha_i \to \alpha_i, -\frac{a_{i2}}{a_{22}}b_2 + b_i \to b_i \right\}$$

$k = 3$: 设 $a_{33}^{(2)} \neq 0$.

将第三行乘以 $-a_{43}^{(2)}/a_{33}^{(2)}$ 加到第四行上, 得到

$$\begin{pmatrix} a_{11} & a_{12} & a_{13} & a_{14} & b_1 \\ 0 & a_{22}^{(1)} & a_{23}^{(1)} & a_{24}^{(1)} & b_2^{(1)} \\ 0 & 0 & a_{33}^{(2)} & a_{34}^{(2)} & b_3^{(2)} \\ 0 & 0 & 0 & a_{44}^{(3)} & b_4^{(3)} \end{pmatrix} = (\tilde{A}, \tilde{b})$$

其中

$$a_{44}^{(3)} = a_{44}^{(2)} - \frac{a_{43}^{(2)}}{a_{33}^{(2)}} a_{34}^{(2)}, \quad b_4^{(3)} = b_4^{(2)} - \frac{a_{43}^{(2)}}{a_{33}^{(2)}} b_3^{(2)}$$

即

$$\text{for} \quad i = 4 \text{ to } 4 \quad \left\{ -\frac{a_{i3}}{a_{33}}\alpha_3 + \alpha_i \to \alpha_i, -\frac{a_{i3}}{a_{33}}b_3 + b_i \to b_i \right\}$$

$\tilde{A}$ 已是上三角阵, 于是得到了与原方程等价的易解形式的方程组:

$$\begin{cases} a_{11}x_1 + a_{12}x_2 + a_{13}x_3 + a_{14}x_4 = b_1 \\ a_{22}^{(1)}x_2 + a_{23}^{(1)}x_3 + a_{24}^{(1)}x_4 = b_2^{(1)} \\ a_{33}^{(2)}x_3 + a_{34}^{(2)}x_4 = b_3^{(2)} \\ a_{44}^{(3)}x_4 = b_4^{(3)} \end{cases} \tag{4.5}$$

再对上三角方程组 (4.5) 依次回代解出 $\{x_4, x_3, x_2, x_1\}$.

汇集上列分析得到下列 $n = 4$ 的 Gauss 消元的步骤和算法:

```
for k = 1 to 3
for i = k + 1 to 4
{
    a(i, k) = a(i, k)/a(k, k);
    for j = k + 1 to 4,
    a(i, j) = a(i, j) - a(i, k) * a(k, j);
    b(i) = b(i) - a(i, k) * b(i);
}
```

下列为求解 n 阶线性方程组 Gauss 消元法算法.

算法 4.1　Gauss 消元法

```
GaussElimination(a, b)
{
  /* 化方程组为上三角形 */
  for k = 1 to n − 1
  for i = k + 1 to n
  {
    a(i, k) = a(i, k)/a(k, k);
    for j = k + 1 to n, a(i, j) = a(i, j) − a(i, k) * a(k, j);
    b(i) = b(i) − a(i, k) * b(k);
  }
  /* 回代求解 */
  for i = n to 1
  {
    for j = i + 1 to n, b(i) = b(i) − a(i, j) * b(j);
    b(i) = b(i)/a(i, i);
  }
  return(b)
}
```

不考虑算法实现所需的额外运算量, 在求解过程中, 消元部分的运算量为

$$\sum_{i=1}^{n-1}(n-i)(2n-2i+3) = \frac{2}{3}n^3 + \frac{1}{2}n^2 - \frac{7}{6}n = \frac{2}{3}n^3 + O(n^2)$$

回代过程的运算量为 n^2, 故 Gauss 消元法的运算量为 $\frac{2}{3}n^3 + O(n^2)$.

　　Gauss 消元法把线性方程组转化为上三角形, 用回代法求解. Guass-Jordan 消元法则把线性方程组转化为对角形, 直接求解. Guass-Jordan 消元法也是线性代数中用初等变换计算逆矩阵的方法.

算法 4.2　Gauss-Jordan 消元法

```
GaussJordanElimination(a, b)
{
  /* 化方程组为上三角形 */
  for k = 1 to n − 1
  for i = k + 1 to n
  {
    a(i, k) = a(i, k)/a(k, k);
```

```
        for j = k + 1 to n,  a(i,j) = a(i,j) - a(i,k) * a(k,j);
        b(i) = b(i) - a(i,k) * b(k);
    }
    /* 化方程组为对角形 */
    for i = n to 1
    {
        b(i) = b(i)/a(i,i);
        for j = 1 to i - 1  b(j) = b(j) - a(j,i) * b(i);
    }
    return(b)
}
```

Gauss-Jordan 消元法的运算量与 Gauss 消元法的数量级相同, 但是运算顺序不同, 舍入误差也略有不同. Gauss-Jordan 消元法也是在线性代数中用初等变换计算逆矩阵的方法.

4.1.2 Gauss 列主元消元法

在上面的消元法中, 未知量是按照在方程组中的自然顺序消去的, 也称顺序消元法. 在消元过程中假设对角元素 $a_{kk}^{(k-1)} \neq 0$, 实际要求 k 阶主子式不为零才能顺利进行消元, 故顺序消元法可行的充分必要条件是 A 的各阶顺序主子式不为零. 但是, 只要 $\det A \neq 0$, 方程组 $Ax = b$ 就有解. 故顺序高斯消元法本身具有局限性.

定理 4.1 以下三个命题等价:
(1) Gauss 消元过程可顺利进行;
(2) 存在矩阵分解 $A = LU$, 其中 L 是单位下三角方阵, U 是上三角方阵;
(3) A 的各阶顺序主子式都不是 0.

证明 Gauss 消元的每一步相当于对线性方程组的系数矩阵左乘一个初等方阵 $T_{ij}(-t)$, 其中 $i > j$, $T_{ij}(-t) = I - tE_{ij}$ 和 $(T_{ij}(-t))^{-1} = I + tE_{ij}$ 都是单位下三角方阵. 单位下三角方阵的乘积仍然是单位下三角方阵. 因此, (1) ⇒ (2).

假设 $A = LU$, 则 A 的 $k \times k$ 主子矩阵 $A_k = L_k U_k$, 其中 L_k, U_k 分别是 L, U 的 $k \times k$ 主子矩阵. 由 $\det A = \det U \neq 0$, 可得 $\det A_k = \det U_k \neq 0$. 因此, (2) ⇒ (3).

在利用第 $i-1$ 个方程消去第 i 个方程中的 x_i 之后, 由 $\det A_i = a_{11}a_{22} \cdots a_{ii} \neq 0$, 可得 $a_{ii} \neq 0$. 故可利用第 i 个方程作 Gauss 消元. 因此, (3) ⇒ (1). 证毕.

另一方面, 即使 Gauss 消元法可行, 如果 $|a_{kk}^{(k-1)}|$ 很小, 在运算中用它作为除法的分母, $\left(a_{ij} \leftarrow a_{ij} - \dfrac{a_{ik}}{a_{kk}} \cdot a_{kj} \right)$ 会导致其他元素数量级的严重增长和舍入误

差扩散.

例 4.2　方程组

$$\begin{cases} 0.0003x_1 + 3.0000x_2 = 2.0001 & ① \\ 1.0000x_1 + 1.0000x_2 = 1.0000 & ② \end{cases} \tag{4.6}$$

的精确解为 $x_1 = \dfrac{1}{3}$, $x_2 = \dfrac{2}{3}$. 在 Gauss 消元法计算中保留 4 位小数.

解　方程 ① $\times (-1)/0.0003+$ 方程 ② 得

$$\begin{cases} 0.0003x_1 + 3.0000x_2 = 2.0001 \\ 9999.0x_2 = 6666.0 \end{cases}$$

$x_2 = 0.6667$, 代入方程 ① 得 $x_1 = 0$. 此时方程组的解误差较大, 如果交换两个方程的顺序, 得到等价方程组

$$\begin{cases} 1.0000x_1 + 1.0000x_2 = 1.0000 \\ 0.0003x_1 + 3.0000x_2 = 2.0001 \end{cases}$$

经 Gauss 消元后有

$$\begin{cases} 1.0000x_1 + 1.0000x_2 = 1.0000 \\ 2.9997x_2 = 1.9998 \end{cases}$$

得到 $x_2 = 0.6667$, $x_1 = 0.3333$.

　　在本例中调换方程组的次序, 抑制了舍入误差的增长. 如果不调换方程组的次序, 取 6 位有效数字计算方程组 (4.6) 的解, 得到 $x_2 = 0.666667$, $x_1 = 0.33$; 取 9 位有效数字计算方程组 (4.6) 的解, 得到 $x_2 = 0.666667$, $x_1 = 0.333333$. 由此可见有效数字的作用.

　　调换方程组的次序是依照在运算中作分母量的绝对值尽量得大, 以减少舍入误差的影响. 如果在一列中选取按模最大的元素, 将其调到主干方程位置再作消元, 则称为列主元消元法. 用列主元方法可以克服 Gauss 消元法的额外限制, 只要方程组有解, 列主元消元法就能畅通无阻地顺利求解, 同时又提高了解的精确度.

　　更具体地, 第一步在第一列元素中选出绝对值最大的元素 $\max\limits_{1 \leqslant i \leqslant n} \{|a_{i1}|\} = |a_{m1}|$, 交换第一个和第 m 个方程的所有元素, 再作化简 $\{a_{21}, a_{31}, \cdots, a_{n1}\}$ 为零的初等变换.

　　对于每个 $k = 1, 2, \cdots, n-1$, 交换第 k 行和第 m 行, 在消元前, 选出 $\{|a_{kk}^{(k-1)}|, |a_{k+1,k}^{(k-1)}|, \cdots, |a_{nk}^{(k-1)}|\}$ 中绝对值最大的元素 $a_{mk}^{(k-1)}$, 再作消元运算, 这就

是列主元消元法的操作步骤. 由于 $\det A \neq 0$, 可证 $\{a_{kk}^{(k-1)}, a_{k+1,k}^{(k-1)}, \cdots, a_{nk}^{(k-1)}\}$ 中至少有一个元素不为零, 因此, 列主元消元总是可行的. 列主元消元法与 Gauss 消元法相比, 只增加了选列主元和交换两个方程 (即两行元素) 的过程.

算法 4.3 列主元法

GaussEliminationWithPartialPivoting(a, b)

```
{
    for i = 1 to n
    {
        k = i;
        for j = i + 1 to n, if(|a(k,i)| < |a(k,i)|)  k = j;
        for j = i to n { t = a(i,j);  a(i,j) = a(k,j);  a(k,j) = t;  }
        t = b(i);  b(i) = b(k);  b(k) = t;
        for j = i + 1 to n
        {
            a(j,i) = a(j,i)/a(i,i);
            for k = i + 1 to n { a(j,k) = a(j,k) - a(j,i) * a(i,k);  }
            b(j) = b(j) - a(j,i) * b(i);
        }
    }
    for i = n to 1
    {
        for j = i + 1 to n,  b(i) = b(i) - a(i,j) * b(j);
        b(i) = b(i)/a(i,i);
    }
    return(b)
}
```

例 4.3 用列主元法求解线性方程组

$$\begin{cases} -x_1 + 3x_2 + 2x_3 = 4 \\ x_2 + x_3 = 2 \\ 3x_1 + 2x_2 = 5 \end{cases}$$

解　对方程组的增广矩阵作如下初等变换,

$$\begin{pmatrix} -1 & 3 & 2 & 4 \\ 0 & 1 & 1 & 2 \\ 3 & 2 & 0 & 5 \end{pmatrix} \xrightarrow{\text{第 1 列选主元}} \begin{pmatrix} 3 & 2 & 0 & 5 \\ 0 & 1 & 1 & 2 \\ -1 & 3 & 2 & 4 \end{pmatrix} \rightarrow \begin{pmatrix} 3 & 2 & 0 & 5 \\ 0 & 1 & 1 & 2 \\ 0 & \dfrac{11}{3} & 2 & \dfrac{17}{3} \end{pmatrix}$$

$$\xrightarrow{\text{第 2 列选主元}} \begin{pmatrix} 3 & 2 & 0 & 5 \\ 0 & \dfrac{11}{3} & 2 & \dfrac{17}{3} \\ 0 & 1 & 1 & 2 \end{pmatrix} \rightarrow \begin{pmatrix} 3 & 2 & 0 & 5 \\ 0 & \dfrac{11}{3} & 2 & \dfrac{17}{3} \\ 0 & 0 & \dfrac{5}{11} & \dfrac{5}{11} \end{pmatrix}$$

化为上三角形, 回代求解, 得 $(x_1, x_2, x_3) = (1, 1, 1)$.

　　在算法 4.3 中, 选第 i 列的主元, 就是选出绝对值最大的一个元素, $|a_{pi}| = \max\limits_{i \leqslant k \leqslant n} |a_{ki}|$, 然后交换第 i, p 行, 把 a_{pi} 换到 (i, i) 位置. 于是, 消元变换所对应的初等方阵 $T_{ij}(-t)$ 都满足 $|t| \leqslant 1$. 若选取 $|a_{pq}| = \max\limits_{i \leqslant k, l \leqslant n} |a_{kl}|$, 然后交换第 i 行和第 p 行, 交换第 i 列和第 q 列, 把 a_{pq} 换到 (i, i) 位置, 则这种操作称为选全主元, 对应的算法称为全主元法.

　　与 Gauss 消元法相比, 列主元法多了 $\sum\limits_{i=1}^{n-1} (n-i) = \dfrac{n^2 - n}{2}$ 次查找, 全主元法多了 $\sum\limits_{i=1}^{n-1} (n-i)^2 = \dfrac{2n^3 - 3n^2 + n}{6}$ 次查找, 总的运算量仍是 $O(n^3)$ 次浮点运算. 一般情形下, 列主元法比全主元法有时间上的优势.

　　例 4.4　线性方程组

$$\begin{pmatrix} \dfrac{1}{9} & \dfrac{1}{8} & \dfrac{1}{7} & \dfrac{1}{6} & \dfrac{1}{5} \\[2mm] \dfrac{1}{8} & \dfrac{1}{7} & \dfrac{1}{6} & \dfrac{1}{5} & \dfrac{1}{4} \\[2mm] \dfrac{1}{7} & \dfrac{1}{6} & \dfrac{1}{5} & \dfrac{1}{4} & \dfrac{1}{3} \\[2mm] \dfrac{1}{6} & \dfrac{1}{5} & \dfrac{1}{4} & \dfrac{1}{3} & \dfrac{1}{2} \\[2mm] \dfrac{1}{5} & \dfrac{1}{4} & \dfrac{1}{3} & \dfrac{1}{2} & 1 \end{pmatrix} \begin{pmatrix} x_1 \\ x_2 \\ x_3 \\ x_4 \\ x_5 \end{pmatrix} = \begin{pmatrix} 1 \\ 1 \\ 1 \\ 1 \\ 1 \end{pmatrix}$$

的精确解 $x^* = (630, \ -1120, \ 630, \ -120, \ 5)$. 现用 Gauss 消元法求解方程组, C

语言编程, 单精度浮点运算, 得近似解

$$x = (628.6064, \ -1117.144, \ 628.1019, \ -119.5570, \ 4.975977)$$

最大相对误差 $\max\limits_{1 \leqslant i \leqslant 5} \left| \dfrac{x_i^* - x_i}{x_i^*} \right| = 4.8 \times 10^{-3}$. 而用列主元法求解该线性方程组, C
语言编程, 单精度浮点运算, 得近似解

$$x = (629.7418, \ -1119.485, \ 629.6718, \ -119.9284, \ 4.996587)$$

最大相对误差 $\max\limits_{1 \leqslant i \leqslant 5} \left| \dfrac{x_i^* - x_i}{x_i^*} \right| = 6.8 \times 10^{-4}$. 比 Gauss 消元法的精度有了明显
改善.

有关系数矩阵和常数项误差对方程组解的影响请参考 0.3.3 节. 有关直接解
法的误差分析放在本章的附录中供参考.

4.2　直接分解法

许多计算问题中, 我们会遇到需要多次求解相同系数矩阵的线性方程组问题.
如果每次都用 Gauss 消元法对系数矩阵进行初等变换, 会有太多的重复计算. 用
直接分解法解方程 $Ax = b$, 首先作出分解 $A = LU$, 则线性方程组 $Ax = b$ 可转
化为线性方程组 $Ly = b$ 和 $Ux = y$, 分解后再解方程组只需 $O(n^2)$ 运算量即可解
出 x.

在例 4.1 中通过一系列的初等变换把方程组 (4.1) 变换为上三角方程组 (4.5),
把系数矩阵 A 变换为上三角矩阵 U, 以 T_{ij} 表示一个初等变换, 记

$$T_{34} \cdots T_{31} T_{21} A = U, \quad T = T_{34} \cdots T_{31} T_{21}, \quad L = T^{-1}$$

T_{ij} 是下三角阵, 下三角阵的乘积 T 是下三角阵, 下三角阵的逆 L 还是下三角阵.
得到矩阵的三角分解

$$TA = U \Rightarrow A = LU$$

其中

$$T = \begin{pmatrix} 1 & 0 & 0 & 0 \\ -l_{21} & 1 & 0 & 0 \\ -l_{31} & -l_{32} & 1 & 0 \\ -l_{41} & -l_{42} & -l_{43} & 1 \end{pmatrix}$$

设 L 不是单位下三角阵, U 不是单位上三角阵, $d_k \neq 0, k = 1, 2, 3,$

$$A = LU = \left(L \begin{pmatrix} d_1 & & \\ & d_2 & \\ & & d_3 \end{pmatrix} \right) \left(\begin{pmatrix} 1/d_1 & & \\ & 1/d_2 & \\ & & 1/d_3 \end{pmatrix} U \right) = \tilde{L}\tilde{U}$$

当 L 和 U 都不是单位下三角或单位上三角阵时, 分解不唯一.

LU 分解有多种变形. 设 $A = LU$, 其中 L 是下三角方阵, U 是单位上三角方阵, 这种分解称为 Crout 分解, 可称为 A^{T} 的 Doolittle 分解.

设 $A = LDM^{\mathrm{T}}$, 其中 L, M 是单位下三角方阵, D 是对角方阵, 这种分解通常称为 LDM^{T} 分解. 当 A 是正定实方阵时, $A = LDL^{\mathrm{T}}$, 其中 L 是单位下三角方阵, D 是对角方阵, 这种分解通常称为 LDL^{T} 分解. 若令 $P = L\sqrt{D}$, 则有 $A = PP^{\mathrm{T}}$, P 是对角元素大于零的下三角方阵, 这种分解称为 Cholesky 分解.

4.2.1　Doolittle 分解

1. Doolittle 分解步骤

设 A 的各阶主子式不为零, $A = LU$, 其中 L 为单位下三角阵, U 为上三角阵,

$$\begin{pmatrix} a_{11} & a_{12} & \cdots & a_{1n} \\ a_{21} & a_{22} & \cdots & a_{2n} \\ \vdots & \vdots & & \vdots \\ a_{n1} & a_{n2} & \cdots & a_{nn} \end{pmatrix} = \begin{pmatrix} 1 & & & \\ l_{21} & 1 & & \\ \vdots & \vdots & \ddots & \\ l_{n1} & l_{n2} & \cdots & 1 \end{pmatrix} \begin{pmatrix} u_{11} & u_{12} & \cdots & u_{1n} \\ & u_{22} & \cdots & u_{2n} \\ & & \ddots & \vdots \\ & & & u_{nn} \end{pmatrix} \tag{4.7}$$

矩阵 L 和 U 共有 n^2 个未知元素, 按照 U 的行 L 的列的顺序, 逐行逐列对每个 a_{ij} 按照矩阵乘法规则列出式 (4.7) 两边对应的元素关系式, 一个关系式解出一个 L 或 U 的元素.

● 计算 U 的第一行元素 $u_{11}, u_{12}, \cdots, u_{1n}$.

要计算 u_{1j}, 则列出 $A = LU$ 两边的第 1 行第 j 列元素的关系式

$$a_{1j} = \sum_{r=1}^n l_{1r} u_{rj} = \begin{pmatrix} 1 & 0 & \cdots & 0 \end{pmatrix} \begin{pmatrix} u_{1j} \\ u_{2j} \\ \vdots \\ 0 \end{pmatrix} = u_{1j}$$

得到

$$u_{1j} = a_{1j}, \quad j = 1, 2, \cdots, n$$

● 计算 L 的第一列元素 $l_{21}, l_{31}, \cdots, l_{n1}$.

要计算 l_{i1}, 则列出 $A = LU$ 两边的第 i 行第 1 列的元素

$$a_{i1} = \sum_{r=1}^{n} l_{ir} u_{r1} = \begin{pmatrix} l_{i1} & \cdots & l_{i,i-1} & 1 & 0 & \cdots & 0 \end{pmatrix} \begin{pmatrix} u_{11} \\ 0 \\ \vdots \\ 0 \end{pmatrix} = l_{i1} u_{11}$$

得到

$$l_{i1} = a_{i1}/u_{11}, \quad i = 2, 3, \cdots, n$$

再计算 U 的第 2 行元素, 计算 L 的第 2 列元素. 假设已算出 U 的前 $k-1$ 行, L 的前 $k-1$ 列元素.

• 计算 U 的第 k 行元素 $u_{kk}, u_{k,k+1}, \cdots, u_{k,n}$.

$$a_{kj} = \sum_{r=1}^{n} l_{kr} u_{rj} = \begin{pmatrix} l_{k1} & l_{k2} & \cdots & l_{k,k-1} & 1 & 0 & \cdots & 0 \end{pmatrix} \begin{pmatrix} u_{1j} \\ \vdots \\ u_{jj} \\ 0 \\ \vdots \\ 0 \end{pmatrix}$$

因为 U 是上三角阵, 所以行标 $k \leqslant$ 列标 j,

$$a_{kj} = \sum_{r=1}^{n} l_{kr} u_{rj} = \sum_{r=1}^{k} l_{kr} u_{rj} = \sum_{r=1}^{k-1} l_{kr} u_{rj} + u_{kj}$$

$$u_{kj} = a_{kj} - \sum_{r=1}^{k-1} l_{kr} u_{rj}, \quad j = k, k+1, \cdots, n \tag{4.8}$$

• 计算 L 的第 k 列元素 $l_{k+1,k}, l_{k+2,k}, \cdots, l_{n,k}$.

$$a_{ik} = \sum_{r=1}^{n} l_{ir} u_{rk} = (l_{i1} \quad \cdots \quad l_{i,i-1} \quad 1 \quad 0 \quad \cdots \quad 0) \begin{pmatrix} u_{1k} \\ \vdots \\ u_{kk} \\ 0 \\ \vdots \\ 0 \end{pmatrix}$$

因为 L 是下三角阵, 所以行标 $i \geqslant$ 列标 k,

$$a_{ik} = \sum_{r=1}^{n} l_{ir} u_{rk} = \sum_{r=1}^{k} l_{ir} u_{rk} = \sum_{r=1}^{k-1} l_{ir} u_{rk} + l_{ik} u_{kk}$$

$$l_{ik} = \left(a_{ik} - \sum_{r=1}^{k-1} l_{ir} u_{rk} \right) \Big/ u_{kk}, \quad i = k+1, k+2, \cdots, n \tag{4.9}$$

一直做到 L 的第 $n-1$ 列, U 的第 n 行为止.

用 LU 直接分解方法与求解方程组所需要的计算量基本相当, 仍为 $O(n^3)$. 可以看到在分解中 A 的每个元素只在 (4.8) 或 (4.9) 中做而且仅做一次贡献, 如果需要节省空间, 可将 U 以及 L 的元素直接放在矩阵 A 相应元素的位置上.

2. Doolittle 直接分解算法

算法 4.4　Doolittle 分解

step1　输入: 方程组阶数 n、系数矩阵 A 和常数项 b

step2　for $k = 1$ to n

{　! 计算 U 的第 k 行元素

　　　for $j = k$ to n　$u_{kj} := a_{kj} - \sum_{r=1}^{k-1} l_{kr}u_{rj}$

　! 计算 L 的第 k 列元素

　　　for $i = k+1$ to n　$l_{ik} := \left(a_{ik} - \sum_{r=1}^{k-1} l_{ir}u_{rk}\right)\Big/ u_{kk}$

}

step3　for $i = 1$ to n　! 解方程组 $LY = b$

$$y_i := b_i - \sum_{j=1}^{i-1} l_{ij}y_j$$

step4　for $i = n$ to 1　! 解方程组 $UX = Y$

$$x_i := \left(y_i - \sum_{j=i+1}^{n} u_{ij}x_j\right)\Big/ u_{ii}$$

step5　输出方程组的解 $x_i, i = 1, 2, \cdots, n$

例 4.5　用 Doolittle 分解求解方程组
$$\begin{cases} 2x_1 + x_2 + x_3 = 4 \\ x_1 + 3x_2 + 2x_3 = 6 \\ x_1 + 2x_2 + 2x_3 = 5 \end{cases}$$

解　$\begin{pmatrix} 2 & 1 & 1 \\ 1 & 3 & 2 \\ 1 & 2 & 2 \end{pmatrix} = \begin{pmatrix} 1 & 0 & 0 \\ l_{21} & 1 & 0 \\ l_{31} & l_{32} & 1 \end{pmatrix} \begin{pmatrix} u_{11} & u_{12} & u_{13} \\ 0 & u_{22} & u_{23} \\ 0 & 0 & u_{33} \end{pmatrix}$

$k = 1$:　$u_{1j} = a_{1j}, \quad j = 1, 2, 3; \quad u_{11} = 2, \quad u_{12} = 1, \quad u_{13} = 1$

　　　　$l_{i1} = a_{i1}/u_{11}, \quad i = 2, 3; \quad l_{21} = 1/2 = 0.5, \quad l_{31} = 1/2 = 0.5$

$k = 2$:　$u_{22} = a_{22} - l_{21}u_{12} = 3 - 0.5 = 2.5$

　　　　$u_{23} = a_{23} - l_{21}u_{13} = 2 - 0.5 = 1.5$

　　　　$l_{32} = \dfrac{1}{u_{22}}\left(a_{32} - l_{31}u_{12}\right) = \dfrac{1}{2.5}(2 - 0.5) = 0.6$

$k = 3$:　$u_{33} = a_{33} - l_{31}u_{13} - l_{32}u_{23} = 0.6$

得

$$LU = \begin{pmatrix} 1 & 0 & 0 \\ 0.5 & 1 & 0 \\ 0.5 & 0.6 & 1 \end{pmatrix} \begin{pmatrix} 2 & 1 & 1 \\ 0 & 2.5 & 1.5 \\ 0 & 0 & 0.6 \end{pmatrix}$$

解 $LY = b$,

$$\begin{pmatrix} 1 & 0 & 0 \\ 0.5 & 1 & 0 \\ 0.5 & 0.6 & 1 \end{pmatrix} \begin{pmatrix} y_1 \\ y_2 \\ y_3 \end{pmatrix} = \begin{pmatrix} 4 \\ 6 \\ 5 \end{pmatrix}, \quad \begin{pmatrix} y_1 \\ y_2 \\ y_3 \end{pmatrix} = \begin{pmatrix} 4 \\ 4 \\ 0.6 \end{pmatrix}$$

解 $UX = Y$,

$$\begin{pmatrix} 2 & 1 & 1 \\ 0 & 2.5 & 1.5 \\ 0 & 0 & 0.6 \end{pmatrix} \begin{pmatrix} x_1 \\ x_2 \\ x_3 \end{pmatrix} = \begin{pmatrix} 4 \\ 4 \\ 0.6 \end{pmatrix}, \quad \begin{pmatrix} x_1 \\ x_2 \\ x_3 \end{pmatrix} = \begin{pmatrix} 1 \\ 1 \\ 1 \end{pmatrix}$$

演示4 线性
方程组LU分解
Matlab演示

4.2.2 Crout 分解

1. Crout 分解步骤

矩阵 $A = LU$ 的 Crout 分解形式:

$$\begin{pmatrix} a_{11} & a_{12} & \cdots & a_{1n} \\ a_{21} & a_{22} & \cdots & a_{2n} \\ \vdots & \vdots & & \vdots \\ a_{n1} & a_{n2} & \cdots & a_{nn} \end{pmatrix} = \begin{pmatrix} l_{11} & & & \\ l_{21} & l_{22} & & \\ \vdots & \vdots & \ddots & \\ l_{n1} & l_{n2} & \cdots & l_{nn} \end{pmatrix} \begin{pmatrix} 1 & u_{12} & \cdots & u_{1n} \\ & 1 & \cdots & u_{2n} \\ & & \ddots & \vdots \\ & & & 1 \end{pmatrix}$$

矩阵 Crout 分解的次序与 Doolittle 分解的次序不同, 按计算 L 的第 1 列, U 的第 1 行, $\cdots$, L 的第 k 列, U 的第 k 行的顺序进行计算, 下面用矩阵分块推导计算公式.

$$A = (A_1, A_2, \cdots, A_n) = (L_1, L_2, \cdots, L_n) \begin{pmatrix} 1 & u_{12} & \cdots & u_{1n} \\ & 1 & \cdots & u_{2n} \\ & & \ddots & \vdots \\ & & & 1 \end{pmatrix}$$

$$A_k = \sum_{r=1}^{k} L_r u_{rk} = \sum_{r=1}^{k-1} L_r u_{rk} + L_k, \quad L_k = A_k - \sum_{r=1}^{k-1} L_r u_{rk}$$

L_k 的分量形式:

$$l_{ik} = a_{ik} - \sum_{r=1}^{k-1} l_{ir} u_{rk}, \quad i = k, k+1, \cdots, n \tag{4.10}$$

$$A = \begin{pmatrix} \tilde{A}_1 \\ \tilde{A}_2 \\ \vdots \\ \tilde{A}_n \end{pmatrix} = \begin{pmatrix} l_{11} & & & \\ l_{21} & l_{22} & & \\ \vdots & \vdots & \ddots & \\ l_{n1} & l_{n2} & \cdots & l_{nn} \end{pmatrix} \begin{pmatrix} U_1 \\ U_2 \\ \vdots \\ U_n \end{pmatrix}$$

$$\tilde{A}_k = \sum_{r=1}^{k} l_{kr} U_r = \sum_{r=1}^{k-1} l_{kr} U_r + l_{kk} U_k, \quad U_k = \left(\tilde{A}_k - \sum_{r=1}^{k-1} l_{kr} U_r \right) \Big/ l_{kk}$$

U_k 的分量形式:

$$u_{kj} = \left(a_{kj} - \sum_{r=1}^{k-1} l_{kr} u_{rj} \right) \Big/ l_{kk}, \quad j = k+1, k+2, \cdots, n \tag{4.11}$$

2. Crout 直接分解算法

Crout 分解步骤

$$\text{for } k = 1 \text{ to } n$$
$$\quad \text{for } i = k \text{ to } n \quad l_{ik} = a_{ik} - \sum_{r=1}^{k-1} l_{ir} u_{rk}$$
$$\quad \text{for } j = k+1 \text{ to } n \quad u_{kj} = \left(a_{kj} - \sum_{r=1}^{k-1} l_{kr} u_{rj} \right) \Big/ l_{kk}$$

LU 分解的基本思想是作一系列下三角形的初等行变换, 把方阵 A 变为上三角.

$$\begin{pmatrix} 1 & 0 \\ -a^{-1}b & 1 \end{pmatrix} \begin{pmatrix} a \\ b \end{pmatrix} = \begin{pmatrix} a \\ 0 \end{pmatrix}$$

即使下三角方阵的所有元素绝对值都不超过 1, 其条件数也可能达到 $O(2^n)$. 为了减少舍入误差, 提高计算的稳定性, 可用一系列正交变换代替下三角形的初等行变换, 同样可以把方阵 A 变为上三角. 常用的正交变换有 Givens 旋转

$$\begin{pmatrix} \cos\theta & \sin\theta \\ -\sin\theta & \cos\theta \end{pmatrix} \begin{pmatrix} a \\ b \end{pmatrix} = \begin{pmatrix} \sqrt{a^2 + b^2} \\ 0 \end{pmatrix}$$

和 Householder 反射

$$H_{\alpha,\beta} = I - 2vv^{\mathrm{T}}, \quad H_{\alpha,\beta}\alpha = \beta$$

其中 $\beta = (\|\alpha\|_2, 0, \cdots, 0)^{\mathrm{T}}, v = \dfrac{\alpha - \beta}{\|\alpha - \beta\|_2}$. 因此, 存在正交阵 P, 使得 PA 是上三角方阵. 从而 $A = QR$, 其中 Q 是正交阵, R 是上三角方阵, 这种分解称为 QR 分解. QR 分解也可通过对 A 的列向量作 Gram-Schmidt 正交化得到. 假设已知 A 的 QR 分解, 则线性方程组 $Ax = b$ 可转化为上三角形 $Rx = Q^{\mathrm{T}}b$.

与 Gauss 消元法相比, QR 分解法的精度高, 稳定性好, 但运算量是 Gauss 消元法的数倍, 并且编程实现比较繁琐, 这里仅给出简单介绍. QR 分解法在计算矩阵的特征值、近似秩等问题中也有重要的应用. 有兴趣的读者可查阅相关书籍文献.

4.2.3 特殊线性方程组

前面考虑的线性方程组的系数矩阵 A 都是一般形式. 当 A 具有某些特殊性质的时候, 可以有针对性地修改通用算法, 使之更有效率, 如节省存储量和计算量、提高精度和稳定性等.

1. 三对角方程组

形如

$$A = \begin{pmatrix} a_1 & b_1 & & & & \\ c_2 & a_2 & b_2 & & & \\ & \ddots & \ddots & \ddots & & \\ & & c_{n-1} & a_{n-1} & b_{n-1} \\ & & & c_n & a_n \end{pmatrix}$$

的矩阵称为三对角矩阵. 其特征是非零元素仅分布在主对角线及两侧副对角线的位置. 在样条插值函数的 M 关系式中就出现过这类矩阵. 许多连续问题经离散化后得到的线性方程组, 其系数矩阵也是三对角、五对角等形式的带状矩阵. 通常用三个维数分别是 $\{n, n-1, n-1\}$ 的数组 (或一个 $3n-2$ 维数组) 表示三对角矩阵. 三对角形方程组作 Gauss 消元的时候, 系数矩阵始终是三对角. 因此, Gauss 消元法可精简如下.

采用 Crout 分解法, 求解三对角方程组 $Ax = f$. 容易验证

$$\begin{pmatrix} a_1 & b_1 & & & \\ c_2 & a_2 & b_2 & & \\ & \ddots & \ddots & \ddots & \\ & & c_{n-1} & a_{n-1} & b_{n-1} \\ & & & c_n & a_n \end{pmatrix} = \begin{pmatrix} u_1 & & & \\ w_2 & u_2 & & \\ & \ddots & \ddots & \\ & & w_n & u_n \end{pmatrix} \begin{pmatrix} 1 & v_1 & & \\ & 1 & \ddots & \\ & & \ddots & v_{n-1} \\ & & & 1 \end{pmatrix}$$

比较 $A = LU$ 两边元素, 可得到 $w_i = c_i, i = 2, 3, \cdots, n$.

若规定 $c_1 = 0$, 可得到三角阵分解的计算公式

$$\begin{cases} u_k = a_k - c_k v_{k-1}, \\ v_k = b_k / u_k, \end{cases} \quad k = 1, 2, \cdots, n \tag{4.12}$$

再解线性方程组 $Ly = f$, $Ux = y$,

$$y_i = (f_i - c_i y_{i-1})/u_i, \quad i = 1, 2, \cdots, n \tag{4.13}$$

设

$$v_n = 0, \quad x_i = y_i - v_i x_{i+1}, \quad i = n, n-1, \cdots, 2, 1 \tag{4.14}$$

将 (4.12) 和 (4.13) 合并到一个循环语句中, 俗称追, 回代求解 X 称为赶.

算法 4.5   追赶法求解三对角方程

for $k = 1$ to n ! 追

$u_k = a_k - c_k v_{k-1}$

$v_k = b_k / u_k$

$y_k = (f_k - c_k y_{k-1})/u_k$

for $i = n$ to 1   ! 赶

$x_k = y_k - v_k x_{k+1}$

也称上述方法为追赶法或 Thomas 算法. 追赶法的计算量为 $8n$ 次. 也可以使用列主元法解三对角形方程组, 此时系数矩阵有可能变成五对角, 计算量仍为 $O(n)$ 次浮点运算.

2. 对称正定矩阵的 LDL^T 分解

对称正定矩阵也是很多物理问题产生的一类矩阵, 正定矩阵的各阶主子式大于零. 由线性代数中的理论, 若 A 正定, 则存在下三角矩阵 U, 使 $A = UU^\mathrm{T}$, 直接分解 $A = UU^\mathrm{T}$ 的分解方法, 称为平方根法. 对于对称正定矩阵, 常用的是 LDL^T 分解.

对 A 作 Doolittle 分解 $A = LU$.

$$A = \begin{pmatrix} 1 & & & \\ l_{21} & 1 & & \\ \vdots & \vdots & \ddots & \\ l_{n1} & l_{n2} & \cdots & 1 \end{pmatrix} \begin{pmatrix} u_{11} & u_{12} & \cdots & u_{1n} \\ & u_{22} & \cdots & u_{2n} \\ & & \ddots & \vdots \\ & & & u_{nn} \end{pmatrix} \quad / \text{ 提出矩阵 } U \text{ 的对角元素 } /$$

$$= \begin{pmatrix} 1 & & & \\ \ell_{21} & 1 & & \\ \vdots & \vdots & \ddots & \\ \ell_{n1} & \ell_{n2} & \cdots & 1 \end{pmatrix} \begin{pmatrix} u_{11} & & & \\ & u_{22} & & \\ & & \ddots & \\ & & & u_{nn} \end{pmatrix} \begin{pmatrix} 1 & \overline{u}_{12} & \cdots & \overline{u}_{1n} \\ & 1 & \cdots & \overline{u}_{2n} \\ & & \ddots & \vdots \\ & & & 1 \end{pmatrix}$$

由 A 对称正定, 可得 $u_{ii} > 0$, 令

$$D = \text{diag}\{u_{11}, u_{22}, \cdots, u_{nn}\} = \text{diag}\{d_{11}, d_{22}, \cdots, d_{nn}\}$$

可证 $\begin{pmatrix} 1 & \overline{u}_{12} & \cdots & \overline{u}_{1n} \\ & 1 & \cdots & \overline{u}_{2n} \\ & & \ddots & \vdots \\ & & & 1 \end{pmatrix} = L^{\mathrm{T}}$, 即 $A = LDL^{\mathrm{T}}$.

$$A = \begin{pmatrix} 1 & & & \\ \ell_{21} & 1 & & \\ \vdots & \vdots & \ddots & \\ \ell_{n1} & \ell_{n2} & \cdots & 1 \end{pmatrix} \begin{pmatrix} d_1 & & & \\ & d_2 & & \\ & & \ddots & \\ & & & d_n \end{pmatrix} \begin{pmatrix} 1 & l_{12} & \cdots & l_{1n} \\ & 1 & \cdots & l_{2n} \\ & & \ddots & \vdots \\ & & & 1 \end{pmatrix}$$

L 是对角元素为 1 的单位下三角阵.

对矩阵 A 作 Doolittle 或 Crout 分解, 要计算 n^2 个矩阵元素; 对称矩阵的 LDL^{T} 分解, 只需计算 $\dfrac{n(n+1)}{2}$ 个元素, 减少了近一半的工作量. 借助于 Doolittle 或 Crout 分解计算公式, 容易得到 LDL^{T} 分解计算公式.

设 A 有 Doolittle 分解形式

$$A = L(DL^T) = L\tilde{U} = \begin{pmatrix} 1 & & & \\ l_{21} & 1 & & \\ \vdots & \vdots & \ddots & \\ l_{n1} & l_{n2} & \cdots & 1 \end{pmatrix} \begin{pmatrix} d_1 & d_1 l_{12} & \cdots & d_1 l_{1n} \\ & d_2 & \cdots & d_2 l_{2n} \\ & & \ddots & \vdots \\ & & & d_n \end{pmatrix}$$

其中

$$\tilde{u}_{ij} = d_i l_{ij} = d_i l_{ji}$$

在分解中可套用 Doolittle 分解公式, 只要计算下三角 L 和 D 的对角元素 d_k. 计算中只需保存 $L = (\ell_{ij})$ 的元素, L^{T} 的 i 行 j 列的元素用 L 的 ℓ_{ji} 表示. 由于对称正定矩阵的各阶主子式大于零, 直接调用 Doolittle 或 Crout 分解公式可完成 LDL^{T} 分解计算, 而不必借助于列主元的分解算法.

分析 $\quad d_k = \tilde{u}_{kk} = a_{kk} - \sum_{r=1}^{k-1} l_{kr} \tilde{u}_{rk} = a_{kk} - \sum_{r=1}^{k-1} l_{kr} d_r l_{rk}$

$$l_{ik} = \left(a_{ik} - \sum_{r=1}^{k-1} l_{ir} \tilde{u}_{rk} \right) \bigg/ \tilde{u}_{kk} = \left(a_{ik} - \sum_{r=1}^{k-1} d_r l_{ir} l_{kr} \right) \bigg/ d_k$$

算法 4.6　对称矩阵的 LDL^{T} 分解算法

step1　输入：方程组阶数 n，系数矩阵 A 和常数项 B

step2　for $k = 1$ to n

$$d_k := a_{kk} - \sum_{r=1}^{k-1} d_r l_{kr}^2$$

　　for $i = k+1$ to n

$$l_{ik} := \left(a_{ik} - \sum_{r=1}^{k-1} d_r l_{ir} l_{kr} \right) \Big/ d_k$$

step3　略去解方程组步骤

由 $L(DL^{\mathrm{T}})X = b$, 解方程组 $Ax = b$ 可分三步完成：

(1) 解方程组 $Lz = b$, $z_i = b_i - \sum_{j=1}^{i-1} l_{ij} z_j$, $i = 1, 2, \cdots, n$;

(2) 解方程组 $Dy = z$, $y_i = z_i / d_i$, $i = 1, 2, \cdots, n$;

(3) 解方程组 $L^{\mathrm{T}} x = y$, $x_i = y_i - \sum_{j=i+1}^{n} l_{ji} x_j$, $i = n, n-1, \cdots, 1$.

例 4.6　用 LDL^{T} 分解求解方程组

$$\begin{pmatrix} 1 & -1 & 1 \\ -1 & 3 & -2 \\ 1 & -2 & 4.5 \end{pmatrix} \begin{pmatrix} x_1 \\ x_2 \\ x_3 \end{pmatrix} = \begin{pmatrix} 4 \\ -8 \\ 12 \end{pmatrix}$$

解　$k = 1 : d_1 = a_{11} = 1, l_{21} = a_{21}/d_1 = -1, l_{31} = a_{31}/d_1 = 1$

　　　$k = 2 : d_2 = a_{22} - l_{21}^2 d_1 = 2, l_{32} = (a_{32} - l_{31} l_{21} d_1)/d_2 = -0.5$

　　　$k = 3 : d_3 = a_{33} - l_{31}^2 d_1 - l_{32}^2 d_2 = 3$

$$L = \begin{pmatrix} 1 & 0 & 0 \\ -1 & 1 & 0 \\ 1 & -0.5 & 1 \end{pmatrix}, \quad D = \begin{pmatrix} 1 & & \\ & 2 & \\ & & 3 \end{pmatrix}$$

由

$$LDL^{\mathrm{T}} X = b, \quad LZ = b, \quad Z = (4, -4, 6)^{\mathrm{T}}$$

$$DY = Z, \quad Y = (4, -2, 2)^{\mathrm{T}}$$

$$L^{\mathrm{T}} X = Y, \quad X = \begin{pmatrix} 1 \\ -1 \\ 2 \end{pmatrix}$$

习　题　4

1. 分别用 Gauss 消元法和列主元法求解方程组 (计算过程中取四位有效数字):

(1) $\begin{cases} 0.002x_1 + 87.13x_2 = 87.15, \\ 4.453x_1 - 7.26x_2 = 37.27; \end{cases}$ (2) $\begin{cases} 0.01x_1 - 69.47x_2 = -138.93, \\ 2.01x_1 + 8.51x_2 = 15.01. \end{cases}$

2. 用 Gauss 消元法编程解方程组

$$\begin{cases} 7.2x_1 + 2.3x_2 - 4.4x_3 + 0.5x_4 = 15.1 \\ 1.3x_1 + 6.3x_2 - 3.5x_3 + 2.8x_4 = 1.8 \\ 5.6x_1 + 0.9x_2 + 8.1x_3 - 1.3x_4 = 16.6 \\ 1.5x_1 + 0.4x_2 + 3.7x_3 + 5.9x_4 = 36.9 \end{cases}$$

3. 用 Gauss 消元法计算行列式:

(1) $\begin{vmatrix} -1 & 3 & 2 \\ 2 & 1 & -2 \\ 3 & 6 & 2 \end{vmatrix}$; (2) $\begin{vmatrix} 10 & -2 & -1 \\ -2 & 10 & -1 \\ -1 & -2 & 5 \end{vmatrix}$.

4. 用 Gauss-Jordan 消元法求解方程组:

(1) $\begin{pmatrix} 5 & 2 & 2 \\ -1 & 3 & 0 \\ 1 & 1 & 2 \end{pmatrix} \begin{pmatrix} x_1 \\ x_2 \\ x_3 \end{pmatrix} = \begin{pmatrix} 1 \\ 7 \\ 3 \end{pmatrix}$; (2) $\begin{pmatrix} 5 & 2 & 2 \\ 0 & 2 & 1 \\ 1 & -1 & 3 \end{pmatrix} \begin{pmatrix} x_1 \\ x_2 \\ x_3 \end{pmatrix} = \begin{pmatrix} -4 \\ 5 \\ -1 \end{pmatrix}$.

5. 给出矩阵 A 的 LU 分解:

$$A = \begin{pmatrix} 3 & -1 & 1 \\ 6 & 0 & 6 \\ -3 & 7 & 13 \end{pmatrix} = \begin{pmatrix} 1 & 0 & 0 \\ - & 1 & 0 \\ - & - & 1 \end{pmatrix} \begin{pmatrix} - & - & - \\ 0 & - & - \\ 0 & 0 & - \end{pmatrix}$$

$$A = \begin{pmatrix} 3 & -1 & 1 \\ 6 & 0 & 6 \\ -3 & 7 & 13 \end{pmatrix} = \begin{pmatrix} - & 0 & 0 \\ - & - & 0 \\ - & - & - \end{pmatrix} \begin{pmatrix} 1 & - & - \\ 0 & 1 & - \\ 0 & 0 & 1 \end{pmatrix}$$

6. 用 Doolittle 分解求解方程组:

(1) $\begin{pmatrix} 2 & 1 & 2 \\ -2 & 2 & -1 \\ 2 & 4 & 6 \end{pmatrix} \begin{pmatrix} x_1 \\ x_2 \\ x_3 \end{pmatrix} = \begin{pmatrix} 18 \\ -39 \\ 24 \end{pmatrix}$;

(2) $\begin{pmatrix} 3 & 1 & 2 \\ -3 & 1 & -1 \\ 6 & -4 & 2 \end{pmatrix} \begin{pmatrix} x_1 \\ x_2 \\ x_3 \end{pmatrix} = \begin{pmatrix} 23 \\ -10 \\ 12 \end{pmatrix}$.

7. 用 Crout 分解求解方程组:

(1) $\begin{pmatrix} 5 & 1 & 2 \\ 1 & 3 & -1 \\ 2 & 3 & 5 \end{pmatrix} \begin{pmatrix} x_1 \\ x_2 \\ x_3 \end{pmatrix} = \begin{pmatrix} 10 \\ 2 \\ 15 \end{pmatrix}$; (2) $\begin{pmatrix} 2 & 4 & 6 \\ 1 & 4 & 7 \\ 3 & 8 & 12 \end{pmatrix} X = \begin{pmatrix} 26 & 40 \\ 25 & 34 \\ 46 & 71 \end{pmatrix}$.

8. 用 LDL^{T} 分解求解方程组:

$$(1) \begin{cases} -6x_1 + 3x_2 + 2x_3 = -4, \\ 3x_1 + 5x_2 + x_3 = 11, \\ 2x_1 + x_2 + 6x_3 = -8; \end{cases} \qquad (2) \begin{cases} x_1 + 2x_2 + 3x_3 = -3, \\ 2x_1 + x_2 - 2x_3 = 10, \\ 3x_1 - 2x_2 + x_3 = 7. \end{cases}$$

9. 用追赶法求解三对角方程组:

$$(1) \begin{pmatrix} 1 & 3 & 0 & 0 \\ 2 & 7 & 3 & 0 \\ 0 & 2 & 7 & 3 \\ 0 & 0 & 2 & 7 \end{pmatrix} \begin{pmatrix} x_1 \\ x_2 \\ x_3 \\ x_4 \end{pmatrix} = \begin{pmatrix} -2 \\ -8 \\ -6 \\ 5 \end{pmatrix}; \quad (2) \begin{pmatrix} 10 & 5 & 0 & 0 \\ 2 & 2 & 1 & 0 \\ 0 & 1 & 10 & 5 \\ 0 & 0 & 2 & 1 \end{pmatrix} \begin{pmatrix} x_1 \\ x_2 \\ x_3 \\ x_4 \end{pmatrix} = \begin{pmatrix} 5 \\ 3 \\ 27 \\ 6 \end{pmatrix}.$$

*10. 设 $A = (a_{ij})$ 是 n 阶实数方阵, 证明下列结论:

(1) A 的 LU 分解存在当且仅当 A 的各阶顺序主子式 $\Delta_k = \begin{vmatrix} a_{11} & a_{12} & \cdots & a_{1k} \\ a_{21} & a_{22} & \cdots & a_{2k} \\ \vdots & \vdots & \cdots & \vdots \\ a_{k1} & a_{k2} & \cdots & a_{kk} \end{vmatrix} \neq 0,$

$\forall k = 1, 2, \cdots, n.$

(2) Gauss 列主元消元法可以叙述为: 存在置换方阵 $P_1, P_2, \cdots, P_{n-1}$ 和元素绝对值都不超过 1 的单位下三角方阵 $L_1, L_2, \cdots, L_{n-1}$, 使得 $L_{n-1}P_{n-1}\cdots L_2 P_2 L_1 P_1 A$ 是上三角方阵.

(3) 存在置换方阵 P, 元素绝对值都不超过 1 的单位下三角方阵 L, 以及上三角方阵 U, 使得 $A = PLU$. 这种矩阵乘积分解称为 A 的 PLU 分解.

附录　直接法误差分析

线性方程组的直接解法没有系统误差, 作浮点运算的时候会有舍入误差. 建立如下模型来估计舍入误差的大小.

考虑计算模型 $x = A^{-1}b$, 其舍入误差

$$\delta x = (\delta A^{-1})b + A^{-1}\delta b = -A^{-1}(\delta A)A^{-1} + A^{-1}\delta b$$

设 $\varepsilon = \max(\|\delta A\|, \|\delta b\|)$, $\|\cdot\|$ 是矩阵和向量的范数, 则有

$$\|\delta x\| \leqslant \left(\|A^{-1}\|^2 + \|A^{-1}\|\right)\varepsilon$$

考虑 Gauss 消元法的计算模型 (5.3), 其舍入误差

$$\begin{aligned} \delta x = &\sum_{i=1}^{n-1} Q_{n-1}\cdots Q_{i+1}(\delta Q_i)Q_{i-1}\cdots Q_1 D^{-1} P_{n-1}\cdots P_1 b \\ &+ Q_{n-1}\cdots Q_1 D^{-1}(\delta D)D^{-1} P_{n-1}\cdots P_1 b \\ &+ \sum_{i=1}^{n-1} Q_{n-1}\cdots Q_1 D^{-1} P_{n-1}\cdots P_{i+1}(\delta P_i)P_{i-1}\cdots P_1 b \\ &+ Q_{n-1}\cdots Q_1 D^{-1} P_{n-1}\cdots P_1 \delta b \end{aligned}$$

设 $\varepsilon = \max(\|\delta P_1\|, \cdots, \|\delta P_{n-1}\|, \|\delta Q_1\|, \cdots, \|\delta Q_{n-1}\|, \|\delta D\|, \|\delta b\|)$, 由

$$\|Q_{n-1} \cdots Q_{i+1}\| = \|U^{-1} D Q_1^{-1} \cdots Q_i^{-1}\|$$
$$\leqslant \|U^{-1} D\| \cdot \|Q_1^{-1} \cdots Q_i^{-1}\| \leqslant \|U^{-1} D\| \cdot \|D^{-1} U\|$$
$$\|Q_{i-1} \cdots Q_1 D^{-1} P_{n-1} \cdots P_1 b\| = \|Q_i^{-1} \cdots Q_{n-1}^{-1} A^{-1} b\|$$
$$\leqslant \|Q_i^{-1} \cdots Q_{n-1}^{-1}\| \cdot \|A^{-1} b\| \leqslant \|D^{-1} U\| \cdot \|A^{-1} b\|$$
$$\|Q_{n-1} \cdots Q_1 D^{-1} P_k \cdots P_{i+1}\| = \|A^{-1} P_1^{-1} \cdots P_i^{-1}\|$$
$$\leqslant \|A^{-1}\| \cdot \|P_1^{-1} \cdots P_i^{-1}\| \leqslant \|A^{-1}\| \cdot \|L\|$$
$$\|P_{i-1} \cdots P_1 b\| = \|P_i^{-1} \cdots P_k^{-1} L^{-1} b\|$$
$$\leqslant \|P_i^{-1} \cdots P_k^{-1}\| \cdot \|L^{-1} b\| \leqslant \|L\| \cdot \|L^{-1} b\|$$

可得

$$\|\delta x\| \leqslant \left((n-1) \|U^{-1} D\| \cdot \|D^{-1} U\|^2 \|A^{-1} b\| + \|U^{-1}\| \cdot \|D^{-1} L^{-1} b\| \right.$$
$$\left. + (n-1) \|A^{-1}\| \cdot \|L\|^2 \|L^{-1} b\| \varepsilon + \|A^{-1}\| \right) \varepsilon$$
$$= O \left(\left(\|L\|^2 \|L^{-1}\| + \|D^{-1} U\|^2 \|U^{-1} D\| \right) \|A^{-1}\| \cdot \|b\| \cdot n\varepsilon \right)$$

由以上分析可知, 为了控制舍入误差, 可从降低 $\|L\|^2 \|L^{-1}\|$ 和 $\|D^{-1} U\|^2 \|U^{-1} D\|$ 入手.

本章课件

第 5 章　求解线性方程组的迭代方法

迭代法求解线性方程组 $Ax = b$ 与第 3 章非线性方程求根的方法类似, 由 $Ax = b$ 构造等价方程组, 拆分 $A = N - P$, 设 N 可逆, 得到同解方程组

$$X = N^{-1}PX + N^{-1}b,$$

令 $M = N^{-1}P$, $g = N^{-1}b$, $X = MX + g$, 构造迭代关系式

$$X^{(k)} = MX^{(k-1)} + g$$

任取初始向量 $X^{(0)} = \left(\begin{array}{cccc} x_1^{(0)}, & x_2^{(0)}, & \cdots, & x_n^{(0)} \end{array} \right)^{\mathrm{T}}$, 代入上面迭代式中, 得到迭代序列 $\{X^{(1)}, X^{(2)}, \cdots\}$. 称 M 为迭代矩阵.

若迭代序列 $\{X^{(k)}\}$ 收敛, 设 $\{X^{(k-1)}\}$ 的极限为 X^*, 对迭代式两边取极限

$$\lim_{k \to \infty} X^{(k)} = \lim_{k \to \infty} (MX^{(k-1)} + g)$$

即 $X^* = MX^* + g$, X^* 是方程组 $Ax = b$ 的解, 此时称迭代法收敛, 否则称迭代法发散.

计算中给定控制精度 ε, 当 $||Ax - b|| < \varepsilon$ 或 $||X^{(k)} - X^{(k-1)}|| < \varepsilon$ 时, 停止迭代计算, 取 $X^* = X^{(k)}$.

设 x^* 为方程组 $Ax = b$ 的解, 则有

$$X^* = MX^* + g$$

再由迭代公式 $X^{(k)} = MX^{(k-1)} + g$, 得到

$$||X^* - X^{(k)}|| = ||M(X^* - X^{(k-1)})|| = ||M^2(X^* - X^{(k-2)})||$$
$$= \cdots = ||M^k(X^* - X^{(0)})|| \leqslant ||M^k|| ||(X^* - X^{(0)})|| \to 0$$

$$\lim_{k \to \infty} ||M^k|| = 0 \Leftrightarrow \lim_{k \to \infty} M^k = O_{nn}$$

由线性代数定理可知, $\lim\limits_{k \to \infty} M^k = O$ 的充分必要条件是谱半径 $\rho(M) < 1$. 若 $||M||_p$ 为矩阵 M 的范数, 则总有 $||M||_p \geqslant \rho(M)$. 因此, 若 $||M||_p < 1$, 则 M 必为收敛矩阵. 与非线性方程迭代方法的区别在于, 线性方程组的迭代收敛与否完

全决定于迭代矩阵的性质, 与迭代初始值的选取无关. 迭代法的优点是占用存储空间少, 程序实现简单, 尤其适用于高维稀疏矩阵; 不尽人意之处是要面对迭代是否收敛和收敛的速度问题.

要特别注意, 当 $\|M\|_1 > 1$ 或 $\|M\|_\infty > 1$ 时, 并不能判断迭代序列发散. 范数小于 1 只是判断迭代矩阵收敛的充分条件, 而非充分必要条件. 当迭代矩阵的一种范数使 $\|M\| > 1$, 并不能确定迭代矩阵是否收敛. 例如, $M = \begin{pmatrix} 0.9 & 0 \\ 0.2 & 0.8 \end{pmatrix}$, $\|M\|_\infty = 1.0$, $\|M\|_1 = 1.1$, 但它的特征值是 0.9 和 0.8. $\rho(M) < 1$, $\|M\|_2 = 0.9677$, M 是收敛矩阵.

5.1 简单 (Jacobi) 迭代

5.1.1 Jacobi 迭代计算公式

n 元线性方程组 $AX = b$,

$$\begin{cases} a_{11}x_1 + a_{12}x_2 + \cdots + a_{1n}x_n = b_1 \\ a_{21}x_1 + a_{22}x_2 + \cdots + a_{2n}x_n = b_2 \\ \cdots\cdots \\ a_{n1}x_1 + a_{n2}x_2 + \cdots + a_{nn}x_n = b_n \end{cases} \tag{5.1}$$

设 $a_{ii} \neq 0, i = 1, 2, \cdots, n$, 将式 (5.1) 中每个方程组的 $a_{ii}x_i$ 留在方程的左边, 其余各项都移到方程的右边, 方程两边除以 a_{ii}, 得到下列同解方程组

$$\begin{cases} x_1 = \dfrac{1}{a_{11}}(b_1 - a_{12}x_2 - \cdots - a_{1n}x_n) \\ x_2 = \dfrac{1}{a_{22}}(b_2 - a_{21}x_1 - \cdots - a_{2n}x_n) \\ \cdots\cdots \\ x_n = \dfrac{1}{a_{nn}}(b_n - a_{n1}x_1 - a_{n2}x_2 - \cdots - a_{n,n-1}x_{n-1}) \end{cases}$$

构造迭代格式:

$$\begin{cases} x_1^{(k+1)} = \dfrac{1}{a_{11}}(b_1 - a_{12}x_2^{(k)} - \cdots - a_{1n}x_n^{(k)}) \\ x_2^{(k+1)} = \dfrac{1}{a_{22}}(b_2 - a_{21}x_1^{(k)} - \cdots - a_{2n}x_n^{(k)}) \\ \cdots\cdots \\ x_n^{(k+1)} = \dfrac{1}{a_{nn}}(b_n - a_{n1}x_1^{(k)} - a_{n2}x_2^{(k)} - \cdots - a_{n,n-1}x_{n-1}^{(k)}) \end{cases} \tag{5.2}$$

迭代计算式 (5.2) 称为简单迭代或称 Jacobi 迭代. 任取初始向量 $X^{(0)}$, 由 (5.2) 得到迭代向量序列 $\{X^{(k)}, k = 1, 2, \cdots\}$.

1. Jacobi 迭代矩阵

令

$$D = \mathrm{diag}\{a_{11}, a_{22}, \cdots, a_{nn}\}, \quad AX = (D + A - D)X = b$$

得到等价方程组:

$$DX = (D - A)X + b$$

设 D 可逆,

$$X^{(k+1)} = D^{-1}(D - A)X^{(k)} + D^{-1}b$$

记

$$R = I - D^{-1}A, \quad g = D^{-1}b$$

R 是迭代 (5.2) 的迭代矩阵, g 是常数项向量. (5.2) 可写成矩阵形式:

$$X^{(k+1)} = RX^{(k)} + g \tag{5.3}$$

$$\begin{pmatrix} x_1^{(k+1)} \\ x_2^{(k+1)} \\ \vdots \\ x_n^{(k+1)} \end{pmatrix} = \begin{pmatrix} 0 & r_{12} & \cdots & r_{1n} \\ r_{21} & 0 & \cdots & r_{2n} \\ \vdots & \vdots & & \vdots \\ r_{n1} & r_{n2} & \cdots & 0 \end{pmatrix} \begin{pmatrix} x_1^{(k)} \\ x_2^{(k)} \\ \vdots \\ x_n^{(k)} \end{pmatrix} + \begin{pmatrix} g_1 \\ g_2 \\ \vdots \\ g_n \end{pmatrix}$$

其中

$$r_{ij} = -a_{ij}/a_{ii}, \quad g_i = b_i/a_{ii}, \quad r_{ii} = 0$$

例 5.1　用 Jacobi 方法解下列方程组

$$\begin{cases} 2x_1 - x_2 - x_3 = -5 \\ x_1 + 5x_2 - x_3 = 8 \\ x_1 + x_2 + 10x_3 = 11 \end{cases}$$

解　方程组的迭代格式:

$$\begin{cases} x_1^{(k+1)} = 0.5x_2^{(k)} + 0.5x_3^{(k)} - 2.5 \\ x_2^{(k+1)} = -0.2x_1^{(k)} + 0.2x_3^{(k)} + 1.6 \\ x_3^{(k+1)} = -0.1x_1^{(k)} - 0.1x_2^{(k)} + 1.1 \end{cases}$$

取初始值 $X^{(0)} = (1, 1, 1)^{\mathrm{T}}$, 计算结果由表 5.1 所示.

表 5.1

k	$x_1^{(k)}$	$x_2^{(k)}$	$x_3^{(k)}$	$\left\|X^{(k)} - X^{(k-1)}\right\|_\infty$
0	1	1	1	
1	-1.5	1.6	0.9	2.5
2	-1.25	2.08	1.09	0.48
3	-0.915	2.068	1.017	0.355
4	-0.9575	1.9864	0.9847	0.0425
5	-1.01445	1.98844	0.99711	0.05695
6	-1.00722	2.00231	1.0026	0.013872
7	-0.997543	2.00197	1.00049	0.0096815

方程组的准确解是 $\{-1, 2, 1\}$.

2. Jacobi 迭代算法

为了简单起见, 设 $a_{ii} \neq 0, i = 1, 2, \cdots, n$, 并设由系数矩阵 A 构造的迭代矩阵 R 是收敛的.

step1 定义和输入系数矩阵 A 与常数项向量 b 的元素

step2 $x1 = \{0, 0, \cdots, 0\}^{\mathrm{T}}, \ x2 = \{1, 1, \cdots, 1\}^{\mathrm{T}}$
$\qquad\qquad$! 赋初始值, $x1$ 和 $x2$ 分别表示 $X^{(k)}$ 和 $X^{(k+1)}$

step3 while $\|x1 - x2\|_\infty > 10^{-6}$
$\qquad\quad x1 = x2$
$\qquad\quad x2 = R * x1 + g$
$\qquad\qquad$! for $u = 1$ to n
$\qquad\qquad$! { $s=0$;
$\qquad\qquad\qquad$ for $v = 1$ to n $\{s = s + a(u, v) \cdot x1(v)\}$;
$\qquad\qquad$! $x2(u) = (b(u) - s + a(u, u) \cdot x1(u))/a(u, u)$ }
$\qquad\quad$ endwhile

step4 输出方程组的解 $x2$.

5.1.2 Jacobi 迭代收敛条件

对于方程组 $AX = b$, 构造 Jacobi 迭代格式, $X^{(k+1)} = RX^{(k)} + g$, 当迭代矩阵的谱半径 $\rho(R) = \max\limits_{1 \leqslant i \leqslant n} |\lambda_i| < 1$ 时, 迭代收敛, 这是收敛的充分必要条件. 迭代矩阵的某范数 $\|R\| < 1$ 时, 迭代收敛, 这是迭代收敛的充分条件. 在例 5.1 中 $\|R\|_1 = 0.7$, Jacobi 迭代收敛.

当方程组的系数矩阵 A 具有某些特殊性质时, 可直接判定由它生成的 Jacobi 迭代矩阵是收敛的. 关于 Jacobi 迭代的收敛性, 有下列理论结果.

设 $M = (m_{ij})$ 是 n 阶复方阵. 若对任意 i 都有 $|m_{ii}| \geqslant \sum\limits_{j \neq i} |m_{ij}|$, 则 M 称为

行对角优; 若对任意 j 都有 $|m_{jj}| \geqslant \sum_{i \neq j} |m_{ij}|$, 则 M 称为列对角优; 若对任意 i 都

有 $|m_{ii}| > \sum_{j \neq i} |m_{ij}|$, 则 M 称为严格行对角优; 若对任意 j 都有 $|m_{jj}| > \sum_{i \neq j} |m_{ij}|$,

则 M 称为严格列对角优. 行、列对角优统称对角优; 严格行、列对角优统称严格对角优.

定理 5.1 若 M 为严格对角优, 则 M 可逆.

证明 当 M 为严格行对角优时, 假设 M 不可逆, 则存在非零向量 $x = (x_1, \cdots, x_n)^{\mathrm{T}}$ 使得 $Mx = 0$. 不妨设 $|x_i| = \max(|x_1|, \cdots, |x_n|)$, 则有 $|m_{ii} x_i| = \left| \sum_{j \neq i} m_{ij} x_j \right| \leqslant \sum_{j \neq i} |m_{ij}| \cdot |x_i| < |m_{ii} x_i|$, 矛盾. 当 M 为严格列对角优时, M^{T} 为严格行对角优. 综上, M 可逆. 证毕.

定理 5.2 当 A 为严格对角优时, Jacobi 迭代收敛.

证明 当 A 为严格行对角优时,

$$\rho(I - D^{-1}A) \leqslant \left\| I - D^{-1}A \right\|_\infty = \max_{1 \leqslant i \leqslant n} \sum_{j \neq i} \frac{|a_{ij}|}{|a_{ii}|} < 1$$

当 A 为严格列对角优时,

$$\rho(I - D^{-1}A) = \rho(I - AD^{-1}) \leqslant \left\| I - AD^{-1} \right\|_1 = \max_{1 \leqslant j \leqslant n} \sum_{i \neq j} \frac{|a_{ij}|}{|a_{jj}|} < 1. \quad 证毕.$$

5.2 Gauss-Seidel 迭代

5.2.1 Gauss-Seidel 迭代计算

在 Jacobi 迭代中, 用 $\{x_1^{(k)}, x_2^{(k)}, \cdots, x_n^{(k)}\}$ 的值代入迭代公式 (5.2) 中计算出 $\{x_i^{(k+1)}, i = 1, 2, \cdots, n\}$ 的值, Jacobi 迭代公式 $x_i^{(k+1)} = \sum_{j=1}^{n} r_{ij} x_j^{(k)} + g_i$ 改写为

$$x_i^{(k+1)} = \sum_{j=1}^{i-1} r_{ij} x_j^{(k)} + \sum_{j=i+1}^{n} r_{ij} x_j^{(k)} + g_i \tag{5.4}$$

事实上, 在计算 $x_i^{(k+1)}$ 前, 已经得到 $x_1^{(k+1)}, \cdots, x_{i-1}^{(k+1)}$ 的值, 不妨将已算出的分量直接代入迭代式中, 及时使用最新计算出的分量值, 这种迭代格式称为 Gauss-Seidel 迭代.

$$x_i^{(k+1)} = \sum_{j=1}^{i-1} r_{ij} x_j^{(k+1)} + \sum_{j=i+1}^{n} r_{ij} x_j^{(k)} + g_i \tag{5.5}$$

即用 $\{x_1^{(k)}, x_2^{(k)}, \cdots, x_n^{(k)}\}$ 计算 $x_1^{(k+1)}$ 的值, 用 $\{x_1^{(k+1)}, x_2^{(k)}, \cdots, x_n^{(k)}\}$ 计算 $x_2^{(k+1)}$ 的值, $\cdots$, 用 $\{x_1^{(k+1)}, \cdots, x_{i-1}^{(k+1)}, x_i^{(k)}, \cdots, x_n^{(k)}\}$ 计算 $x_i^{(k+1)}$ 的值.

构造方程组 $AX = b$ 的 Gauss-Seidel 迭代格式步骤与 Jacobi 类似. 设 $a_{ii} \neq 0, i = 1, 2, \cdots, n$, 将 (5.1) 中每个方程组的 $a_{ii}x_i$ 留在方程的左边, 其余各项都移到方程的右边, 方程两边除以 a_{ii}, 对方程组对角线以上的 x_j 取第 k 步迭代的值, 对角线以下的 x_j 取第 $k+1$ 步迭代的值, 即将 Jacobi 迭代格式 (5.2) 的下三角元素冠以 $k+1$ 的迭代构造 Gauss-Seidel 迭代格式

$$\begin{cases} x_1^{(k+1)} = \dfrac{1}{a_{11}}(b_1 - a_{12}x_2^{(k)} - \cdots - a_{1n}x_n^{(k)}) \\ x_2^{(k+1)} = \dfrac{1}{a_{22}}(b_2 - a_{21}x_1^{(k+1)} - \cdots - a_{2n}x_n^{(k)}) \\ \qquad\qquad \cdots\cdots \\ x_n^{(k+1)} = \dfrac{1}{a_{nn}}(b_n - a_{n1}x_1^{(k+1)} - a_{n2}x_2^{(k+1)} - \cdots - a_{n,n-1}x_{n-1}^{(k+1)}) \end{cases} \tag{5.6}$$

若记 $r_{ij} = -a_{ij}/a_{ii}, g_i = b_i/a_{ii}, r_{ii} = 0$,

$$\begin{cases} x_1^{(k+1)} = r_{12}x_2^{(k)} + r_{13}x_3^{(k)} + \cdots + r_{1n}x_n^{(k)} + g_1 \\ x_2^{(k+1)} = r_{21}x_1^{(k+1)} + r_{23}x_3^{(k)} + \cdots + r_{2n}x_n^{(k)} + g_2 \\ \qquad\qquad \cdots\cdots \\ x_n^{(k+1)} = r_{n1}x_1^{(k+1)} + r_{n1}x_2^{(k+1)} + \cdots + r_{n,n-1}x_{n-1}^{(k+1)} + g_n \end{cases} \tag{5.7}$$

5.2.2 Gauss-Seidel 迭代矩阵

设

$$A = D + L + U$$

$$= \begin{pmatrix} a_{11} & & & \\ & a_{22} & & \\ & & \ddots & \\ & & & a_{nn} \end{pmatrix} + \begin{pmatrix} 0 & & & \\ a_{21} & 0 & & \\ \vdots & \vdots & \ddots & \\ a_{n1} & \cdots & a_{n,n-1} & 0 \end{pmatrix}$$

$$+ \begin{pmatrix} 0 & a_{12} & \cdots & a_{1n} \\ & 0 & \cdots & a_{2n} \\ & & \ddots & \vdots \\ & & & 0 \end{pmatrix}$$

写成等价矩阵表达式

$$AX = (D + L + U)X = (D + L)X + UX = b$$

$$(D+L)X = -UX + b$$

构造迭代形式:

$$(D+L)X^{(k+1)} = -UX^{(k)} + b$$

有

$$X^{(k+1)} = -(D+L)^{-1}UX^{(k)} + (D+L)^{-1}b \tag{5.8}$$

令

$$S = -(D+L)^{-1}U, \quad f = (D+L)^{-1}b$$

记 Gauss-Seidel 迭代为

$$X^{(k+1)} = SX^{(k)} + f$$

称 S 为 Gauss-Seidel 迭代矩阵.

5.2.3　Gauss-Seidel 迭代算法

Gauss-Seidel 迭代的程序实现与 Jacobi 迭代步骤大致相同, 在前面的 Jacobi 算法中, 假定 Jacobi 迭代矩阵为 R, x_1 表示 $X^{(k)}$, x_2 表示 $X^{(k+1)}$, 其迭代的核心部分是 $x_2 = R * x_1 + g$, Gauss-Seidel 迭代格式的核心部分是计算迭代式 $x_2 = R * x_2 + g$, 在计算中 x_2 的分量不断更新, 计算中需要及时将 $x_i^{(k+1)}$ 放到 $x_i^{(k)}$ 的位置上.

Gauss-Seidel 迭代算法:

```
while      ||x_1 - x_2||_∞ > 10^{-6}
    for    u=1    to    n    x_1(u) = x_2(u)
    for    i=1    to    n
      { s=0;
      for j=1    to    n
    { s = s + a(i,j) · x_2(j) }    ! 注意   x_2(j)
    x_2(i) = (b(i) - s + a(i,i) · x_2(i))/a(i,i)}

endwhile
```

上述算法是在假定迭代收敛的前提下, 使用当型 (while) 结构控制循环. 也可将上述算法中 while 循环改为 for 循环, 通过控制循环次数和计算误差终止循环.

例 5.2　用 Gauss-Seidel 迭代解例 5.1 中的线性方程组并写出迭代矩阵.

解　取初值 $x^{(0)} = (1,1,1)$, 误差下界 $\varepsilon = 0.001$, 方程的迭代格式:

$$\begin{cases} x_1^{(k+1)} = 0.5x_2^{(k)} + 0.5x_3^{(k)} - 2.5 & \text{①} \\ x_2^{(k+1)} = -0.2x_1^{(k+1)} + 0.2x_3^{(k)} + 1.6 & \text{②} \\ x_3^{(k+1)} = -0.1x_1^{(k+1)} - 0.1x_2^{(k+1)} + 1.1 & \text{③} \end{cases}$$

取初始值 $X^{(0)} = (1,1,1)$.

$k=1:$ $x_1^{(1)} = 0.5 \cdot 1 + 0.5 \cdot 1 - 2.5 = -1.5$

$x_2^{(1)} = -0.2 \cdot (-1.5) + 0.2 \cdot 1 + 1.6 = 2.1$

$x_3^{(1)} = -0.1 \cdot (-1.5) - 0.1 \cdot 2.1 + 1.1 = 1.04$

计算结果见表 5.2. 比 Jacobi 迭代的收敛速度要快许多. 对于同一方程组, 如果由它构造 Gauss-Seidel 迭代和 Jacobi 迭代都收敛, 那么多数情况下, Gauss-Seidel 迭代比 Jacobi 迭代的收敛效果要好, 但是情况并非总是如此.

表 5.2

k	$x_1^{(k)}$	$x_2^{(k)}$	$x_3^{(k)}$	$\left\|Ax^{(k)} - b\right\|_\infty$
0	1	1	1	5
1	-1.5	2.1	1.04	1.14
2	-0.93	1.994	0.9936	0.1524
3	-1.0062	1.99996	1.00062	0.012984
4	-0.999708	2.00007	0.999964	0.00065984

计算迭代矩阵.

方法 1   可用式 $(5.8)S = -(D+L)^{-1}U$ 计算迭代矩阵.

方法 2   对于 3 阶矩阵可将式 ① 代入式 ② 中得到

$$x_2^{(k+1)} = -0.2(0.5x_2^{(k)} + 0.5x_3^{(k)} - 2.5) + 0.2x_3^{(k)} + 1.6$$

将式 ① 和式 ② 代入式 ③ 中得到

$$x_3^{(k+1)} = -0.1(0.5x_2^{(k)} + 0.5x_3^{(k)} - 2.5) - 0.1(-0.1x_2^{(k)} + 0.1x_3^{(k)}) + 1.1$$

迭代矩阵

$$S = \begin{pmatrix} 0 & 0.5 & 0.5 \\ 0 & -0.1 & 0.1 \\ 0 & -0.04 & -0.06 \end{pmatrix}$$

关于 Gauss-Seidel 迭代的收敛性, 有下列理论结果.

定理 5.3   当 A 为严格对角优时, Gauss-Seidel 迭代收敛.

*证明   设 λ 是 $I - (D+L)^{-1}A$ 的任意非零特征值, α 是属于 λ 的特征向量. 由 $(D+L-A)\alpha = \lambda(D+L)\alpha$, 可得 $(D+L+\lambda^{-1}U)\alpha = 0$. 若 $|\lambda| \geqslant 1$, 则 $M = D+L+\lambda^{-1}U$ 为严格对角优, 与 M 不可逆矛盾. 因此, $\rho(I - (D+L)^{-1}A) < 1$, 迭代收敛. 证毕.

定理 5.4   当 A 正定时, Gauss-Seidel 迭代收敛.

证明   由 A 的对称性, $U = L^{\mathrm{T}}$. 设 λ 是 $I - (D+L)^{-1}A$ 的任意非零特征值, α 是属于 λ 的特征向量. 由 $(D+L-A)\alpha = \lambda(D+L)\alpha$, 可得

$$\lambda = \frac{-\alpha^{\mathrm{H}} U \alpha}{\alpha^{\mathrm{H}} (D+L)\alpha} = \frac{-\alpha^{\mathrm{H}} U \alpha}{\alpha^{\mathrm{H}} D \alpha + \alpha^{\mathrm{H}} L \alpha} = \frac{-\alpha^{\mathrm{H}} U \alpha}{\alpha^{\mathrm{H}} A \alpha - \alpha^{\mathrm{H}} U \alpha}$$

案例2
Gauss-Seidel迭代法在
物理模拟中的应用

由 A 的正定性, $\alpha^{\mathrm{H}} A \alpha$ 和 $\alpha^{\mathrm{H}} D \alpha$ 都是正数. 注意到 $\alpha^{\mathrm{H}} U \alpha$ 与 $\alpha^{\mathrm{H}} L \alpha$ 是一对共轭复数 $x \pm y\mathrm{i}$. 若 $x \geqslant 0$, 由 $\left| \alpha^{\mathrm{H}} D \alpha + \alpha^{\mathrm{H}} L \alpha \right| > \left| \alpha^{\mathrm{H}} L \alpha \right|$, 可得 $|\lambda| < 1$. 若 $x \leqslant 0$, 由 $\left| \alpha^{\mathrm{H}} A \alpha - \alpha^{\mathrm{H}} U \alpha \right| > \left| \alpha^{\mathrm{H}} U \alpha \right|$, 亦得 $|\lambda| < 1$. 因此, $\rho\left(I - (D+L)^{-1} A\right) < 1$, 迭代收敛. 证毕.

5.3 松 弛 迭 代

5.3.1 松弛迭代计算公式

设 $A = D + L + U$, 用矩阵表示 Gauss-Seidel 迭代形式 (5.7) 为

$$X^{(k+1)} = -D^{-1} L X^{(k+1)} - D^{-1} U X^{(k)} + D^{-1} b$$

令

$$\tilde{L} = -D^{-1} L, \quad \tilde{U} = -D^{-1} U, \quad g = D^{-1} b$$

Gauss-Seidel 的迭代计算公式

$$X^{(k+1)} = \tilde{L} X^{(k+1)} + \tilde{U} X^{(k)} + g$$

对 $X^{(k)}$ 和由 Gauss-Seidel 迭代计算的 $X^{(k+1)}$ 加权平均, 得到的迭代格式称为松弛迭代, ω 称为松弛因子, $\omega = 1$ 时为 Gauss-Seidel 迭代.

$$\begin{aligned} X^{(k+1)} &= (1-\omega) X^{(k)} + \omega X^{(k+1)} \\ X^{(k+1)} &= (1-\omega) X^{(k)} + \omega\left(\tilde{L} X^{(k+1)} + \tilde{U} X^{(k)} + g\right) \end{aligned} \tag{5.9}$$

松弛迭代的计算公式

$$\begin{cases} x_1^{(k+1)} = (1-\omega) x_1^{(k)} + \omega\left(r_{12} x_2^{(k)} + r_{13} x_3^{(k)} + \cdots + r_{1n} x_n^{(k)} + g_1\right) \\ x_2^{(k+1)} = (1-\omega) x_2^{(k)} + \omega\left(r_{21} x_1^{(k+1)} + r_{23} x_3^{(k)} + \cdots + r_{2n} x_n^{(k)} + g_2\right) \\ \qquad\qquad\qquad \cdots\cdots \\ x_n^{(k+1)} = (1-\omega) x_n^{(k)} + \omega\left(r_{n1} x_1^{(k+1)} + r_{n2} x_2^{(k+1)} + \cdots + r_{n,n-1} x_{n-1}^{(k+1)} + g_n\right) \end{cases} \tag{5.10}$$

5.3.2 松弛迭代矩阵

将式 (5.9) 中的 $X^{(k+1)}$ 与 $X^{(k)}$ 的项分别放在方程的两边:

$$(I - \omega \tilde{L}) X^{(k+1)} = \left((1-\omega) I + \omega \tilde{U}\right) X^{(k)} + \omega g$$

$$X^{(k+1)} = (I - \omega \tilde{L})^{-1}((1-\omega)I + \omega \tilde{U})X^{(k)} + \omega (I - \omega \tilde{L})^{-1}g$$

用

$$\tilde{L} = -D^{-1}L, \quad \tilde{U} = -D^{-1}U, \quad g = D^{-1}b$$

代入，得

$$X^{(k+1)} = (I + \omega D^{-1}L)^{-1}((1-\omega)I - \omega D^{-1}U)X^{(k)} + \omega (I + \omega D^{-1}L)^{-1}D^{-1}b$$

令

$$S_\omega = (I + \omega D^{-1}L)^{-1}[(1-\omega)I - \omega D^{-1}U]$$
$$f = \omega (I + \omega D^{-1}L)^{-1}D^{-1}b$$

则松弛因子为 ω 的迭代矩阵为

$$X^{(k+1)} = S_\omega X^{(k)} + f$$

*5.4   经典迭代格式的统一

线性方程组 $Ax = b$ 的迭代解法是由已知的近似解 $x^{(k-1)}$ 构造新的近似解 $x^{(k)}$，使序列 $Ax^{(k)} - b$ 收敛到零向量. 一种迭代想法是, 设可逆方阵 $\tilde{A} \approx A$ 并且线性方程组 $\tilde{A}x = \tilde{b}$ 容易求解, 则线性方程组 $Ax = b$ 可变形为 $\tilde{A}x = (\tilde{A}-A)x+b$, 由此得迭代格式

$$x^{(k+1)} = \tilde{A}^{-1}\left((\tilde{A} - A)x^{(k)} + b\right) \tag{5.11}$$

另一种迭代想法是, 选取矩阵 C, 令

$$Ax^{(k+1)} - b = (I - AC)(Ax^{(k)} - b)$$

由此得迭代格式

$$x^{(k+1)} = x^{(k)} - C(Ax^{(k)} - b) \quad 或 \quad x^{(k+1)} = (I - CA)x^{(k)} + Cb \tag{5.12}$$

$I - CA$ 称为迭代 (5.12) 的矩阵.

若令 $C = \tilde{A}^{-1}$, 则式 (5.11) 与 (5.12) 是等价的, 只是运算顺序不同, 代表同一个迭代格式的不同实现方式. 当 $\|I - AC\| \leqslant r < 1(r$ 是常数$)$ 时, 由 $\|Ax^{(k)} - b\| \leqslant r^k\|Ax^{(0)} - b\|$ 可知, 对任意 $x^{(0)}$ 迭代 (5.8) 收敛. 当 $\|I - CA\| \leqslant r < 1$ 时, 由 $I - AC$ 与 $I - CA$ 相似, $\|Ax^{(k)} - b\| \leqslant r^{k-1}\|Ax^{(0)} - b\| \cdot \mathrm{Cond}(A)$ 可知, 迭代 (5.12) 也收敛. 当 r 越小时, 迭代收敛越快. 通常预设迭代步数 K 和误差下界 ε, 当 $k \geqslant K$ 或 $\|Ax^{(k)} - b\| \leqslant \varepsilon$ 时, 停止迭代, 输出近似解 $x^{(k)}$.

算法 （线性迭代法）

```
LinearIteration(a, b, c)
{
  k=0; x=x0; r=MarixProduct(a, x)-b;
  while(k < K and Norm(r)>epsilon)
  {
    x=x-MatrixProduct(c, r);
    r=MarixProduct(a, x)-b;
  }
    return(x)
}
```

在程序 LinearIteration( ) 中, 子程序 Norm( ) 和 MarixProduct( ) 分别计算向量范数、矩阵与向量的乘法. 在实际应用中, 矩阵 A, C 不一定是以 $A = (a_{ij})$, $C = (c_{ij})$ 的形式表示, 故需要编写专门程序来实现矩阵与向量的乘法.

下列为几种经典的迭代格式.

(1) Jacobi 迭代: $C = D^{-1}$;

(2) Gauss-Seidel 迭代: $C = (D + L)^{-1}$;

(3) JOR 迭代: $C = \omega D^{-1}$;

(4) SOR 迭代: $C = (\omega^{-1} D + L)^{-1}$,

其中 $A = L + D + U$, D 是 A 的对角部分, L 是 A 的严格下三角部分, U 是 A 的严格上三角部分, ω 是正实数.

习　题　5

1. 计算下列向量或矩阵的 $\|\cdot\|_1, \|\cdot\|_2, \|\cdot\|_\infty$ 三种范数:

(1) $X = \begin{pmatrix} a \\ b \\ c \end{pmatrix}$;　　　　　　　　　　　　(2) $A = \begin{pmatrix} 1 & 0 \\ -1 & 1 \end{pmatrix}$;

(3) $A = \begin{pmatrix} 5 & 1 & 1 \\ 0 & 3 & 0 \\ -1 & 1 & 6 \end{pmatrix}$;　　　　　　(4) $A = \begin{pmatrix} 0 & 0 & 1 \\ 0 & 1 & 1 \\ 1 & 0 & 0 \end{pmatrix}$.

2. 计算下列矩阵的谱半径和条件数 $\mathrm{Cond}_\infty(B)$:

(1) $B = \begin{pmatrix} 3 & 1 \\ 1 & 3 \end{pmatrix}$;　　　　(2) $B = \begin{pmatrix} 5 & 2 & 2 \\ 2 & 6 & 0 \\ 2 & 0 & 4 \end{pmatrix}$.

3. 已知方程组

$$\begin{cases} 10x_1 - x_2 & = 1 \\ -x_1 + 10x_2 - x_3 & = 0 \\ - x_2 + 10x_3 - x_4 & = 1 \\ -x_3 + 10x_4 & = 2 \end{cases}$$

(1) 写出解方程组的 Jacobi 迭代计算式, 并以 $X^{(0)} = (0,0,0,0)^{\mathrm{T}}$ 为初值, 迭代计算 $X^{(1)}$, $X^{(2)}$, $X^{(3)}$.

(2) 写出解方程组的 Gauss-Seidel 迭代计算式, 并以 $X^{(0)} = (0,0,0,0)^{\mathrm{T}}$ 为初值, 迭代计算 $X^{(1)}$, $X^{(2)}$, $X^{(3)}$.

(3) 分别写出 Jacobi 迭代、Gauss-Seidel 迭代的矩阵, 并讨论其迭代收敛性.

4. 以 $X^{(0)} = (0,0,0)^{\mathrm{T}}$ 为初值, 用 Jacobi 迭代求解下列方程组的 $X^{(1)}$, $X^{(2)}$:

(1) $\begin{cases} 2x_1 - x_2 + x_3 = -1, \\ 3x_1 + 3x_2 + 9x_3 = 0, \\ 3x_1 + 3x_2 + 5x_3 = 4; \end{cases}$ (2) $\begin{cases} 5x_1 - x_2 - x_3 = -1, \\ 3x_1 + 6x_2 + 2x_3 = 0, \\ x_1 - x_2 + 2x_3 = 4. \end{cases}$

5. 用 Gauss-Seidel 迭代求解:

(1) $\begin{cases} 10x_1 - 2x_2 - x_3 = 0, \\ -2x_1 + 10x_2 - x_3 = -21, \\ -x_1 - 2x_2 + 5x_3 = -20. \end{cases}$ 自取初始值, 当 $\left\| X^{(k+1)} - X^{(k)} \right\|_\infty < 10^{-4}$ 时迭代停止.

(2) $\begin{cases} 5x_1 - x_2 - x_3 = 16, \\ 3x_1 + 6x_2 + 2x_3 = 11, \\ x_1 - x_2 + 2x_3 = -2. \end{cases}$ 取 $X^{(0)} = \begin{pmatrix} 1 \\ 1 \\ -1 \end{pmatrix}$, 当 $\left\| X^{(k+1)} - X^{(k)} \right\|_\infty < 10^{-3}$ 时迭代停止.

6. 方程组 $\begin{cases} x_1 + tx_2 = b_1, \\ tx_1 + 2x_2 = b_2. \end{cases}$

(1) 写出解方程组的 Jacobi 迭代的迭代矩阵, 并讨论迭代收敛条件.

(2) 写出解方程组的 Gauss-Seidel 迭代的迭代矩阵, 并讨论迭代收敛条件.

7. 设有系数矩阵

$$A = \begin{pmatrix} 1 & 2 & -2 \\ 1 & 1 & 1 \\ 2 & 2 & 1 \end{pmatrix} \quad 和 \quad B = \begin{pmatrix} 2 & -1 & 1 \\ 1 & 1 & 1 \\ 1 & 1 & -2 \end{pmatrix}$$

证明: (1) 对系数矩阵 A, Jacobi 迭代收敛, 而 Gauss-Seidel 迭代不收敛.

(2) 对系数矩阵 B, Jacobi 迭代不收敛, 而 Gauss-Seidel 迭代收敛.

*8. 选用一种直接方法或一种迭代方法, 在计算机上编制程序计算下列矩阵的逆:

$$(1)\ A = \begin{pmatrix} 1 & 2 & 0 & 1 \\ -1 & 0 & 2 & 3 \\ 2 & 3 & 1 & 5 \\ 0 & 1 & 7 & 3 \end{pmatrix};\qquad (2)\ B = \begin{pmatrix} 3 & 3 & -2 & 1 \\ 2 & 5 & 3 & -4 \\ -3 & 2 & 6 & 1 \\ 1 & 2 & -1 & 3 \end{pmatrix}.$$

*9. 考虑线性方程组 $\begin{cases} a_{11}x_1 + a_{12}x_2 = b_1, \\ a_{21}x_1 + a_{22}x_2 = b_2, \end{cases}$ 其中 $a_{11}a_{22} \neq 0$. 求证: 求解此方程组的 Jacobi 迭代和 Gauss-Seidel 迭代收敛的充要条件都是 $|a_{12}a_{21}| < |a_{11}a_{22}|$.

*10. 给定线性方程组 $Ax = b$, 其中 $A = \begin{pmatrix} 3 & 2 \\ 1 & 2 \end{pmatrix}, b = \begin{pmatrix} 3 \\ -1 \end{pmatrix}$. 使用如下迭代公式求解方程.

$$x^{(k+1)} = x^{(k)} + \alpha \left(b - Ax^{(k)} \right), \quad \alpha \in \mathbf{R}$$

(1) 写出迭代公式的迭代矩阵;

(2) 求出 α 的取值范围, 使得迭代收敛, 并指出 α 取何值时迭代收敛速度最快.

本章课件

第 6 章 数值积分和数值微分

6.1 Newton-Cotes 数值积分

在微积分中用 Newton-Leibniz 公式计算连续函数 $f(x)$ 的定积分:

$$\int_a^b f(x)\mathrm{d}x = F(b) - F(a)$$

但是, 当被积函数是以点列 $\{(x_i, f(x_i)), i = 0, 1, \cdots, n\}$ 的形式给出时; 当被积函数 $f(x)$ 的原函数 $F(x)$ 不能用初等函数表示时, 如 $\int_1^2 \sin x^2 \mathrm{d}x$; 则无法用 Newton-Leibniz 积分公式计算. 有时当被积函数的原函数过于复杂时, 也不宜套用积分公式计算积分, 而用数值积分公式计算定积分.

在微积分中, 定积分是 Riemann 和的极限, 它是分割小区间趋于零时的极限, 即

$$\int_a^b f(x)\mathrm{d}x = \lim_{\Delta x_i \to 0}\left(\sum_{i=0}^{n-1} f(x_i)\Delta x_i\right)$$

在数值积分公式中, 用有限项的和近似上面的极限, 通常由函数在离散点列函数值的线性组合形式给出. 记

$$I(f) = \int_a^b f(x)\mathrm{d}x, \quad I_n(f) = \sum_{i=0}^{n} \alpha_i f(x_i)$$

在本章中, 用 $I(f)$ 表示函数 $f(x)$ 精确积分值, 用 $I_n(f)$ 表示近似积分值, $\{x_i\}$ 称为求积节点, α_i 称为求积系数, 确定 $I_n(f)$ 中积分系数 α_i 的过程就是构造数值积分公式的过程.

怎样判断数值积分公式的效果? 代数精度是衡量数值积分公式优劣的重要标准之一.

代数精度 记 $[a, b]$ 上以 $\{x_i, i = 0, 1, \cdots, n\}$ 为积分节点的数值积分公式为

$$I_n(f) = \sum_{i=0}^{n} \alpha_i f(x_i)$$

若 $I_n(f)$ 满足

$$E_n(x^k) = I(x^k) - I_n(x^k) = 0, \quad k = 0, 1, \cdots, m$$

而

$$E_n(x^{m+1}) \neq 0$$

则称 $I_n(f)$ 具有 m 阶代数精度.

　　由此可知, 当 $I_n(f)$ 具有 m 阶代数精度时, 对任意的不高于 m 次多项式 $f(x)$ 都有 $I(f) = I_n(f)$.

6.1.1　插值型数值积分

　　对给定的被积函数 $f(x)$ 在 $[a,b]$ 上的点列 $\{(x_i, f(x_i)), i = 0, 1, \cdots, n\}$, 作 Langrange 插值多项式 $L_n(x)$, 以 $\int_a^b L_n(x)\mathrm{d}x$ 近似 $\int_a^b f(x)\mathrm{d}x$, 即

$$\int_a^b f(x)\mathrm{d}x \approx \int_a^b L_n(x)\mathrm{d}x = \int_a^b \sum_{i=0}^n \ell_i(x) f(x_i)\mathrm{d}x = \sum_{i=0}^n \left[\int_a^b \ell_i(x)\mathrm{d}x\right] f(x_i)$$

记 $\alpha_i = \int_a^b \ell_i(x)\mathrm{d}x$, 则有

$$I_n(f) = \int_a^b L_n(x)\mathrm{d}x = \sum_{i=0}^n \alpha_i f(x_i)$$

数值积分误差, 也就是对插值误差函数的积分

$$E_n(f) = \int_a^b R_n(x)\mathrm{d}x = \frac{1}{(n+1)!} \int_a^b f^{(n+1)}(\xi(x)) \prod_{i=0}^n (x - x_i)\mathrm{d}x$$

或

$$E_n(f) = \int_a^b f[x_0, x_1, \cdots, x_n, x] \prod_{i=0}^n (x - x_i)\mathrm{d}x$$

　　对一般的函数 $E_n(f) \neq 0$, 若 $f(x)$ 是一个不高于 n 次的多项式, 由于 $f^{(n+1)}(x) = 0$, 而有 $E_n(f) = 0$. 因此, n 阶插值多项式形式的数值积分公式至少有 n 阶代数精度.

　　例 6.1　建立 $[0,2]$ 上以 $x_0 = 0, x_1 = 0.5, x_2 = 2$ 为节点的 $\int_a^b f(x)\mathrm{d}x$ 数值积分公式.

解 以节点 $x_0 = 0$, $x_1 = 0.5$, $x_2 = 2$ 构造二次插值多项式

$$L_2(x) = \sum_{i=0}^{2} \alpha_i f(x_i)$$

$$I_2(f) = \int_a^b [\ell_0(x)f(0) + \ell_1(x)f(0.5) + \ell_2(x)f(2)]\mathrm{d}x$$

$$I_2(f) = \alpha_0 f(0) + \alpha_1 f(0.5) + \alpha_2 f(2)$$

得

$$\alpha_0 = \int_0^2 \ell_0(x)\mathrm{d}x = \int_0^2 \frac{(x-0.5)(x-2)}{(0-0.5)(0-2)}\mathrm{d}x = -\frac{1}{3}$$

$$\alpha_1 = \int_0^2 \ell_1(x)\mathrm{d}x = \int_0^2 \frac{(x-0)(x-2)}{(0.5-0)(0.5-2)}\mathrm{d}x = \frac{16}{9}$$

$$\alpha_2 = \int_0^2 \ell_2(x)\mathrm{d}x = \int_0^2 \frac{(x-0)(x-0.5)}{(2-0)(2-0.5)}\mathrm{d}x = \frac{5}{9}$$

得到数值积分公式

$$I_2(f) = \frac{1}{9}\left[-3f(0) + 16f(0.5) + 5f(2)\right]$$

6.1.2 Newton-Cotes 积分

对积分区间 $[a,b]$ n 等分, 记步长为 $h = \dfrac{b-a}{n}$, 取等分点 $\{x_i = a + ih,\ i = 0, 1, \cdots, n\}$ 为数值积分节点, 构造 Langrange 插值多项式 $L_n(x)$,

$$\int_a^b f(x)\mathrm{d}x \approx \int_a^b L_n(x)\mathrm{d}x$$

由此得到的数值积分称为 Newton-Cotes 积分. 下面可以看到, Newton-Cotes 积分系数和积分节点以及积分区间无直接关系, 系数固定而易于计算.

1. *梯形积分*

以 $(a, f(a))$ 和 $(b, f(b))$ 为插值节点构造的线性函数 $L_1(x)$, 有

$$\int_a^b f(x)\mathrm{d}x \approx \int_a^b L_1(x)\mathrm{d}x$$

$$\int_a^b L_1(x)\mathrm{d}x = \int_a^b (l_0(x)f(x_0) + l_1(x)f(x_1))\mathrm{d}x$$

$$\alpha_0 = \int_a^b l_0(x)\mathrm{d}x = \int_a^b \frac{x-b}{a-b}\mathrm{d}x = \frac{1}{2}(b-a) = (b-a)c_0^{(1)}$$

$$\alpha_1 = \int_a^b l_1(x)\mathrm{d}x = \int_a^b \frac{x-a}{b-a}\mathrm{d}x = \frac{1}{2}(b-a) = (b-a)c_1^{(1)}$$

提取公因子 $(b - a)$ 后, 得到 Newton-Cotes 的积分组合系数 $c_0^{(1)} = \dfrac{1}{2}$, $c_1^{(1)} = \dfrac{1}{2}$, 它们已与积分区间没有任何关系了, 即

$$\int_a^b f(x)\mathrm{d}x \approx \frac{b-a}{2}\left[f(a) + f(b)\right]$$

记

$$T(f) = \frac{b-a}{2}\left[f(a) + f(b)\right] \tag{6.1}$$

称 $T(f)$ 为梯形积分公式. 梯形积分的几何意义是用梯形面积近似代替积分的曲边面积 (图 6.1).

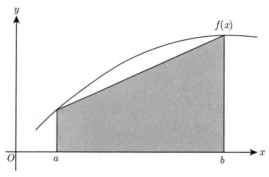

图 6.1　梯形面积

怎样确定梯形积分公式的代数精度?

取 $f(x) = 1$ 时,

$$I(f) = \int_a^b \mathrm{d}x = b - a = T(f)$$

取 $f(x) = x$ 时,

$$I(f) = \int_a^b x\mathrm{d}x = \frac{b-a}{2}(f(a) + f(b)) = \frac{b^2 - a^2}{2} = T(f)$$

取 $f(x) = x^2$ 时,

$$I(f) = \int_a^b x^2\mathrm{d}x \neq \frac{b-a}{2}(f(a) + f(b)) = T(f)$$

得梯形求积公式具有一阶代数精度.

由

$$f(x) = L_1(x) + \frac{f''(\xi)}{2!}(x - a)(x - b), \quad a \leqslant \xi \leqslant b$$

$$E_1(x) = \int_a^b \frac{f''(\xi)}{2!}(x-a)(x-b)\mathrm{d}x$$

因为 $(x-a)(x-b)$ 在 $[a,b]$ 上不变号, 所以由第二积分中值定理得到梯形求积公式的截断误差:

$$E_1(x) = \frac{f''(\eta)}{2!}\int_a^b (x-a)(x-b)\mathrm{d}x = -\frac{f''(\eta)}{12}(b-a)^3, \quad a \leqslant \eta \leqslant b \qquad (6.2)$$

2. Simpson 积分

对区间 $[a,b]$ 作二等分, 记 $x_0 = a, x_1 = (a+b)/2, x_2 = b$.

以 $(a, f(a)), ((a+b)/2, f((a+b)/2))$ 和 $(b, f(b))$ 为插值节点构造的二次插值函数 $L_2(x)$, 那么

$$\int_a^b f(x) \approx \int_a^b L_2(x)\mathrm{d}x = \int_a^b (l_0(x)f(x_0) + l_1(x)f(x_1) + l_2(x)f(x_2))\mathrm{d}x$$

$$\alpha_0 = \int_a^b l_0(x)\mathrm{d}x = \int_a^b \frac{\left(x - \dfrac{a+b}{2}\right)(x-b)}{\left(a - \dfrac{a+b}{2}\right)(a-b)}\mathrm{d}x = \frac{1}{6}(b-a) = (b-a)c_0^{(2)}$$

$$\alpha_1 = \int_a^b l_1(x)\mathrm{d}x = \frac{4}{6}(b-a) = (b-a)c_1^{(2)}$$

$$\alpha_2 = \int_a^b l_2(x)\mathrm{d}x = \frac{1}{6}(b-a) = (b-a)c_2^{(2)}$$

得到积分组合系数:

$$c_0^{(2)} = \frac{1}{6}, \quad c_1^{(2)} = \frac{4}{6}, \quad c_2^{(2)} = \frac{1}{6}$$

$$\int_a^b f(x)\mathrm{d}x \approx I_2(f) = S(f) = \frac{b-a}{6}\left[f(a) + 4f\left(\frac{a+b}{2}\right) + f(b)\right] \qquad (6.3)$$

称 $S(f)$ 为 Simpson 或抛物线积分公式.

它的几何意义是用过 3 点的抛物线面积近似代替积分的曲边面积 (图 6.2).

例 6.2　设 $f(x) = \mathrm{e}^x \sin x$, 图 6.3 分别是 $\displaystyle\int_0^1 f(x)\mathrm{d}x \approx \int_0^1 L_n(x)\mathrm{d}x$ 的梯形积分和 Simpson 积分.

分别将 $f(x) = 1, x, x^2, x^3$ 代入到 $I(f)$ 和 $S(f)$ 中, 得到 $S(f) = I(f)$, 但 $f(x) = x^4$ 时 $S(f) \neq I(f)$, 表明 Simpson 公式对于次数不超过三次的多项式准确成立, $S(f)$ 具有三阶代数精度.

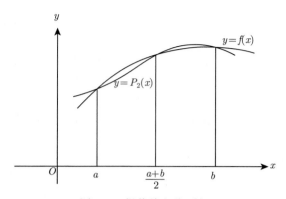

图 6.2   抛物线积分面积

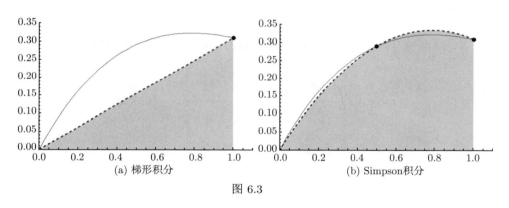

图 6.3

关于 Newton-Cotes 积分误差, 这里不作证明给出如下结果:

(1) 若 n 为奇数, $f \in C^{n+1}[a,b]$, 则有

$$E_n(f) = \frac{f^{(n+1)}(\eta)}{(n+1)!} \int_a^b (x-x_0)(x-x_1) \cdots (x-x_n) \mathrm{d}x$$

即积分公式有 n 阶代数精度;

(2) 若 n 为偶数, $f \in C^{n+2}[a,b]$, 则有

$$E_n(f) = \frac{f^{(n+2)}(\eta)}{(n+2)!} \int_a^b x(x-x_0)(x-x_1) \cdots (x-x_n) \mathrm{d}x$$

即积分公式具有 $n+1$ 阶代数精度.

例如, 若 $f \in C^2[a,b]$, 梯形公式误差为

$$E_1(f) = \frac{f^{(2)}(\eta)}{2!} \int_a^b (x-a)(x-b) \mathrm{d}x = -\frac{f''(\eta)}{12}(b-a)^3, \quad a \leqslant \eta \leqslant b$$

梯形公式具有一阶代数精度.

而若 $f \in C^4[a,b]$, Simpson 公式误差为

$$E_2(f) = \frac{f^{(4)}(\eta)}{4!} \int_a^b x(x-a)\left(x - \frac{a+b}{2}\right)(x-b)\mathrm{d}x$$

$$= -\frac{f^{(4)}(\eta)}{2880}(b-a)^5, \quad a \leqslant \eta \leqslant b \tag{6.4}$$

Simpson 公式具有三阶代数精度.

3. Newton-Cotes 积分系数

n 等分区间 $[a,b]$, 取等分点为积分节点 $\{x_i = a + ih, i = 0, 1, \cdots, n\}$, 其中 $h = \dfrac{b-a}{n}$. 以 $\{(x_i, f(x_i)), i = 1, 2, \cdots, n\}$ 为插值节点构造插值函数 $L_n(x)$,

$$\int_a^b L_n(x)\mathrm{d}x = \int_a^b \left(\sum_{i=0}^n l_i(x)f(x_i)\right)\mathrm{d}x = \sum_{i=0}^n \left(\int_a^b l_i(x)\mathrm{d}x\right)f(x_i) = \sum_{i=0}^n \alpha_i f(x_i)$$

其中

$$\alpha_i = \int_a^b \ell_i(x)\mathrm{d}x = \int_a^b \frac{(x-x_0)(x-x_1)\cdots(x-x_{i-1})(x-x_{i+1})\cdots(x-x_n)}{(x_i-x_0)(x_i-x_1)\cdots(x_i-x_{i-1})(x_i-x_{i+1})\cdots(x_i-x_n)}\mathrm{d}x$$

令 $x = a + th$, $x_i = a + ih$, 代入 α_i 得

$$\alpha_i = \int_0^n \frac{t(t-1)\cdots(t-i+1)(t-i-1)\cdots(t-n)}{i!(n-i)!(-1)^{n-i}}h\mathrm{d}t$$

$$= \frac{(b-a)}{n}\frac{(-1)^{n-i}}{i!(n-1)!}\int_0^n t(t-1)\cdots(t-i+1)(t-i-1)\cdots(t-n)\mathrm{d}t$$

$$= (b-a)c_i^{(n)}$$

$$c_i^{(n)} = \frac{(-1)^{n-i}}{i!\,(n-i)!\,n}\int_0^n t(t-1)\cdots(t-i+1)(t-i-1)\cdots(t-n)\mathrm{d}t \tag{6.5}$$

称 $c_i^{(n)}$ 为 Newton-Cotes 积分系数. 可见在取等距节点时, 积分系数 $c_i^{(n)}$ 与积分节点和积分区间无直接关系, 只与插值的节点总数有关, 而在例 6.1 中的积分系数是需要用由插值点的基函数计算而得, 这就简化了数值积分公式, 而不必对每一组插值节点 x_i 都要计算一组相应的积分系数 α_i. 在公式 (6.5) 中取 $n = 1$, 即为梯形积分系数; 取 $n = 2$, 即为 Simpson 积分系数. 在表 6.1 中列出 n 从 1 到 8 的 Newton-Cotes 积分系数.

表 6.1

n	$c_0^{(n)}$	$c_1^{(n)}$	$c_2^{(n)}$	$c_3^{(n)}$	$c_4^{(n)}$	$c_5^{(n)}$	$c_6^{(n)}$	$c_7^{(n)}$	$c_8^{(n)}$
1	$\dfrac{1}{2}$	$\dfrac{1}{2}$							
2	$\dfrac{1}{6}$	$\dfrac{4}{6}$	$\dfrac{1}{6}$						
3	$\dfrac{1}{8}$	$\dfrac{3}{8}$	$\dfrac{3}{8}$	$\dfrac{1}{8}$					
4	$\dfrac{7}{90}$	$\dfrac{16}{45}$	$\dfrac{2}{15}$	$\dfrac{16}{45}$	$\dfrac{7}{90}$				
5	$\dfrac{19}{288}$	$\dfrac{25}{96}$	$\dfrac{25}{144}$	$\dfrac{25}{144}$	$\dfrac{25}{96}$	$\dfrac{19}{288}$			
6	$\dfrac{41}{840}$	$\dfrac{9}{35}$	$\dfrac{9}{280}$	$\dfrac{34}{105}$	$\dfrac{9}{280}$	$\dfrac{9}{35}$	$\dfrac{41}{840}$		
7	$\dfrac{751}{17280}$	$\dfrac{3577}{17280}$	$\dfrac{1323}{17280}$	$\dfrac{2989}{17280}$	$\dfrac{2989}{17280}$	$\dfrac{1323}{17280}$	$\dfrac{3577}{17280}$	$\dfrac{751}{17280}$	
8	$\dfrac{989}{28350}$	$\dfrac{3888}{28350}$	$-\dfrac{928}{28350}$	$\dfrac{10496}{28350}$	$-\dfrac{4540}{28350}$	$\dfrac{10496}{28350}$	$-\dfrac{928}{28350}$	$\dfrac{3888}{28350}$	$\dfrac{989}{28350}$

定理 6.1　Newton-Cotes 积分系数 $\{c_k^{(n)}, k = 0, 1, \cdots, n\}$, 当 $n \leqslant 7$ 时数值积分公式 $I_n(f) = (b-a)\sum\limits_{k=0}^{n} c_k^{(n)} f(x_k)$ 是稳定的.

证明　设 $f(x_k)$ 有误差 δ_k,

$$\varepsilon = I_n(\tilde{f}) - I_n(f)$$

$$= (b-a)\sum_{k=0}^{n} c_k^{(n)} (f(x_k) + \delta_k) - (b-a)\sum_{k=0}^{n} c_k^{(n)} f(x_k) = (b-a)\sum_{k=0}^{n} c_k^{(n)} \delta_k$$

当 $n \leqslant 7$ 时, $\{c_k^{(n)} > 0, k = 0, 1, \cdots, n\}$, 记 $\delta = \max\limits_{1 \leqslant k \leqslant n} |\delta_k|$,

$$|\varepsilon| \leqslant (b-a)\delta \sum_{k=0}^{n} |c_k^{(n)}| = (b-a)\delta \sum_{k=0}^{n} c_k^{(n)} = (b-a)\delta$$

演示5　数值积分

当 $n \leqslant 7$ 时误差是可以控制的, 计算公式是稳定的. 这里用到 $\sum\limits_{k=0}^{n} c_k^{(n)} = 1$.

6.2　复化数值积分

由插值的 Runge 现象可知, 高阶 Newton-Cotes 积分不能保证等距数值积分序列的收敛性, 同时可证高阶 Newton-Cotes 积分的计算是不稳定的. 因此, 实际计算中常用低阶复化梯形等积分公式.

6.2.1 复化梯形积分

把积分区间分割成若干小区间, 在每个小区间 $[x_i, x_{i+1}]$ 上用梯形积分公式, 再将这些小区间上的数值积分累加起来, 称为复化梯形公式. 复化梯形公式用若干个小梯形面积逼近积分 $\int_a^b f(x)\mathrm{d}x$, 比用一个大梯形公式效果显然更好, 如图 6.4 所示. 这种做法让我们想起定积分定义, 被积函数无限分割的代数和. 这也正是计算定积分最朴素的算法.

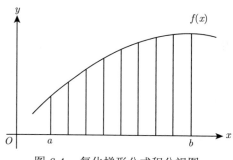

图 6.4 复化梯形公式积分视图

1. 复化梯形积分计算公式

对 $[a,b]$ 作等距分割, $h = \dfrac{b-a}{n}$, $\{x_i = a + ih,\, i = 0, 1, \cdots, n\}$,

$$I(f) = \int_a^b f(x)\mathrm{d}x = \sum_{i=0}^{n-1} \int_{x_i}^{x_{i+1}} f(x)\mathrm{d}x$$

在 $[x_i, x_{i+1}]$ 上,

$$\int_{x_i}^{x_{i+1}} f(x) = \frac{h}{2}[f(x_i) + f(x_{i+1})] - f''(\xi_i)\frac{h^3}{12}$$

则有

$$I(f) = \sum_{i=0}^{n-1} \left\{ \frac{h}{2}[f(x_i) + f(x_{i+1})] - f''(\xi_i)\frac{h^3}{12} \right\}$$

$$= h\left[\frac{1}{2}f(a) + \sum_{i=1}^{n-1} f(x_i) + \frac{1}{2}f(b) \right] - \sum_{i=0}^{n-1} f''(\xi_i)\frac{h^3}{12}$$

记 n 等分的复化梯形公式为 $T_n(f)$ 或 $T(h)$, 有

$$T(h) = T_n(f) = h\left[\frac{1}{2}f(a) + \sum_{i=1}^{n-1} f(a + ih) + \frac{1}{2}f(b) \right] \tag{6.6}$$

2. 复化梯形公式截断误差

由 $E_n(f) = I(f) - T_n(f) = -\dfrac{h^3}{12}\displaystyle\sum_{i=0}^{n-1}f''(\xi_i)$, 根据均值定理, 当 $f \in C^2[a,b]$ 时, 存在 $\xi \in [a,b]$, 有

$$\sum_{i=0}^{n-1}f''(\xi_i) = nf''(\xi)$$

于是

$$E_n(f) = -\frac{nh^3}{12}f''(\xi) = -\frac{h^2}{12}(b-a)f''(\xi) = -\frac{(b-a)^3}{12n^2}f''(\xi), \quad a \leqslant \xi \leqslant b \quad (6.7)$$

由此看到复化梯形公式误差的截断误差按照 h^2 或说 $\dfrac{1}{n^2}$ 的下降速度下降. 事实上, 可以证明, 只要 $f(x)$ 在 (a,b) 上有界并 Riemann 可积, 当分点无限增多时, 复化梯形公式收敛到积分 $I(f) = \displaystyle\int_a^b f(x)\mathrm{d}x$.

记 $M_2 = \max\limits_{a \leqslant x \leqslant b}|f''(x)|$, 则

$$|E_n(f)| \leqslant \frac{(b-a)^3}{12n^2}M_2 = O\left(\frac{1}{n^2}\right)$$

对于任给的误差控制小量 $\varepsilon > 0$,

$$\frac{(b-a)^3}{12n^2}M_2 < \varepsilon \quad \text{或} \quad n \geqslant \left[\sqrt{\frac{(b-a)^3 M_2}{12\varepsilon}}\right] + 1$$

就有 $|E_n(f)| < \varepsilon$, 式中 $[\cdot]$ 表示取其最大整数.

6.2.2 复化 Simpson 积分

把积分区间分成偶数 $2m$ 等份, 记 $n = 2m$, 其中 $n+1$ 是节点总数, m 是积分子区间的总数. 记 $h = \dfrac{b-a}{n}$, $\{x_i = a + ih, i = 0, 1, \cdots, n\}$, 在每个子区间 $[x_{2i}, x_{2i+2}]$ 上用 Simpson 数值积分公式, 得到复化 Simpson 公式, 记为 $S_n(f)$.

1. 复化 Simpson 积分计算公式

$$I(f) = \int_a^b f(x)\mathrm{d}x = \sum_{i=0}^{m-1}\int_{x_{2i}}^{x_{2i+2}} f(x)\mathrm{d}x$$

而

$$\int_{x_{2i}}^{x_{2i+2}} f(x)\mathrm{d}x = \frac{2h}{6}\left[f(x_{2i}) + 4f(x_{2i+1}) + f(x_{2i+2})\right] - \frac{(2h)^5}{2880}f^{(4)}(\zeta_i)$$

$$S_n(f) = \sum_{i=0}^{m-1}\frac{2h}{6}\left[f(x_{2i}) + 4f(x_{2i+1}) + f(x_{2i+2})\right]$$

称

$$S_n(f) = \frac{h}{3}\left[f(a) + 4\sum_{i=0}^{m-1}f(x_{2i+1}) + 2\sum_{i=1}^{m-1}f(x_{2i}) + f(b)\right] \tag{6.8}$$

为复化 Simpson 积分公式, 它是 $f(x)$ 在 $[x_{2i}, x_{2i+2}]$ 上采用 Simpson 积分公式叠加而得. 下面用图 6.5 显示复化 Simpson 积分计算公式中节点与系数的关系. 取 $n = 8$, 在每个积分区间上提出因子 $\frac{2h}{6}$ 后, 三个节点的系数分别是 1, 4, 1; 将 4 个积分区间的系数按节点的位置累加, 可以清楚地看到, 首尾节点的系数是 1, 奇数点的系数是 4, 偶数点的系数是 2.

x_0	x_1	x_2	x_3	x_4	x_5	x_6	x_7	x_8
1	4	1						
		1	4	1				
				1	4	1		
						1	4	1
1	4	2	4	2	4	2	4	1

图 6.5 复化 Simpson 积分系数

2. 复化 Simpson 公式的截断误差

设 $f \in C^4[a, b]$, 在 $[x_{2i}, x_{2i+2}]$ 上的误差为

$$-\frac{(2h)^5}{2880}f^{(4)}(\xi_i), \quad x_{2i} \leqslant \xi_i \leqslant x_{2i+2}$$

则

$$\begin{aligned} I(f) - S_n(f) &= -\frac{(2h)^5}{2880}\sum_{i=0}^{m-1}f^{(4)}(\xi_i) = -\frac{(2h)^5 m}{2880}f^{(4)}(\xi) \\ &= \frac{-(b-a)^5}{2880m^4}f^{(4)}(\xi) = \frac{-(b-a)^5}{180n^4}f^{(4)}(\xi), \quad a \leqslant \xi \leqslant b \end{aligned} \tag{6.9}$$

截断误差按照 h^4 或 $\frac{1}{n^4}$ 的下降速度下降, 可以证明, 只要 $f(x)$ 在 (a, b) 上有界并 Riemann 可积, 当分点无限增多时, 复化 Simpson 公式收敛到积分 $I(f) = \int_a^b f(x)\mathrm{d}x$.

记

$$M_4 = \max_{a \leqslant x \leqslant b}\left|f^{(4)}(x)\right|$$

则

$$|E_n(f)| \leqslant \frac{(b-a)^5}{2880m^4}M_4 = O\left(\frac{1}{m^4}\right)$$

对任给的误差控制小量 $\varepsilon > 0$, 只要

$$\frac{(b-a)^5}{2880m^4}M_4 < \varepsilon \quad 或 \quad m \geqslant \left[\sqrt[4]{\frac{(b-a)^5 M_4}{2880\varepsilon}}\right] + 1$$

就有 $|E_n(f)| < \varepsilon$.

例 6.3　计算 $I(f) = \int_0^1 \mathrm{e}^x \mathrm{d}x$, 用复化梯形和复化 Simpson 求积公式的分点应取多少? 计算中要求保留 4 位小数.

解　$f(x) = \mathrm{e}^x$, $f''(x) = f^{(4)}(x) = \mathrm{e}^x$, $|f'(x)| = \left|f^{(4)}(x)\right| \leqslant \mathrm{e}, 0 \leqslant x \leqslant 1$.

由复化梯形误差公式,

$$|I(f) - T_n(f)| \leqslant \frac{(b-a)^3}{12n^2}M_2 = \frac{1}{12n^2}\mathrm{e} \leqslant \frac{1}{2}10^{-4}$$

计算得 $n = 67.3$, 复化梯形公式至少取 $n = 68$.

由复化 Simpson 误差公式,

$$|I(f) - S_n(f)| \leqslant \frac{1}{2880m^4}\mathrm{e} \leqslant \frac{1}{2}10^{-4}$$

在复化 Simpson 中取 $m = \left[\dfrac{3}{2}\right] + 1 = 2$ 或 $n = 4$.

6.2.3　自动控制误差的复化积分

复化积分的误差公式表明, 截断误差随分点 n 的增大而减小, 对于给定的误差量 ε, 用误差公式计算满足精度的分点数 n, 像是在做一道计算导数 $|f^{(n)}(\xi)|$ 上界的微积分习题 (如例 6.3 所示), 没有可操作的一般性, 也就无法确定分点数 n. 在计算中常用误差的事后估计方法, 即用 $|T_{2n}(f) - T_n(f)|$ 估计误差.

1. $T_{2n}(f)$ 的计算公式

对定积分 $\int_a^b f(x)\mathrm{d}x$, 取分点 $n = 2$, 其中 $x_2 = \dfrac{a+b}{2}$,

$$T_2(f) = \frac{b-a}{2}\left(\frac{f(a)}{2} + \frac{f(b)}{2} + f(x_2)\right)$$

取分点 $n = 4$,

$$T_4(f) = \frac{b-a}{4}\left(\frac{f(a)}{2} + \frac{f(b)}{2} + f(x_1) + f(x_2) + f(x_3)\right)$$
$$= \frac{T_2}{2} + \frac{b-a}{4}(f(x_1) + f(x_3))$$

其中
$$x_1 = \frac{1}{2}(a + x_2), \quad x_3 = \frac{1}{2}(x_2 + b).$$

可以看到, $T_4(f)$ 的值是 $T_2(f)$ 与新增分点 $\{f(x_1), f(x_2), f(x_3)\}$ 的组合. 如图 6.6 所示.

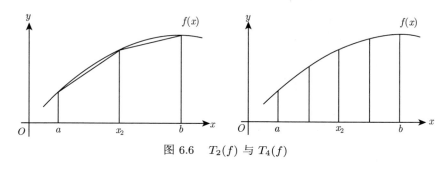

图 6.6 $T_2(f)$ 与 $T_4(f)$

一般地, 每次总对前一次的小区间分半, 分点加密一倍, 并利用老分点上的函数值, 只需计算新增分点的数值后再算其和.

对 $[a, b]$ n 等分, $h_n = \dfrac{b-a}{n}$,

$$T_n(f) = h_n \left[\frac{1}{2} f(a) + \sum_{i=1}^{n-1} f(x_n) + \frac{1}{2} f(b) \right]$$

记 $[x_i, x_{i+1}]$ 上的中点为 $x_{i+1/2}$, 则

$$T_{2n}(f) = \frac{h_n}{2} \left[\frac{1}{2} f(a) + \sum_{i=1}^{n-1} f(x_i) + \sum_{i=0}^{n-1} f(x_{i+1/2}) + \frac{1}{2} f(b) \right]$$

$$= \frac{h_n}{2} \left[\frac{1}{2} f(a) + \sum_{i=1}^{n-1} f(x_i) + \frac{1}{2} f(b) \right] + \frac{h_n}{2} \sum_{i=0}^{n-1} f(x_{i+1/2})$$

$$T_{2n}(f) = \frac{1}{2} [T_n(f) + H_n(f)] \tag{6.10}$$

其中
$$H_n(f) = h_n \sum_{i=0}^{n-1} f(x_{i+1/2})$$

$$T_{2n} = \frac{T_n}{2} + h_{2n} \sum_{i=1}^{n} f(a + (2i - 1)h_{2n})$$

其中

$$h_{2n} = \frac{b-a}{2n}$$

类似地, 可得积分节点为 n 和 $2n$ 的 Simpson 求积公式的关系式

$$S_{2n}(f) = \frac{1}{2}S_n(f) + \frac{1}{6}(4H_{2n}(f) - H_n(f)) \tag{6.11}$$

2. $|T_{2n}(f) - T_n(f)|$ 与 $|I(f) - T_{2n}(f)|$

由误差公式

$$I(f) - T_n(f) = -\frac{(b-a)}{12}h^2 f''(\xi) \tag{6.12}$$

$$I(f) - T_{2n}(f) = -\frac{(b-a)}{12}\left(\frac{h}{2}\right)^2 f''(\eta) \tag{6.13}$$

由于 $f''(\xi) = \frac{1}{n}\sum_{i=0}^{n-1} f''(\xi_i), f''(\eta) = \frac{1}{2n}\sum_{i=0}^{2n-1} f''(\eta_i)$ 分别为 n 及 $2n$ 个点上的均值, 可视 $f''(\xi) \approx f''(\eta)$, 由 (6.12) 和 (6.13) 得到

$$I(f) - T_n(f) \approx 4(I(f) - T_{2n}(f))$$

表明 $T_n(f)$ 的误差大约是 $T_{2n}(f)$ 误差的 4 倍, 或

$$I(f) - T_{2n}(f) \approx \frac{1}{3}(T_{2n}(f) - T_n(f)) \tag{6.14}$$

由此, 对任给的误差控制量 $\varepsilon > 0$, 要 $|I(f) - T_{2n}(f)| < \varepsilon$, 只需 $|T_{2n}(f) - T_n(f)| < 3\varepsilon$ 即可, 而用 $|T_{2n}(f) - T_n(f)|$ 作为精度控制方法简单直接.

3. 自动控制误差的算法描述

从数值积分的误差公式可以看到, 截断误差随分点 n 的增长而减少, 控制计算的精度也就是确定分点数 n. 在计算中不用数值积分的误差公式确定分点数 n 的理论模式, 而用 $|T_{2n}(f) - T_n(f)| < \varepsilon$ 作为控制, 通过增加分点自动满足精度的方法称为数值积分公式的自动积分法. 在计算中构造序列 $T_n, T_{2n}, T_{4n}, \cdots$, 直到 $|T_{2m} - T_m| < \varepsilon$ 或 $\frac{|T_{2m} - T_m|}{|T_{2m}|} < \varepsilon$ 时停止计算, 并取 $I(f) \approx T_{2m}(f)$.

下面描述复化数值积分公式的自动控制误差算法.

step 1　输入: 误差控制精度 e = eps; 初始分点值 $n = m$

step 2　计算 n 分点的复化梯形积分 T_n, T2=T_n

　　　　T1=T2+100　　!迭代计算中 T1 和 T2 分别表示 T_n 和 T_{2n}

```
step 3   while |T1−T2| > ε
            T1=T2
            H =H_n                !计算新增节点的值 H_n(f)=h_n Σ_{i=0}^{n-1} f(x_{i+1/2})
            T2=(T1+H)/2
            h=h/2,  n=2n           ! 将区间一分为二
         end while
step 4   输出积分值 T2
```

在自动控制误差算法中初始分点值不宜过小, 以防止假收敛.

6.2.4 Romberg 积分

1. Romberg 积分公式

前面得到的 $T_n(f), T_{2n}(f)$ 的关系式 (6.14), 将 $(T_n(f) - T_{2n}(f))$ 作为 $T_{2n}(f)$ 的修正值补充到 $I(f)$, 即

$$I(f) \approx T_{2n}(f) + \frac{1}{3}(T_{2n}(f) - T_n(f)) = \frac{4}{3}T_{2n} - \frac{1}{3}T_n = S_n \qquad (6.15)$$

其结果是将复化梯形求积公式组合成复化 Simpson 求积公式了. 截断误差由 $O(h^2)$ 提高到 $O(h^4)$ 了. 这种手段称为外推算法. 外推算法在不增加计算量的前提下提高了误差的精度. 外推算法是计算方法中的一种常用手法.

不妨对 $S_{2n}(f), S_n(f)$ 再作一次线性组合.

$$I(f) - S_n(f) = -\frac{f^{(4)}(\xi)}{180}h^4(b-a) \approx dh^4 \qquad (6.16)$$

$$I(f) - S_{2n}(f) = -\frac{f^{(4)}(\eta)}{180}\left(\frac{h}{2}\right)^4(b-a) \approx d\left(\frac{h}{2}\right)^4 \qquad (6.17)$$

$2^4 \cdot (6.17) - (6.16)$:

$$I(f) \approx S_{2n}(f) + \frac{1}{15}(S_{2n}(f) - S_n(f)) = C_n(f)$$

复化 Simpson 公式组成复化 Cotes 公式, 其截断误差是 $O(h^6)$. 同理对 Cotes 公式进行线性组合:

$$I(f) - C_{2n}(f) = e\left(\frac{h}{2}\right)^6$$

$$I(f) - C_n(f) = eh^6$$

得到具有 7 次代数精度和截断误差是 $O(h^8)$ 的 Romberg 公式:

$$R_n(f) = C_{2n}(f) + \frac{1}{63}(C_{2n}(f) - C_n(f))$$

还可以继续对 $R_n(f)$ 做下去.

为了便于在计算机上实现 Romberg 算法, 将 $T_n, S_n, C_n, R_n, \cdots$ 统一用 $R_{k,j}$ 表示, 列标 $j = 1, 2, \cdots$ 分别表示梯形、Simpson、Cotes 积分, 行标 k 表示分点数 $n2^{k-1}$ 或步长 $h_k = \dfrac{h}{2^{k-1}}$.

Romberg 计算公式:

$$R_{k,j} = R_{k,j-1} + \frac{R_{k,j-1} - R_{k-1,j-1}}{4^{j-1} - 1}, \quad k = 2, 3, \cdots \tag{6.18}$$

对每一个 k, j 从 2 做到 k, 一直做到 $|R_{k,k} - R_{k-1,k-1}|$ 小于给定控制精度时停止计算.

2. Romberg 算法

step1 　输入区间端点 a, b, 精度控制值 e, 循环次数 M, 定义函数 $f(x)$, 取 $n = 1$, $h = b - a$

step 2 　$R_{1,1} = (f(a) + f(b))h/2$

step 3 　for $k = 2$ to M

$$\left\{ R_{k,1} = \left(R_{k-1,1} + h_{k-1} \sum_{i=1}^{2^{k-2}} f(a + (2i-1)h_k) \right) \Big/ 2 \quad !h_k = h/2^{k-1} \right.$$

for $j = 2$ to k

$\{R_{k,j} = R_{k,j-1} + (R_{k,j-1} - R_{k-1,j-1})/(4^{j-1} - 1)\}$

if $|R_{k,k} - R_{k-1,k-1}| < e$ 　　退出循环

$\}$

step 4 　输出 $R_{k,k}$.

Romberg 算法按表 6.2 元素的行序进行运算, $\{R_{1,1}, R_{2,1}, R_{2,2}, \cdots\}$. 对上面的算法进一步优化, 在计算中每个元素只用到上一行和本行的元素, 只需保存两个一维数组; 令 $R_{k,j}$ 为 $R_{1,j}$, $R_{k-1,j}$ 为 $R_{0,j}$, 在每计算一行元素后, 要将 $R_{1,j} \Rightarrow$ $\{R_{0,j}, j = 1, 2, \cdots, k\}$.

表 6.2

$R_{1,1}$				
$R_{2,1}$	$R_{2,2}$			
$R_{3,1}$	$R_{3,2}$	$R_{3,3}$		
$\vdots$	$\vdots$	$\vdots$	$\ddots$	
$R_{m,1}$	$R_{m,2}$	$R_{m,3}$		$R_{m,m}$

*6.3 重积分计算

在微积分中计算二重积分是用化为累次积分的方法进行计算的. 计算二重数值积分也是计算累次数值积分的过程. 为了简化问题, 我们仅讨论矩形域上的二重积分. 有很多非矩形域上的二重积分可作变换将其转换到矩形域上.

$$\int_a^b \int_c^d f(x,y)\mathrm{d}x\mathrm{d}y$$

其中 a,b,c,d 是常数, $f(x,y)$ 在 D 上连续. 像在微积分中一样, 将二重积分化为累次积分

$$\int_a^b \int_c^d f(x,y)\mathrm{d}x\mathrm{d}y = \int_a^b \left(\int_c^d f(x,y)\mathrm{d}y \right) \mathrm{d}x$$

或

$$\int_a^b \int_c^d f(x,y)\mathrm{d}x\mathrm{d}y = \int_c^d \left(\int_a^b f(x,y)\mathrm{d}x \right) \mathrm{d}y$$

1. 二重积分的复化梯形公式

对区间 $[a,b]$ 和 $[c,d]$ 分别选取正整数 m 和 n, 在 x 轴和 y 轴上分别有步长

$$h = \frac{b-a}{m}, \quad k = \frac{d-c}{n}$$

用复化梯形公式计算 $\int_c^d f(x,y)\mathrm{d}y$, 计算中将 x 当作常数, 有

$$\int_c^d f(x,y)\mathrm{d}y \approx k \left[\frac{1}{2}f(x,y_0) + \frac{1}{2}f(x,y_n) + \sum_{j=1}^{n-1} f(x,y_j) \right] \tag{6.19}$$

再将 y 当作常数, 在 x 方向上计算 (6.19) 中每一项的积分, 有

$$\frac{1}{2}\int_a^b f(x,y_0)\mathrm{d}x \approx \frac{h}{2}\left[\frac{1}{2}f(x_0,y_0) + \frac{1}{2}f(x_m,y_0) + \sum_{i=1}^{m-1} f(x_i,y_0) \right]$$

$$\frac{1}{2}\int_a^b f(x,y_n)\mathrm{d}x \approx \frac{h}{2}\left[\frac{1}{2}f(x_0,y_n) + \frac{1}{2}f(x_m,y_n) + \sum_{i=1}^{m-1} f(x_i,y_n) \right]$$

$$\int_a^b \sum_{j=1}^{n-1} f(x,y_j)\mathrm{d}x = \sum_{j=1}^{n-1} \int_a^b f(x,y_j)\mathrm{d}x$$

$$\approx h \sum_{j=1}^{n-1} \left[\frac{1}{2}f(x_0,y_j) + \frac{1}{2}f(x_m,y_j) + \sum_{i=1}^{m-1} f(x_i,y_j) \right]$$

$$= h \sum_{j=1}^{n-1} \left[\frac{1}{2} f(x_0, y_j) + \frac{1}{2} f(x_m, y_j) \right] + h \sum_{j=1}^{n-1} \sum_{i=1}^{m-1} f(x_i, y_j)$$

则

$$\int_a^b \int_c^d f(x, y) \mathrm{d}x \mathrm{d}y$$

$$\approx hk \left\{ \frac{1}{4} [f(x_0, y_0) + f(x_m, y_0) + f(x_0, y_n) + f(x_m, y_n)] \right.$$

$$+ \frac{1}{2} \left[\sum_{i=1}^{m-1} f(x_i, y_0) + \sum_{i=1}^{m-1} f(x_i, y_n) + \sum_{j=1}^{n-1} f(x_0, y_j) + \sum_{j=1}^{n-1} f(x_m, y_j) \right]$$

$$\left. + \sum_{i=1}^{m-1} \sum_{j=1}^{n-1} f(x_i, y_j) \right\}$$

$$= hk \sum_{i=0}^{m} \sum_{j=0}^{n} c_{i,j} f(x_i, y_j)$$

积分区域的 4 个角点的系数是 $\frac{1}{4}$，4 个边界的系数是 $\frac{1}{2}$，内部节点的系数是 1.

2. 二重复化梯形的截断误差

$$E(f) = -\frac{(d-c)(b-a)}{12} \left(h^2 \frac{\partial^2 f(\eta, \mu)}{\partial x^2} + k^2 \frac{\partial^2 f(\overline{\eta}, \overline{\mu})}{\partial y^2} \right), \quad \eta, \overline{\eta} \in [a, b], \quad \mu, \overline{\mu} \in [c, d]$$

例 6.4　用复化梯形公式计算二重积分 $\int_0^1 \int_1^2 \sin(x^2 + y) \mathrm{d}x \mathrm{d}y$，取 $h = k = 0.25$.

解　$f(x, y)$ 如表 6.3 所示.

表 6.3

x \ y	1.00	1.25	1.50	1.75	2.00
0.00	0.841471	0.948985	0.997495	0.983986	0.909297
0.25	0.873575	0.966827	0.999966	0.970932	0.88153
0.50	0.948985	0.997495	0.983986	0.909297	0.778073
0.75	0.999966	0.970932	0.88153	0.737319	0.547265
1.00	0.909297	0.778073	0.598472	0.381661	0.14112

$c_{i,j}$ 的数值列表如表 6.4.

表 6.4

j \ i	0	1	2	3	4
0	1/4	1/2	1/2	1/2	1/4
1	1/2	1	1	1	1/2
2	1/2	1	1	1	1/2
3	1/2	1	1	1	1/2
4	1/4	1/2	1/2	1/2	1/4

$$\int_0^1 \int_1^2 \sin(x^2+y)\mathrm{d}x\mathrm{d}y = 0.25*0.25\Big[\frac{1}{4}(0.841471+0.909297+0.909297+0.14112)$$

$$+\frac{1}{2}(0.948985+0.997495+0.983986)$$

$$+\frac{1}{2}(0.778073+0.598472+0.381661)$$

$$+\frac{1}{2}(0.873575+0.948985+0.999966)$$

$$+\frac{1}{2}(0.88153+0.778073+0.547265)$$

$$+(0.966827+0.999966+0.970932+0.997495$$

$$+0.983986+0.909297+0.970932+0.88153+0.737319)\Big]$$

$$=0.873601$$

$\int_0^1 \int_1^2 \sin(x^2+y)\mathrm{d}x\mathrm{d}y$ 的准确值是 0.886176.

例 6.5 计算二重积分的 Simpson 数值积分公式及其误差.

设对 $[a,b]$ 8 等分, 对 $[c,d]$ 6 等分, 复化积分公式系数如表 6.5 所示.

表 6.5

$w_{i,j}$	0	1	2	3	4	5	6	7	8
0	1	4	2	4	2	4	2	4	1
1	4	16	8	16	8	16	8	16	4
2	2	8	4	8	4	8	4	8	2
3	4	16	8	16	8	16	8	16	4
4	2	8	4	8	4	8	4	8	2
5	4	16	8	16	8	16	8	16	4
6	1	4	2	4	2	4	2	4	1

二重复化 Simpson 数值积分公式:

$$\int_a^b \int_c^d f(x,y)\mathrm{d}x\mathrm{d}y = \frac{hk}{9}\sum_{i=0}^m \sum_{j=0}^n w_{i,j}f(x_i,y_j)$$

二重复化 Simpson 的截断误差:

$$E(f)=-\frac{(d-c)(b-a)}{180}\left(h^4\frac{\partial^4 f(\eta,\mu)}{\partial x^4}+k^4\frac{\partial^4 f(\overline{\eta},\overline{\mu})}{\partial y^4}\right),\quad \eta,\overline{\eta}\in[a,b],\quad \mu,\overline{\mu}\in[c,d]$$

*6.4　Gauss 型积分

在 6.1 节中, $I(f)=\int_a^b f(x)\mathrm{d}x$ 关于 $n+1$ 积分节点 $\{x_0,x_1,\cdots,x_n\}$ 的数值积分公式为

$$I_n(f)=\sum_{i=0}^n\alpha_i f(x_i)$$

它至少有 n 阶代数精度. 本节取积分节点数从 1 到 n, 即 $\{x_1,x_2,\cdots,x_n\}$, 则 $I(f)$ 关于 $\{x_1,x_2,\cdots,x_n\}$ 的 Newton-Cotes 数值积分公式 $I_n(f)=\sum_{i=1}^n\alpha_i f(x_i)$ 至少有 $n-1$ 阶代数精度. 我们要提出的问题是: 具有 n 个积分节点 $\{x_1,x_2,\cdots,x_n\}$ 的数值积分公式最高能达到多少阶代数精度, 代数精度是否与积分节点的选取有关.

定理 6.2　$I(f)=\int_a^b f(x)\mathrm{d}x$ 关于积分节点 $\{x_1,x_2,\cdots,x_n\}$ 的数值积分公式

$$I_n(f)=\sum_{i=1}^n\alpha_i f(x_i)$$

的代数精度不超过 $2n-1$ 阶.

证明　取 $2n$ 次多项式 $f(x)=(x-x_1)^2(x-x_2)^2\cdots(x-x_n)^2$, 则有

$$I(f)=\int_a^b f(x)\mathrm{d}x>0$$

而

$$I_n(f)=\sum_{i=1}^n\alpha_i f(x_i)=0$$

故数值积分公式 $I_n(f)$ 的代数精度不可能达到 $2n$ 阶.

6.4.1　Legendre 多项式

n 次多项式

$$L_n(x)=\frac{1}{2^n n!}\frac{\mathrm{d}^n}{\mathrm{d}x^n}(x^2-1)^n$$

称为 Legendre 多项式, $\{L_n(x)\}$ 为 $[-1,1]$ 上的正交多项式系, 即

$$(L_n(x),L_m(x))=\int_{-1}^1 L_n(x)L_m(x)\mathrm{d}x=0,\quad m\neq n$$

关于 $L_n(x)$, 它具有如下性质:

(1) $L_n(x)$ 在 $(-1,1)$ 上有 n 个相异的实根 $x_1^{(n)}, x_2^{(n)}, \cdots, x_n^{(n)}$.

(2) $L_n(x)$ 在 $[-1,1]$ 上正交于任何一个不高于 $n-1$ 次的多项式, 即若 $P(x)$ 为一个不高于 $n-1$ 次的多项式, 则

$$(L_n(x), P(x)) = \int_{-1}^1 L_n(x)P(x)\mathrm{d}x = 0$$

6.4.2 Gauss-Legendre 积分

对于 $I(f) = \int_a^b f(x)\mathrm{d}x$, 由定理 6.2, 具有 n 个节点的数值积分公式的代数精度不超过 $2n-1$ 阶, 若其数值积分节点 $\{x_1, x_2, \cdots, x_n\}$ 可自由选取, 那么其数值积分公式的代数精度是否能达到 $2n-1$ 阶? 回答是肯定的.

定理 6.3 对 $I(f) = \int_{-1}^1 f(x)\mathrm{d}x$, 若选取 Legendre 多项式 $L_n(x)$ 的 n 个零点 $\{x_1^{(n)}, x_2^{(n)}, \cdots, x_n^{(n)}\}$ 为数值积分节点, 则其数值积分公式

$$I_n(f) = \sum_{i=1}^n \alpha_i^{(n)} f(x_i^{(n)})$$

具有 $2n-1$ 阶代数精度.

证明 计算数值积分误差

$$E_n(f) = \int_{-1}^1 f[x_1^{(n)}, x_2^{(n)}, \cdots, x_n^{(n)}, x](x - x_1^{(n)})(x - x_2^{(n)}) \cdots (x - x_n^{(n)})\mathrm{d}x$$

若 $f(x)$ 为一个不高于 $2n-1$ 阶的多项式, 由差商性质 1.3, n 阶差商函数 $f[x_1^{(n)}, x_2^{(n)}, \cdots, x_n^{(n)}, x]$ 为一个不高于 $n-1$ 次的多项式, 注意到 $(x-x_1^{(n)})(x-x_2^{(n)}) \cdots (x-x_n^{(n)})$ 与 $L_n(x)$ 仅差一个常数, 于是由 $L_n(x)$ 的截断误差

$$E_n(f) = 0$$

即对于任何不高于 $2n-1$ 次多项式 $f(x)$, 数值积分公式都是精确的.

对有 n 个积分节点, 代数精度为 $2n-1$ 阶的数值积分, 称为 Gauss 积分, 记为 $G_n(f)$, 在 $[-1,1]$ 上的 Gauss 积分公式为

$$G_n(f) = \sum_{i=1}^n \alpha_i^{(n)} f(x_i^{(n)})$$

其中, $\{x_1^{(n)}, x_2^{(n)}, \cdots, x_n^{(n)}\}$ 为正交多项式 $L_n(x)$ 的 n 个零点, 而

$$\alpha_i^{(n)} = \int_{-1}^1 \frac{(x - x_1^{(n)}) \cdots (x - x_{i-1}^{(n)})(x - x_{i+1}^{(n)}) \cdots (x - x_n^{(n)})}{(x_i^{(n)} - x_1^{(n)}) \cdots (x_i^{(n)} - x_{i-1}^{(n)})(x_i^{(n)} - x_{i+1}^{(n)}) \cdots (x_i^{(n)} - x_n^{(n)})}\mathrm{d}x$$

　　Gauss 积分是高效数值积分公式, 同时它具有良好的性质, 如其积分系数均大于零 $(\alpha_i^{(n)} > 0)$, 故其高阶公式有很好的稳定性质. 又如对于连续函数 $f(x)$, Gauss 积分序列 $\{G_1(f), G_2(f), \cdots, G_n(f), \cdots\}$ 收敛于 $I(f)$, 这是一般数值积分序列所不具备的.

　　对于一般区间的积分 $I(f) = \displaystyle\int_a^b f(x)\mathrm{d}x$, 只需作线性变量代换, 即可得到 Gauss 积分公式:

$$G_n(f) = \frac{b-a}{2} \sum_{i=1}^{n} \alpha_i^{(n)} f\left(\frac{(a+b) + (b-a)x_i^{(n)}}{2} \right)$$

　　Gauss 积分的积分节点 $\{x_i^{(n)}\}$ 及积分系数 $\{\alpha_i^{(n)}\}$ 由表 6.6 列出.

表 6.6

n	$x_i^{(n)}$	$\alpha_i^{(n)}$	n	$x_i^{(n)}$	$\alpha_i^{(n)}$
1	0	2		± 0.6612093865	0.3607615730
2	± 0.5773502692	1		± 0.2386191861	0.4679139346
3	± 0.7745966692	0.5555555556	7	± 0.9491079123	0.1294849662
	0	0.8888888889		± 0.7415311856	0.2797053915
4	± 0.8611363116	0.3478548451		± 0.4058451514	0.3818300505
	± 0.3399810436	0.6521451549		0	0.4179591837
5	± 0.9061798459	0.2369268851	8	± 0.9602898565	0.1012285363
	± 0.5384693101	0.4786286705		± 0.7966664774	0.2223810345
	0	0.5688888889		± 0.5255324099	0.3137066459
6	± 0.9324695142	0.1713244924		± 0.1834346425	0.3626837834

　　例 6.6　试用两点 Guass-Legendre 积分公式计算

$$I = \int_{-1}^{1} x^2 \cos x \mathrm{d}x$$

　　解　查表 6.6 有 $x_1^{(2)} = -0.577350$, $x_2^{(2)} = 0.577350$, $\alpha_1^{(2)} = \alpha_2^{(2)} = 1$.

$$G_2(x^2 \cos x) = (-0.577350)^2 \cos(-0.577350) + (0.577350)^2 \cos(0.577350)$$
$$= 0.558608$$

　　表 6.6 中数据保留了 10 位小数, 在实际计算中根据计算工具尽量多取位数, 一般在例题中为了计算方便取 4 位或 6 位小数.

　　例 6.7　试用三点 Gauss-Legendre 积分公式计算

$$I(f) = \int_{-\frac{\pi}{2}}^{\frac{\pi}{2}} \cos x \mathrm{d}x$$

解 查表 6.6 有

$$x_1^{(3)} = -0.774597, \quad x_2^{(3)} = 0, \quad x_3^{(3)} = 0.774597$$
$$\alpha_1^{(3)} = 0.555556, \quad \alpha_2^{(3)} = 0.888889, \quad \alpha_3^{(3)} = 0.555556$$

于是, $x_1 = \dfrac{\left(-\dfrac{\pi}{2} + \dfrac{\pi}{2}\right) + \left(\dfrac{\pi}{2} + \dfrac{\pi}{2}\right)x_1^{(3)}}{2} = \dfrac{\pi}{2}x_1^{(3)}, \ x_2 = 0, \ x_3 = \dfrac{\pi}{2}x_3^{(3)},$

$$G_3(\cos x) = \frac{\pi}{2}\left[\alpha_1^{(3)}\cos\left(\frac{\pi}{2}x_1^{(3)}\right) + \alpha_2^{(3)}\cos 0 + \alpha_3^{(3)}\cos\left(\frac{\pi}{2}x_3^{(3)}\right)\right] = 2.001389$$

6.5 数 值 微 分

6.5.1 差商与数值微分

1. 差商

当函数 $f(x)$ 是以离散点列给出时, 常用数值微分近似计算 $f(x)$ 的导数 $f'(x)$. 在微积分中, 导数表示函数在某点上的瞬时变化率, 它是平均变化率的极限. 在几何上可解释为曲线的斜率; 在物理上可解释为物体变化的速率.

下面给出 $f'(x)$ 导数的三种定义形式:

$$\begin{aligned}
f'(x) &= \lim_{h\to 0}\frac{f(x+h) - f(x)}{h} \\
&= \lim_{h\to 0}\frac{f(x) - f(x-h)}{h} = \lim_{h\to 0}\frac{f(x+h) - f(x-h)}{2h}
\end{aligned} \tag{6.20}$$

在微积分中, 用差商的极限定义导数; 在数值计算中, 导数用差商 (平均变化率) 作为近似值. 最简单的计算数值微分方法是用函数的差商近似函数的导数, 即取极限的近似值, 下列是与 (6.20) 对应的 3 种差商形式的数值微分公式以及相应的截断误差.

(1) 向前差商

用向前差商 (平均变化率) 近似导数有

$$f'(x_0) \approx \frac{f(x_0 + h) - f(x_0)}{h} \tag{6.21}$$

$x_0 + h$ 的位置在 x_0 的前面, 因此称为向前差商. 同理有向后差商、中心差商的定义.

由 Taylor 展开

$$f(x_0 + h) = f(x_0) + hf'(x_0) + \frac{h^2}{2!}f''(\xi), \quad x_0 \leqslant \xi \leqslant x_0 + h$$

得向前差商的截断误差阶

$$R(x) = f'(x_0) - \frac{f(x_0 + h) - f(x_0)}{h} = -\frac{h}{2}f''(\xi) = O(h)$$

(2) 向后差商

用向后差商近似导数有

$$f'(x_0) \approx \frac{f(x_0) - f(x_0 - h)}{h} \tag{6.22}$$

与计算向前差商的方法类似, 由 Taylor 展开得到向后差商的截断误差阶

$$R(x) = f'(x_0) - \frac{f(x_0) - f(x_0 - h)}{h} = O(h)$$

(3) 中心差商

用差商近似导数有

$$f'(x_0) \approx \frac{f(x_0 + h) - f(x_0 - h)}{2h} \tag{6.23}$$

由 Taylor 展开

$$f(x_0 + h) = f(x_0) + hf'(x_0) + \frac{h^2}{2!}f''(x_0) + \frac{h^3}{3!}f'''(\xi_1)$$

$$f(x_0 - h) = f(x_0) - hf'(x_0) + \frac{h^2}{2!}f''(x_0) - \frac{h^3}{3!}f'''(\xi_2)$$

得

$$R(x) = f(x_0) - \frac{f(x_0 + h) - f(x_0 - h)}{2h} = -\frac{h^2}{12}[f'''(\xi_1) + f'''(\xi_2)]$$

$$= -\frac{h^2}{6}f'''(\xi) = O(h^2), \quad x_0 - h \leqslant \xi \leqslant x_0 + h$$

例 6.8　构造中心差商的外推公式.

解　$f(x_0 - h) = f(x_0) - hf'(x_0) + \dfrac{h^2}{2!}f''(x_0) - \dfrac{h^3}{3!}f'''(x_0)$

$$+ \frac{h^4}{4!}f^{(4)}(x_0) + O(h^5) \tag{6.24}$$

$$f(x_0 + h) = f(x_0) + hf'(x_0) + \frac{h^2}{2!}f''(x_0) + \frac{h^3}{3!}f'''(x_0)$$

$$+ \frac{h^4}{4!}f^{(4)}(x_0) + O(h^5) \tag{6.25}$$

$((6.25)-(6.24))/2h$ 得

$$f'(x_0) = \frac{1}{2h}[f(x_0 + h) - f(x_0 - h)] - \frac{h^2}{6}f^{(3)}(x_0) + O(h^4)$$

记

$$N_1(h) = \frac{f(x_0 + h) - f(x_0 - h)}{2h}$$

$$f'(x_0) = N_1(h) - \frac{h^2}{6} f^{(3)}(x_0) + O(h^4)$$

$$= N_1(h) + c_1 h^2 + O(h^4) \tag{6.26}$$

$$f'(x_0) = N_1\left(\frac{h}{2}\right) - \frac{1}{6}\left(\frac{h}{2}\right)^2 f^{(3)}(x_0) + O(h^4)$$

$$= N_1\left(\frac{h}{2}\right) + c_1\left(\frac{h}{2}\right)^2 + O(h^4) \tag{6.27}$$

$(4 \cdot (6.27) - (6.26))/3$ 得

$$f'(x_0) = \frac{1}{3}\left(4N_1\left(\frac{h}{2}\right) - N_1(h)\right) + O(h^4) \approx N_2(h)$$

$$N_2(h) = N_1\left(\frac{h}{2}\right) + \frac{N_1\left(\dfrac{h}{2}\right) - N_1(h)}{3}$$

继续外推下去, 得到

$$N_j(h) = N_{j-1}\left(\frac{h}{2}\right) + \frac{N_{j-1}\left(\dfrac{h}{2}\right) - N_{j-1}(h)}{4^{j-1}}, \quad j = 2, 3, \cdots$$

$$f'(x_0) = N_j\left(\frac{h}{2}\right) + O(h^{2j})$$

2. 差商的几何意义

微积分中的极限定义 $f(x_0) = \lim\limits_{h \to 0} \dfrac{f(x_0 + h) - f(x_0)}{h}$, 表示 $f(x)$ 在 $x = x_0$ 处切线的斜率. 即图 6.7 中直线 P 的斜率, 差商 $\dfrac{f(x_0 + h) - f(x_0)}{h}$ 表示过 $(x_0, f(x_0))$ 和 $(x_0 + h, f(x_0 + h))$ 两点直线 Q 的斜率, 是一条过 x_0 的割线, 用近似值内接弦的斜率代替准确值切线的斜率.

例 6.9　给出下列数据 (表 6.7), 计算 $f'(0.02), f'(0.06), f'(0.10), f''(0.08)$.

表 6.7

x	0.02	0.04	0.06	0.08	0.10
$f(x)$	0.0199987	0.0399893	0.059964	0.0799147	0.0998334

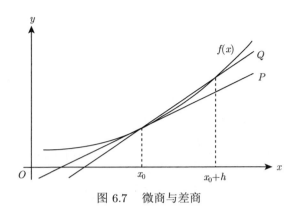

图 6.7   微商与差商

解 $f'(0.02) \approx (0.0399893 - 0.0199987)/(0.04 - 0.02) = 0.99953$

$f'(0.06) \approx (0.0799147 - 0.0399893)/(0.08 - 0.04) = 0.998135$

$f'(0.10) \approx (0.0799147 - 0.0998334)/(0.08 - 0.10) = 0.995935$

$f''(0.08) \approx (0.995935 - 0.998135)/(0.10 - 0.06) = -0.055$

3. 设定最佳步长

在计算数值导数时, 它的误差由截断误差和舍入误差两部分组成. 用差商或插值公式近似导数产生截断误差, 由原始值 y_i 的数值近似产生舍入误差. 在差商计算中, 从误差的逼近阶的角度看, $|h|$ 越小, 则误差也越小; 但是太小的 $|h|$ 会带来较大的舍入误差. 如何选择最佳步长, 使截断误差与舍入误差之和最小?

一般对计算导数的近似公式进行分析可得到截断误差的表示式, 以中心差商为例, 截断误差不超过

$$\frac{h^2}{6} M_3 = \frac{h^2}{6} \max |f'''(x)|$$

而舍入误差可用量 $\frac{e}{h}$ 估计 (证明略), 其中 e 是函数 y_i 的原始值的绝对误差限, 总误差为 $\frac{h^2}{6} M_3 + \frac{e}{h}$. 当 $\left(\frac{h^2}{6} M_3 + \frac{e}{h} \right)' = \frac{h}{3} M_3 - \frac{e}{h^2} = 0$ 时, 达到最小值

$$h = \sqrt[3]{\frac{3e}{M_3}}$$

可以看到用误差的表达式确定步长, 难度较大, 可行性差. 通常用事后估计方法选取步长 h. 例如, 记 $D(h, x), D\left(\frac{h}{2}, x \right)$ 是步长为 $h, \frac{h}{2}$ 的 $f'(x)$ 的近似值, 给定误差界 ε, 当 $\left| D(h, x) - D\left(\frac{h}{2}, x \right) \right| < \varepsilon$ 时, 步长 h 就是合适的步长.

6.5.2 插值型数值微分

对于给定的 $f(x)$ 的函数表, 建立插值多项式 $L(x)$, 用插值函数 $L(x)$ 的导数近似函数 $f(x)$ 的导数.

设 $\{x_i, i = 0, 1, \cdots, n\}$ 为 $[a, b]$ 上的节点, 给定 $\{(x_i, f(x_i)), i = 0, 1, \cdots, n\}$. 以 $(x_i, f(x_i))$ 为插值点构造插值多项式 $L_n(x)$, 以 $L_n(x)$ 的各阶导数近似 $f(x)$ 的相应阶的导数. 例如,

$$f(x) \approx L_n(x) = \sum_{i=0}^{n} \ell_i(x) f(x_i)$$

$$f'(x) \approx L'_n(x) = \sum_{i=0}^{n} \ell'_i(x) f(x_i)$$

当 $x = x_j$ 时, $f'(x_j) = \sum_{i=0}^{n} \ell'_i(x_j) f(x_i), j = 0, 1, \cdots, n.$

误差项

$$R(x) = \frac{\mathrm{d}}{\mathrm{d}x} \left(\frac{f^{(n+1)}(\xi)}{(n+1)!} \prod_{i=0}^{n} (x - x_i) \right)$$

$$R(x_j) = \prod_{\substack{i=0 \\ i \neq j}}^{n} (x_j - x_i) \frac{f^{(n+1)}(\xi)}{(n+1)!}$$

例 6.10 给定 $(x_i, f(x_i))$, $i = 0, 1, 2$, 并有 $x_2 - x_1 = x_1 - x_0 = h$, 计算 $f'(x_0), f'(x_1), f'(x_2)$.

解 作过 $(x_i, f(x_i)), i = 0, 1, 2$ 的插值多项式

$$L_2(x) = \frac{(x - x_1)(x - x_2)}{2h^2} f(x_0) + \frac{(x - x_0)(x - x_2)}{-h^2} f(x_1)$$

$$+ \frac{(x - x_0)(x - x_1)}{2h^2} f(x_2)$$

$$f'(x) = L'_2(x)$$

$$= \frac{f(x_0)}{2h^2}(x - x_1 + x - x_2) - \frac{f(x_1)}{h^2}(x - x_0 + x - x_2)$$

$$+ \frac{f(x_2)}{2h^2}(x - x_0 + x - x_1)$$

将 $x = x_i$ 代入 $f'(x)$ 得三点公式:

$$f'(x_0) \approx \frac{1}{2h}(-3f(x_0) + 4f(x_1) - f(x_2))$$

$$f'(x_1) \approx \frac{1}{2h}(-f(x_0) + f(x_2))$$

$$f'(x_2) \approx \frac{1}{2h}(f(x_0) - 4f(x_1) + 3f(x_2))$$

利用 Taylor 展开进行比较和分析, 可得三点公式的截断误差是 $O(h^2)$.

类似地, 可得到五点中点公式和五点端点公式:

$$f'(x_0) \approx \frac{1}{12h}[f(x_0 - 2h) - 8f(x_0 - h) + 8f(x_0 + h) - f(x_0 + 2h)]$$
$$+ \frac{h^4}{39}f^{(5)}(\xi), \quad \xi \in [x_0 - 2h, x_0 + 2h]$$
$$f'(x_0) = \frac{1}{12h}[-25f(x_0) + 48f(x_0 + h) - 36f(x_0 + 2h) + 16f(x_0 + 3h)$$
$$- 3f(x_0 + 4h)] + \frac{h^4}{5}f^{(5)}(\xi), \quad \xi \in [x_0, x_0 + 4h]$$

例 6.11　用样条插值计算数值微分.

解　把离散点按大小排列成 $a = x_0 < x_1 < \cdots < x_n = b$, 利用 m 关系式构造插值点 $\{(x_i, f(x_i)), i = 0, 1, 2, \cdots, n\}$ 的样条函数 $S(x)$ 的过程中, 计算一阶导数的方程组, 计算 $\{f'(x_i) = m_i, i = 0, 1, \cdots, n\}$.

习　题　6

1. 计算下列两种矩形积分公式的余项:

(1) $\int_a^b f(x)\mathrm{d}x \approx f(a)(b-a)$;　　　(2) $\int_a^b f(x)\mathrm{d}x \approx f\left(\frac{a+b}{2}\right)(b-a)$.

2. 设 $h = \frac{b-a}{3}, x_0 = a, x_1 = a + h, x_2 = b$, 确定下列求积公式的代数精度:

$$\int_a^b f(x)\mathrm{d}x \approx \frac{9}{4}hf(x_1) + \frac{3}{4}hf(x_2)$$

3. 构造积分 $I(f) = \int_{-h}^{2h} f(x)\mathrm{d}x$ 的数值积分公式:

$$I(f) = a_{-1}f(-h) + a_0f(0) + a_1f(2h)$$

4. 用梯形公式计算下列积分:

(1) $\int_0^1 \sqrt{x^4 + 1}\mathrm{d}x$;　　　(2) $\int_1^2 (x^2 - x)\mathrm{d}x$.

5. 用 Simpson 公式计算下列积分:

(1) $\int_0^{\frac{\pi}{6}} \sqrt{2 - \sin^2 x}\mathrm{d}x$;　　　(2) $\int_1^2 (x^2 - x)\mathrm{d}x$.

6. 设函数由表 6.8 给出.

表 6.8

x	0.60	0.80	1.00	1.20	1.40	1.60	1.80
$f(x)$	5.70	4.60	3.50	3.70	4.90	5.20	5.50

分别用复化梯形和复化 Simpson 公式计算 $\int_{0.6}^{1.8} f(x)\mathrm{d}x$.

7. 设函数由表 6.9 给出.

表 6.9

x	2.10	2.125	2.15	2.16	2.17	2.20
$f(x)$	2.50	3.00	4.50	3.50	3.00	2.90

用复化 Simpson 公式计算 $\int_{2.1}^{2.2} f(x)\mathrm{d}x$.

8. $I\left(\dfrac{1}{x}\right) = \int_{1}^{2} \dfrac{1}{x}\mathrm{d}x$, 取 $\varepsilon = 10^{-4}$, $h = 1$, 试用 Romberg 公式计算积分直到

$$|R_{k,k} - R_{k-1,k-1}| < \varepsilon$$

时停止, 并做出 Romberg 积分数值表.

9. 用复化梯形计算二重积分:

(1) $\int_{0}^{1} \int_{0}^{1} xy\mathrm{d}x\mathrm{d}y$, 取 $m = n = 4$;

(2) $\int_{1}^{2} \int_{1}^{2} \dfrac{1}{x+y}\mathrm{d}x\mathrm{d}y$, 取 $m = n = 3$.

10. 用具有 3 阶代数精度的 Gauss-Legendre 积分公式计算下列数值积分:

(1) $\int_{-1}^{1} (x^5 - x + 1)\mathrm{d}x$; (2) $\int_{-3}^{1} (x^5 + x)\mathrm{d}x$.

11. (1) 写出 $n = 0, 1, 2, 3$ 的 Legendre 多项式;

(2) 推导 $n = 2$ 的 Gauss-Legendre 求积公式.

12. 设函数 $f(x)$ 由表 6.10 给出.

表 6.10

x	0.00	0.02	0.04	0.06
$f(x)$	11.00	9.00	7.00	10.00

分别用向前、向后差商公式计算 $f'(0.02)$, $f'(0.06)$.

13. 设函数 $f(x)$ 的数值由表 6.11 给出.

表 6.11

x	0.00	0.10	0.20	0.30	0.40
$f(x)$	1.70	1.50	1.60	2.00	1.90

用向后差商公式计算 $f''(0.20)$, $f''(0.40)$.

14. 给出下列数据 (表 6.12).

表 6.12

x	0.51	0.52	0.53	0.54	0.55
$f(x)$	0.126975	0.134356	0.142004	0.149922	0.158113

分别用三点和五点公式计算 $f'(0.53)$.

15. 构造数值微分公式

$$f'(0) \approx c_1 f(-h) + c_2 f(0) + c_3 f(2h)$$
$$f''(0) \approx d_1 f(-h) + d_2 f(0) + d_3 f(2h)$$

本章课件

第 7 章　常微分方程数值解

在描述系统的动态演变时, 例如, 物种的增长和蜕变、物体的运动、电路的振动瞬变、化学反应过程等, 都能表示为以时间 t 为变量的常微分方程或方程组.

物体冷却过程的数学模型

$$\frac{\mathrm{d}u}{\mathrm{d}t} = -k(u(t) - u_0)$$

它含有自变量 t, 未知函数 u 以及它的一阶导数 $\dfrac{\mathrm{d}u}{\mathrm{d}t}$, 是一个常微分方程. 在微分方程中我们称函数的自变量只有一个的微分方程为常微分方程, 函数的自变量个数为两个或两个以上的微分方程为偏微分方程. 显然, 微分方程的解有可能不唯一. 因此, 我们通常会加上一个或多个的附加条件. 给定微分方程及其初始条件, 称为初值问题; 给定微分方程及其边界条件, 称为边值问题.

本章主要讨论如下的常微分方程的初值问题

$$\begin{cases} y'(x) = f(x, y), \\ y(a) = y_0, \end{cases} \qquad a \leqslant x \leqslant b \tag{7.1}$$

或记为

$$\begin{cases} \dfrac{\mathrm{d}y}{\mathrm{d}x} = f(x, y), \\ y(a) = y_0, \end{cases} \qquad a \leqslant x \leqslant b$$

只有一些特殊形式的 $f(x, y)$, 才能找到它的解析解; 对于大多数常微分方程的初值问题, 只能计算它的数值解. 常微分方程的解是区间 $[a, b]$ 上的一个函数, 因而数值解就是对这个函数的近似表示. 计算机近似地表达函数有多种方法, 其中一种方法就是使用函数在一组点上的函数值来表示. 点集

$$a = x_0 < x_1 < \cdots < x_m = b$$

称为区间 $[a, b]$ 的一个分割. 则可以用点集 $\{y(x_n), n = 1, 2, \cdots, m\}$ 来近似地描述函数 $y(x)$. 求解 $y(x_n)$ 的数值方法称为有限差分方法. 本书后面介绍的数值格式都属于这类格式. 在数值计算中, 我们通常只能得到 $y(x_n)$ 的近似值, 记为 y_n. 称点列 $\{y_n, n = 1, 2, \cdots, m\}$ 为格点函数.

在计算中约定 $y(x_n)$ 表示常微分方程准确解的值, y_n 表示 $y(x_n)$ 的近似值. 这种把区间分割为小区间的方式, 称为数值离散方法. 它是求解微分方程数值解的基本手段.

除了有限差分方法, 求解微分方程数值解的方法还有有限元和有限体积方法. 本章主要介绍解常微分方程的差分方法. 这是一种简单、通用性强、应用广泛的方法.

7.1　Euler 公式

7.1.1　基于数值微商的 Euler 公式

简单起见, 对求解区间 $[a,b]$ 作等距分割的剖分. 记步长为 $h = \dfrac{b-a}{m}$, 则 $\{x_n = a + nh, n = 0, 1, \cdots, m\}$. 用差商近似导数求解常微分方程.

1. 用向前差商近似 $y'(x)$

作出 $y(x)$ 的在 $x = x_n$ 处的一阶向前差商

$$y'(x_n) \approx \frac{y(x_{n+1}) - y(x_n)}{h}$$

由微分方程 (7.1),

$$y'(x_n) = f(x_n, y(x_n))$$

于是

$$f(x_n, y(x_n)) \approx \frac{y(x_{n+1}) - y(x_n)}{h}$$
$$y(x_{n+1}) \approx y(x_n) + hf(x_n, y(x_n))$$

进一步, 使用 y_n 近似 $y(x_n)$, 得到计算 $y(x_{n+1})$ 近似值 y_{n+1} 的向前 Euler 公式

$$y_{n+1} = y_n + hf(x_n, y_n) \tag{7.2}$$

演示6　解常微分
方程初值问题

从方程 (7.1) 中已知 y_0, 代入式 (7.2), 取 $n = 0$, 可以得到 y_1; y_1 代入式 (7.2), 可以计算出 y_2; 这样经过 m 步后, 就可以求出整个格点函数 $\{y_n, n = 1, 2, \cdots, m\}$. 方程 (7.2) 是关于格点函数 $\{y_n, n = 1, 2, \cdots, m\}$ 的方程, 我们称为差分方程.

由 y_n 直接算出 y_{n+1} 值的计算格式称为显式格式, 向前 Euler 公式是显式格式.

2. 欧拉方法的几何意义

以 $f(x_0, y_0)$ 为斜率, 通过点 (x_0, y_0) 作一条直线, 它与直线 $x = x_1$ 的交点就是 y_1. 依此类推, y_{n+1} 是以 $f(x_n, y_n)$ 为斜率过点 (x_n, y_n) 的直线与直线 $x = x_{n+1}$ 的交点. 也称 Euler 法为 Euler 折线法. 如图 7.1 所示.

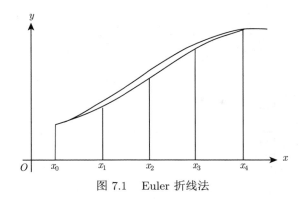

图 7.1　Euler 折线法

例 7.1　假定某公司的净资产 w(单位：万) 因资产本身产生了利息而以 4% 的年利率增长, 同时, 该公司以每年 100 万的数额支付职工工资. 净资产的微分方程

$$\frac{\mathrm{d}w}{\mathrm{d}t} = 0.04w - 100, \quad t \text{ 以年为单位}$$

分别以初始值 $x(0) = 1500, y(0) = 2500, z(0) = 3500$, 用 Euler 公式预测公司 24 年后的净资产趋势.

解　$w_{n+1} = w_n + h(0.04w_n - 100) = 1.04w_n - 100, h = 1$. w_0 分别以 $x_0 = 1500, y_0 = 2500, z_0 = 3500$ 代入, 计算结果见表 7.1.

表 **7.1**

n	x_n	y_n	z_n	n	x_n	y_n	z_n
1	1460	2500	3540	13	834.926	2500	4165.07
2	1418.4	2500	3581.6	14	768.324	2500	4231.68
3	1375.14	2500	3624.86	15	699.056	2500	4300.94
4	1330.14	2500	3669.86	16	627.019	2500	4372.98
5	1283.35	2500	3716.65	17	552.1	2500	4447.9
6	1234.68	2500	3765.32	18	474.183	2500	4525.82
7	1184.07	2500	3815.93	19	393.151	2500	4606.85
8	1131.43	2500	3868.57	20	308.877	2500	4691.12
9	1076.69	2500	3923.31	21	221.232	2500	4778.77
10	1019.76	2500	3980.24	22	130.081	2500	4869.92
11	960.546	2500	4039.45	23	35.2845	2500	4964.72
12	898.968	2500	4101.03	24	-63.3042	2500	5063.3

从表 7.1 可以看到当利息赢利低于工资的支出, 公司的净资产逐年减少, 以致净资产为负值; 当利息赢利与工资的支出平衡时, 公司的净资产每年保持不变; 当

利息赢利超过工资的支出, 公司的净资产稳步增长. 在图 7.2 中 L_1, L_2, L_3 分别表示初始值 3500, 2500 和 1500 的三条净资产趋势曲线.

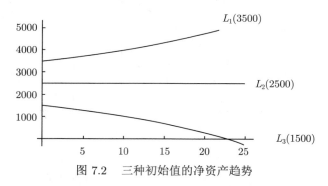

图 7.2   三种初始值的净资产趋势

3. 用向后差商近似 $y'(x)$

作出 $y(x)$ 在 $x = x_{n+1}$ 处的一阶向后差商

$$y'(x_{n+1}) \approx \frac{y(x_{n+1}) - y(x_n)}{h}$$

又 $y'(x_{n+1}) = f(x_{n+1}, y(x_{n+1}))$, 得到计算 $y(x_{n+1})$ 近似值 y_{n+1} 的向后 Euler 公式

$$y_{n+1} = y_n + hf(x_{n+1}, y_{n+1}) \tag{7.3}$$

通常 $f(x, y)$ 为 y 的非线性函数. 因此式 (7.3) 是关于 y_{n+1} 的非线性方程, 需要通过迭代法求得 y_{n+1}. 其中, 初始值 $y_{n+1}^{(0)}$ 可以由向前 Euler 公式提供. 这种 y_{n+1} 在差分方程两边, 需要迭代求解的格式, 称为隐式格式.

从算法结构上看, 显式公式比隐式公式简单; 从方法的稳定性和精度上看, 多数情况下, 隐式公式优于显式公式.

设 $f(x, y)$ 对 y 满足 Lipschitz 条件 (请参考 (7.7) 式), 则可以使用下列最简单的 Picard 迭代格式求解向后 Euler 公式:

$$\begin{cases} y_{n+1}^{(0)} = y_n + hf(x_n, y_n), \\ y_{n+1}^{(k+1)} = y_n + hf(x_{n+1}, y_{n+1}^{(k)}), \end{cases} \quad k = 0, 1, 2, \cdots$$

直到 $|y_{n+1}^{(k+1)} - y_{n+1}^{(k)}| <$ 给定精度. 可以证明, h 充分小时, 以上迭代收敛. 事实上, 记 $\varphi(y) = y_n + hf(x_{n+1}, y)$, 则

$$\varphi'(y) = hf_y(x_n, y)$$

h 充分小时, 可以证明, $|hf_y(x_n, y)| \leqslant hL < 1$, 其中 L 为 Lipschitz 常数.

实际上, 用显式格式得到的初始值已经很接近非线性方程的解了. 为了尽量减少迭代的次数, 一般先用显式公式算出初始值, 再用隐式公式进行一步迭代. 称这样的一个过程为预估–校正过程. 这样, 向后 Euler 公式可以使用如下的预估–校正公式:

$$\begin{cases} \bar{y}_{n+1} = y_n + hf(x_n, y_n) \\ y_{n+1} = y_n + hf(x_{n+1}, \bar{y}_{n+1}) \end{cases}$$

4. 用中心差商近似 $y'(x)$

作出 $y(x)$ 在 $x = x_n$ 处的中心差商

$$y'(x_n) \approx \frac{y(x_{n+1}) - y(x_{n-1})}{2h}$$

又

$$y'(x_n) = f(x_n, y(x_n))$$

得到计算 $y(x_{n+1})$ 近似值 y_{n+1} 的计算公式:

$$y_{n+1} = y_{n-1} + 2hf(x_n, y_n) \tag{7.4}$$

公式 (7.4) 称为中心差商格式. 按公式 (7.4), 需要知道 y_{n-1}, y_n 的值才能计算 y_{n+1} 的值. 这种格式也称多步格式. 在中心差商格式中, 需要先用其他公式算出 y_1, 然后才能用中心格式算出 $y_2, y_3, \cdots$, 这个过程称为多步格式的起步计算. 不过中心差商不是一个稳定的格式, 因此, 在实际计算中, 不予采用.

*7.1.2 Euler 公式的收敛性

1. 局部截断误差

对 $y(x_{n+1})$ 在 x_n 作 Taylor 展开:

$$y(x_{n+1}) = y(x_n + h) = y(x_n) + hy'(x_n) + \frac{h^2}{2!}y''(\xi_n), \quad x_n \leqslant \xi_n \leqslant x_{n+1}$$

由微分方程 (7.1), 可以得到

$$y(x_{n+1}) = y(x_n) + hf(x_n, y(x_n)) + \frac{h^2}{2!}y''(\xi_n), \quad x_n \leqslant \xi_n \leqslant x_{n+1} \tag{7.5}$$

比较向前 Euler 公式 (7.2) 可以知道, 若 $y_n = y(x_n)$, 则 $y(x_{n+1})$ 的误差为

$$T_{n+1} = y(x_{n+1}) - y_{n+1} = \frac{h^2}{2!}y''(\xi_n) \tag{7.6}$$

称为向前 Euler 公式的截断误差或称局部截断误差. 它是在假定前面的计算是精确的前提下, 用数值格式计算下一个点上函数值时产生的误差.

如果给定方法的局部截断误差是

$$T_{n+1} = O(h^{p+1})$$

则称方法是 p 阶的, 或称具有 p 阶精度. 可以看出, 向前 Euler 公式是 1 阶精度格式. 类似可以知道, 向后差商公式也是 1 阶公式, 而中心差商格式则是 2 阶格式.

2. 整体截断误差和收敛性

在计算 y_{n+1} 的局部截断误差时, 我们假定 y_n 值是准确的, 即 $y(x_n) = y_n$. 实际上, 从计算 y_1 开始, 每个 $\{y_k, k = 1, 2, \cdots, n\}$ 都有截断误差, 在 y_k 的误差会扩散到 y_{k+1} 中, 将这些前列点的误差累计到计算 $y(x_{k+1})$ 中, 称为整体截断误差. 它将决定方法的收敛性, 我们将估计这一误差.

由微分方程理论, 为保证微分方程解的存在唯一性及稳定性, 设 $f(x,y)$ 对 y 应满足 Lipschitz 条件, 即存在 $L > 0$, 对任意 $y, \bar{y}, f(x,y)$ 满足

$$|f(x,y) - f(x,\bar{y})| < L|y - \bar{y}| \tag{7.7}$$

(7.5) 与 (7.2) 两式相减得到

$$e_{n+1} = y(x_{n+1}) - y_{n+1} = y(x_n) - y_n + h[f(x_n, y(x_n)) - f(x_n, y_n)] + \frac{h^2}{2} y''(\xi_n)$$

记

$$T_{n+1} = \frac{h^2}{2!} y''(\xi_n)$$

故有

$$|e_{n+1}| \leqslant |e_n| + h|f(x_n, y(x_n)) - f(x_n, y_n)| + |T_{n+1}|$$
$$\leqslant |e_n| + hL|e_n| + |T_{n+1}|$$

记

$$T = \max_k |T_k| = O(h^2)$$

则有

$$|e_{n+1}| \leqslant (1 + Lh)|e_n| + T$$

因此有

$$|e_{n+1}| \leqslant (1 + Lh)[(1 + Lh)|e_{n-1}| + T] + T \leqslant \cdots$$
$$\leqslant (1 + Lh)^{n+1}|e_0| + T + (1 + Lh)T + (1 + Lh)^2 T + \cdots + (1 + Lh)^n T$$

$$= (1 + Lh)^{n+1}|e_0| + \frac{1 - (1 + Lh)^{n+1}}{1 - (1 + Lh)}T$$

$$< (1 + Lh)^{n+1}|e_0| + \frac{(1 + Lh)^{n+1}}{Lh}T$$

$$= (1 + Lh)^{n+1}\left[|e_0| + \frac{T}{Lh}\right]$$

对 $z > 0$, 由公式 $(1 + z)^n \leqslant \mathrm{e}^{nz}$, 最终可得

$$|e_{n+1}| \leqslant \mathrm{e}^{(n+1)Lh}\left[|e_0| + \frac{T}{Lh}\right] \leqslant \mathrm{e}^{L(b-a)}\left[|e_0| + \frac{T}{Lh}\right]$$

其中项 $\mathrm{e}^{L(b-a)}|e_0|$ 由原始误差引起, 当初始值为精确值时, 这一项的值是 0. 这样, 向前 Euler 公式的整体截断误差为 $\mathrm{e}^{L(b-a)}\dfrac{T}{Lh}$. 由于 $T = O(h^2)$, 所以整体截断误差为 $O(h)$. 当 $h \to 0$ 时, $\mathrm{e}^{L(b-a)}\dfrac{T}{Lh} \to 0$, 即向前 Euler 公式是收敛的.

收敛性反映了数值公式截断误差对计算结果的影响.

7.1.3　基于数值积分的近似公式

对常微分方程 $\dfrac{\mathrm{d}y}{\mathrm{d}x} = f(x, y)$ 两边在区间 $[x_n, x_{n+1}]$ 上积分再移项

$$y(x_{n+1}) = y(x_n) + \int_{x_n}^{x_{n+1}} f(x, y(x))\mathrm{d}x$$

用近似积分公式计算 $\displaystyle\int_{x_n}^{x_{n+1}} f(x, y(x))\mathrm{d}x$.

若取数值积分为左矩形公式:

$$\int_{x_n}^{x_{n+1}} f(x, y)\mathrm{d}x \approx (x_{n+1} - x_n)f(x, y(x_n)) = hf(x_n, y(x_n))$$

同样可以得到向前 Euler 公式:

$$y_{n+1} = y_n + hf(x_n, y_n)$$

若取数值积分为右矩形公式:

$$\int_{x_n}^{x_{n+1}} f(x, y)\mathrm{d}x \approx (x_{n+1} - x_n)f(x, y(x_{n+1})) = hf(x_{n+1}, y(x_{n+1}))$$

同样可以得到向后 Euler 公式:

$$y_{n+1} = y_n + hf(x_{n+1}, y_{n+1})$$

若取数值积分为梯形近似公式:

$$\int_{x_n}^{x_{n+1}} f(x,y)\mathrm{d}x \approx \frac{1}{2}(x_{n+1}-x_n)(f(x_{n+1},y(x_{n+1}))+f(x_n,y(x_n)))$$

$$= \frac{h}{2}(f(x_n,y(x_n))+f(x_{n+1},y(x_{n+1})))$$

得到梯形公式:

$$y_{n+1} = y_n + \frac{h}{2}(f(x_n,y_n)+f(x_{n+1},y_{n+1}))$$

梯形公式也是隐式格式, 可用 Picard 迭代 (或 Newton 迭代格式) 计算 y_{n+1}:

$$y_{n+1}^{(k+1)} = y_n + \frac{h}{2}(f(x_n,y_n)+f(x_{n+1},y_{n+1}^{(k)}))$$

也可以用显式的 Euler 公式和隐式的梯形公式组成的预估-校正公式:

$$\begin{cases} \bar{y}_{n+1} = y_n + hf(x_n,y_n), \\[2mm] y_{n+1} = y_n + \dfrac{h}{2}\left[f(x_n,y_n)+f(x_{n+1},\bar{y}_{n+1})\right] \end{cases} \tag{7.8}$$

式 (7.8) 也称为改进的 Euler 公式, 它可合并写成

$$y_{n+1} = y_n + \frac{h}{2}(f(x_n,y_n)+f(x_{n+1},y_n+hf(x_n,y_n)))$$

例 7.2　用梯形公式解初值问题

$$\begin{cases} \dfrac{\mathrm{d}y}{\mathrm{d}x} = y^2, \\[2mm] y(0)=1, \end{cases} \quad 0 \leqslant x \leqslant 0.4$$

解　$y_0 = 1$, $h = 0.1$. 用下面的迭代公式, 对每个点迭代 4 次,

$$\begin{cases} y_{n+1}^{(0)} = y_n + hy_n^2, \\[2mm] y_{n+1}^{(k+1)} = y_n + \dfrac{h}{2}[y_n^2+(y_{n+1}^{(k)})^2], \end{cases} \quad k = 0,1,2,3$$

该方程的精确解是 $y = \dfrac{1}{1-x}$, 计算结果如表 7.2 所示.

表 7.2

n	x_n	y_n	$y(x_n)$	$|y_n - y(x_n)|$
1	0.1	1.1118	1.1111	0.0007
2	0.2	1.2520	1.2500	0.0020
3	0.3	1.4331	1.4236	0.0095
4	0.4	1.6763	1.6667	0.0004

7.2 Runge-Kutta 方法

7.2.1 二阶 Runge-Kutta 方法

作 $y(x+h)$ 在 x 点的 Taylor 展开:

$$y(x+h) = y(x) + hy'(x) + \frac{h^2}{2!}y''(x) + \cdots + \frac{h^p}{p!}y^{(p)}(x) + \frac{h^{(p+1)}}{(p+1)!}y^{(p+1)}(x+\theta h)$$

$$= y(x) + hy'(x) + \frac{h^2}{2!}y''(x) + \cdots + \frac{h^p}{p!}y^{(p)}(x) + T_{p+1}(x)$$

这里 $0 \leqslant \theta \leqslant 1$, $T_{p+1}(x) = O(h^{p+1})$. 简单记 $T_{p+1} = T_{p+1}(x)$. 取 $x = x_n$,

$$y(x_{n+1}) = y(x_n) + hy'(x_n) + \frac{h^2}{2!}y''(x_n) + \cdots + \frac{h^p}{p!}y^{(p)}(x_n) + T_{p+1} \qquad (7.9)$$

由微分方程 (7.1), 有

$$y'(x_n) = f(x_n, y(x_n))$$
$$y''(x_n) = f_x(x_n, y(x_n)) + f_y(x_n, y(x_n))f(x_n, y(x_n))$$
$$\cdots\cdots$$

这样, 我们可以得到任意阶精度的公式.

取 $p = 1$,

$$y(x_{n+1}) = y(x_n) + hy'(x_n) + T_2(x_n) = y(x_n) + hf(x_n, y(x_n)) + T_2$$

截断 T_2 可得到计算 y_{n+1} 的 Euler 公式:

$$y_{n+1} = y_n + hf(x_n, y_n)$$

若取 $p = 2$, 式 (7.9) 可写成

$$y(x_{n+1}) = y(x_n) + hy'(x_n) + \frac{h^2}{2!}y''(x_n) + T_{n+1}$$

$$= y(x_n) + hf(x_n, y(x_n)) + \frac{h^2}{2!}[f_x(x_n, y(x_n)) + f_y(x_n, y(x_n))f(x_n, y(x_n))] + T_3$$

或

$$y(x_{n+1}) = y(x_n) + h\Big\{f(x_n, y(x_n))$$
$$+ \frac{h}{2!}[f_x(x_n, y(x_n)) + f_y(x_n, y(x_n))f(x_n, y(x_n))]\Big\} + T_3 \qquad (7.10)$$

截断 T_3 可得到 $y(x_{n+1})$ 近似值 y_{n+1} 的计算公式:

$$y_{n+1} = y_n + h\left\{f(x_n, y_n) + \frac{h}{2}[f_x(x_n, y_n) + f_y(x_n, y_n)f(x_n, y_n)]\right\}$$

以上的公式为二阶方法, 精度优于一阶的 Euler 公式 (7.2), 但是在计算 y_{n+1} 时, 需要计算 f, f_x, f_y 在 (x_n, y_n) 点的值, 因此不便于计算.

在 Runge-Kutta 方法中, 用 $f(x, y)$ 在点 $(x_n, y(x_n))$ 和它附近的点 $(x_n + ah, y(x_n) + bhf(x_n, y(x_n)))$ 上的值的线性组合逼近式 (7.10) 的主体. 即用

$$c_1 f(x_n, y(x_n)) + c_2 f(x_n + ah, y(x_n) + bhf(x_n, y(x_n))) \tag{7.11}$$

逼近

$$f(x_n, y(x_n)) + \frac{h}{2}[f_x(x_n, y(x_n)) + f_y(x_n, y(x_n))f(x_n, y(x_n))] \tag{7.12}$$

得到数值公式

$$y_{n+1} = y_n + h[c_1 f(x_n, y_n) + c_2 f(x_n + ah, y_n + bhf(x_n, y_n))]$$

可以看出, 只要逼近的误差仍为 $O(h^2)$, 就可以免除计算 $f(x, y)$ 的偏导数, 而且保持精度不变.

对式 (7.11) 在 $(x_n, y(x_n))$ 点展开得到

$$c_1 f(x_n, y(x_n)) + c_2[f(x_n, y(x_n)) + ahf_x(x_n, y(x_n))$$
$$+ bhf_y(x_n, y(x_n))f(x_n, y(x_n)) + O(h^2)]$$
$$=(c_1 + c_2)f(x_n, y(x_n)) + \frac{h}{2}[2c_2 af_x(x_n, y(x_n))$$
$$+ 2c_2 bf_y(x_n, y(x_n))f(x_n, y(x_n))] + O(h^2)$$

比较式 (7.12) 得到 c_1, c_2, a, b 满足

$$\begin{cases} c_1 + c_2 = 1 \\ 2c_2 a = 1 \\ 2c_2 b = 1 \end{cases}$$

此时式 (7.11) − 式 (7.12) $= O(h^2)$. 这是四个未知数、三个方程的方程组, 有无数组解.

Runge-Kutta 方法通常写成如下形式:

$$\begin{cases} y_{n+1} = y_n + h(c_1 k_1 + c_2 k_2) \\ k_1 = f(x_n, y_n) \\ k_2 = f(x_n + ah, y_n + bhk_1) \end{cases} \tag{7.13}$$

若取 $c_1 = \dfrac{1}{2}$, $c_2 = \dfrac{1}{2}$, $a = 1$, $b = 1$, 得到如下的二阶 Runge-Kutta 公式:

$$\begin{cases} y_{n+1} = y_n + \dfrac{h}{2}(k_1 + k_2) \\ k_1 = f(x_n, y_n) \\ k_2 = f(x_n + h, y_n + hk_1) \end{cases} \tag{7.14}$$

若取 $c_1 = 0$, $c_2 = 1$, $a = \dfrac{1}{2}$, $b = \dfrac{1}{2}$, 则得如下的二阶 Runge-Kutta 公式, 也称中点公式:

$$\begin{cases} y_{n+1} = y_n + hk_2 \\ k_1 = f(x_n, y_n) \\ k_2 = f\left(x_n + \dfrac{h}{2}, y_n + \dfrac{h}{2}k_1\right) \end{cases} \tag{7.15}$$

从公式建立过程中可看到, 二阶 Runge-Kutta 公式的局部截断误差仍为 $O(h^3)$, 是二阶精度的计算公式. 类似的想法可建立高阶的 Runge-Kutta 公式.

7.2.2 四阶 Runge-Kutta 公式

下面列出常用的三阶、四阶 Runge-Kutta 计算公式.

三阶 Runge-Kutta 公式:

(1)
$$\begin{cases} y_{n+1} = y_n + \dfrac{h}{6}(k_1 + 4k_2 + k_3) \\ k_1 = f(x_n, y_n) \\ k_2 = f\left(x_n + \dfrac{1}{2}h, y_n + \dfrac{1}{2}hk_1\right) \\ k_3 = f(x_n + h, y_n - hk_1 + 2hk_2) \end{cases} \tag{7.16}$$

(2)
$$\begin{cases} y_{n+1} = y_n + \dfrac{h}{4}(k_1 + 3k_3) \\ k_1 = f(x_n, y_n) \\ k_2 = f\left(x_n + \dfrac{1}{3}h, y_n + \dfrac{1}{3}hk_1\right) \\ k_3 = f\left(x_n + \dfrac{2}{3}h, y_n + \dfrac{2}{3}hk_2\right) \end{cases} \tag{7.17}$$

(3)
$$\begin{cases} y_{n+1} = y_n + \dfrac{h}{9}(2k_1 + 3k_2 + 4k_3) \\ k_1 = f(x_n, y_n) \\ k_2 = f\left(x_n + \dfrac{1}{2}h, y_n + \dfrac{1}{2}hk_1\right) \\ k_3 = f\left(x_n + \dfrac{3}{4}h, y_n + \dfrac{3}{4}hk_2\right) \end{cases} \tag{7.18}$$

四阶 Runge-Kutta 公式:

(1)
$$\begin{cases} y_{n+1} = y_n + \dfrac{h}{6}(k_1 + 2k_2 + 2k_3 + k_4) \\[2mm] k_1 = f(x_n, y_n) \\[2mm] k_2 = f\left(x_n + \dfrac{1}{2}h, y_n + \dfrac{1}{2}hk_1\right) \\[2mm] k_3 = f\left(x_n + \dfrac{1}{2}h, y_n + \dfrac{1}{2}hk_2\right) \\[2mm] k_4 = f(x_n + h, y_n + hk_3) \end{cases} \tag{7.19}$$

(2)
$$\begin{cases} y_{n+1} = y_n + \dfrac{h}{8}(k_1 + 3k_2 + 3k_3 + k_4) \\[2mm] k_1 = f(x_n, y_n) \\[2mm] k_2 = f\left(x_n + \dfrac{1}{3}h, y_n + \dfrac{1}{3}hk_1\right) \\[2mm] k_3 = f\left(x_n + \dfrac{2}{3}h, y_n + \dfrac{1}{3}hk_1 + hk_2\right) \\[2mm] k_4 = f(x_n + h, y_n + hk_1 - hk_2 + hk_3) \end{cases} \tag{7.20}$$

例 7.3   用四阶 Runge-Kutta 公式 (7.19) 解初值问题

$$\begin{cases} \dfrac{\mathrm{d}y}{\mathrm{d}x} = y^2 \cos x, \\[2mm] y(0) = 1, \end{cases} \qquad 0.0 \leqslant x \leqslant 0.8$$

解   取步长 $h = 0.2$, 计算公式为

$$\begin{cases} y_{n+1} = y_n + \dfrac{0.2}{6}(k_1 + 2k_2 + 2k_3 + k_4) \\[2mm] k_1 = y_n^2 \cos x_n \\[2mm] k_2 = (y_n + 0.1k_1)^2 \cos(x_n + 0.1) \\[2mm] k_3 = (y_n + 0.1k_2)^2 \cos(x_n + 0.1) \\[2mm] k_4 = (y_n + 0.2k_3)^2 \cos(x_n + 0.2) \end{cases}$$

案例3
Runge-Kutta
方法的实际应用

计算结果列表 7.3 中.

表 7.3

n	x_n	y_n	$y(x_n)$	$|y_n - y(x_n)|$
1	0.2	1.24789	1.24792	0.00003
2	0.4	1.63762	1.63778	0.00016
3	0.6	2.29618	2.29696	0.00078
4	0.8	3.53389	3.53802	0.00413

7.3 线性多步法

在 7.1.3 小节中用数值积分公式建立了 Euler 公式和梯形公式等数值方法, 下面给出一些更一般的用数值积分近似求解常微分方程初值问题的方法.

对常微分方程 $\dfrac{\mathrm{d}y}{\mathrm{d}x} = f(x, y)$, 两边在区间 $[x_{n-p}, x_{n+1}]$ 上积分得

$$y(x_{n+1}) = y(x_{n-p}) + \int_{x_{n-p}}^{x_{n+1}} f(x, y)\mathrm{d}x \tag{7.21}$$

我们用数值积分来近似 $\displaystyle\int_{x_{n-p}}^{x_{n+1}} f(x, y)\mathrm{d}x$, 从而构造线性多步格式.

格式中有两个控制量 p 和 q, 其中 p 控制积分区间, q 控制插值节点. 若用积分节点 $\{x_n, x_{n-1}, \cdots, x_{n-q}\}$ 近似计算 $\displaystyle\int_{x_{n-p}}^{x_{n+1}} f(x, y)\mathrm{d}x$, 得到显式公式

$$y_{n+1} = y_{n-p} + \sum_{j=0}^{q} \beta_j f(x_{n-j}, y_{n-j})$$

若用积分节点 $\{x_{n+1}, x_n, x_{n-1}, \cdots, x_{n+1-q}\}$ 近似计算 $\displaystyle\int_{x_{n-p}}^{x_{n+1}} f(x, y)\mathrm{d}x$, 得到隐式公式

$$y_{n+1} = y_{n-p} + \sum_{j=-1}^{k} \beta_j f(x_{n-j}, y_{n-j})$$

更一般地, 一个 $k+1$ 步的线性多步格式具有如下形式:

$$y_{n+1} = \sum_{i=0}^{k} \alpha_i y_{n-i} + \sum_{j=-1}^{k} \beta_j f(x_{n-j}, y_{n-j})$$

当 $\beta_{-1} = 0$ 时, 是显示格式; 当 $\beta_{-1} \neq 0$ 时, 是隐式格式.

例 7.4 建立 $p = 1, q = 2$ 显式公式.

解 按题意, 积分区间为 $[x_{n-1}, x_{n+1}]$, 积分节点为 $\{x_n, x_{n-1}, x_{n-2}\}$. 构造格式如下:

$$y_{n+1} = y_{n-1} + h[a_0 f(x_n, y_n) + a_1 f(x_{n-1}, y_{n-1}) + a_2 f(x_{n-2}, y_{n-2})]$$

其中的积分系数为

$$a_0 h = \int_{x_{n-1}}^{x_{n+1}} \frac{(x - x_{n-1})(x - x_{n-2})}{(x_n - x_{n-1})(x_n - x_{n-2})}\mathrm{d}x = \frac{7}{3}h$$

$$a_1 h = \int_{x_{n-1}}^{x_{n+1}} \frac{(x - x_n)(x - x_{n-2})}{(x_{n-1} - x_n)(x_{n-1} - x_{n-2})}\mathrm{d}x = -\frac{2}{3}h$$

$$a_2 h = \int_{x_{n-1}}^{x_{n+1}} \frac{(x - x_n)(x - x_{n-1})}{(x_{n-2} - x_n)(x_{n-2} - x_{n-1})}\mathrm{d}x = \frac{1}{3}h$$

得到计算格式

$$y_{n+1} = y_{n-1} + \frac{h}{3}[7f(x_n, y_n) - 2f(x_{n-1}, y_{n-1}) + f(x_{n-2}, y_{n-2})]$$

这是一个三步三阶的显式格式.

我们可以使用 Taylor 展开来估计线性多步格式的局部截断误差. 对上面的格式, 若 $y_n = y(x_n)$, $y_{n-1} = y(x_{n-1})$, $y_{n-2} = y(x_{n-2})$, 则有

$$y_{n+1} = y(x_{n-1}) + \frac{h}{3}[7f(x_n, y(x_n)) - 2f(x_{n-1}, y(x_{n-1})) + f(x_{n-2}, y(x_{n-2}))]$$

依微分方程 (7.1), 有

$$y_{n+1} = y(x_{n-1}) + \frac{h}{3}[7y'(x_n) - 2y'(x_{n-1}) + y'(x_{n-2})]$$

将上式在 x_n 处作 Taylor 展开, 与 $y(x_{n+1})$ 在 x_n 处的 Taylor 展开式做比较, 即可得到局部截断误差表达式

$$T_{n+1} = \frac{1}{3}h^4 y^{(4)}(\eta)$$

在多步格式的计算中, 还有一个起步计算的问题. 例如, 对于上面的这个三步三阶的显式格式, 除了 y_0, 还需要知道 y_1, y_2 的值, 才能使用该格式计算其余的节点上的值. 计算 y_1, y_2 的过程, 我们称为起步计算. 我们可以使用其他的格式来计算它们, 如前面介绍的 Runge-Kutta 格式. 为了不影响格式的整体截断误差, 起步计算的格式的精度至多只能比该格式的精度低一阶. 也就是说, 对于如上的三阶格式, 我们需要用至少二阶的 Runge-Kutta 格式来做起步计算.

例 7.5 构造 $p = 2, q = 2$ 的隐式格式.

解 取 $[x_{n-2}, x_{n+1}]$ 为积分区间, 以 $\{x_{n+1}, x_n, x_{n-1}\}$ 为积分节点, 构造格式

$$y_{n+1} = y_{n-2} + h[\beta_0 f(x_{n+1}, y_{n+1}) + \beta_1 f(x_n, y_n) + \beta_2 f(x_{n-1}, y_{n-1})]$$

则由数值积分公式, 有

$$\beta_0 h = \int_{x_{n-2}}^{x_{n+1}} \frac{(x - x_n)(x - x_{n-1})}{(x_{n+1} - x_n)(x_{n+1} - x_{n-1})} \mathrm{d}x = \frac{3}{4}h$$

$$\beta_1 h = \int_{x_{n-2}}^{x_{n+1}} \frac{(x - x_{n+1})(x - x_{n-1})}{(x_n - x_{n+1})(x_n - x_{n-1})} \mathrm{d}x = 0$$

$$\beta_2 h = \int_{x_{n-2}}^{x_{n+1}} \frac{(x - x_{n+1})(x - x_n)}{(x_{n-1} - x_{n+1})(x_{n-1} - x_n)} \mathrm{d}x = \frac{9}{4}h$$

得到格式:

$$y_{n+1} = y_{n-2} + \frac{h}{4}[3f(x_{n+1}, y_{n+1}) + 9f(x_{n-1}, y_{n-1})]$$

截断误差:

$$T_{n+1} = -\frac{3}{8}h^4 y^{(4)}(\eta)$$

这个隐格式的计算, 要使用显格式作为初值估计. 比如如下的预估–校正公式

$$\begin{cases} \bar{y}_{n+1} = y_{n-2} + \dfrac{h}{3}[7f(x_n, y_n) - 2f(x_{n-1}, y_{n-1}) + f(x_{n-2}, y_{n-2})], \\[3mm] y_{n+1} = y_{n-2} + \dfrac{h}{4}[3f(x_{n+1}, \bar{y}_{n+1}) + 9f(x_{n-1}, y_{n-1})] \end{cases}$$

我们把 $p = 0$ 的格式称为 Adams 公式. 此时有

$$y(x_{n+1}) = y(x_n) + \int_{x_n}^{x_{n+1}} f(x, y)\mathrm{d}x$$

若积分 $\displaystyle\int_{x_n}^{x_{n+1}} f(x, y)\mathrm{d}x$ 用关于积分节点 $\{x_n, x_{n-1}, \cdots, x_{n-q}\}$ 的数值积分近似, 就可得到显式的 Adams 公式. 若积分 $\displaystyle\int_{x_n}^{x_{n+1}} f(x, y)\mathrm{d}x$ 用关于积分节点 $\{x_{n+1}, x_n, \cdots, x_{n+1-q}\}$ 的数值积分近似, 我们可以得到隐式的 Adams 公式.

例 7.6　构造 $p = 0$, $q = 1$ 的显式格式.

解

$$y(x_{n+1}) = y(x_n) + \int_{x_n}^{x_{n+1}} [l_0(x)f(x_n, y(x_n)) + l_1(x)f(x_{n-1}, y(x_{n-1})) + R(x)]\mathrm{d}x$$

这里

$$\int_{x_n}^{x_{n+1}} l_0(x)\mathrm{d}x = \int_{x_n}^{x_{n+1}} \frac{x - x_{n-1}}{x_n - x_{n-1}}\mathrm{d}x = \frac{3}{2}h$$

$$\int_{x_n}^{x_{n+1}} l_1(x)\mathrm{d}x = \int_{x_n}^{x_{n+1}} \frac{x - x_n}{x_{n-1} - x_n}\mathrm{d}x = -\frac{1}{2}h$$

$$T_{n+1} = \int_{x_n}^{x_{n+1}} R(x)\mathrm{d}x = \int_{x_n}^{x_{n+1}} \frac{y^{(3)}(\eta)}{2}(x - x_n)(x - x_{n-1})\mathrm{d}x = \frac{5}{12}h^3 y^{(3)}(\xi)$$

即

$$y(x_{n+1}) = y(x_n) + \frac{h}{2}[3f(x_n, y(x_n)) - f(x_{n-1}, y(x_{n-1}))] + T_{n+1}$$

截断 T_{n+1} 可得到 $y(x_{n+1})$ 近似值 y_{n+1} 的计算公式:

$$y_{n+1} = y_n + \frac{h}{2}[3f(x_n, y_n) - f(x_{n-1}, y_{n-1})] \tag{7.22}$$

上式称为二阶显式 Adams 公式.

类似可得三阶显式 Adams 公式:

$$y_{n+1} = y_n + \frac{h}{12}[23f(x_n,y_n) - 16f(x_{n-1},y_{n-1}) + 5f(x_{n-2},y_{n-2})] \qquad (7.23)$$

$$T_{n+1} = \frac{3}{8}h^4 y^{(4)}(\xi)$$

四阶显式 Adams 公式:

$$y_{n+1} = y_n + \frac{h}{24}[55f(x_n,y_n) - 59f(x_{n-1},y_{n-1}) + 37f(x_{n-2},y_{n-2}) - 9f(x_{n-3},y_{n-3})]$$

$$T_{n+1} = \frac{251}{720}h^5 y^{(5)}(\xi) \qquad (7.24)$$

二阶隐式 Adams 公式 (也称为梯形公式):

$$y_{n+1} = y_n + \frac{h}{2}[f(x_n,y_n) + f(x_{n+1},y_{n+1})] \qquad (7.25)$$

$$T_{n+1} = -\frac{1}{12}h^3 y^{(3)}(\xi)$$

三阶隐式 Adams 公式:

$$y_{n+1} = y_n + \frac{h}{12}[5f(x_{n+1},y_{n+1}) + 8f(x_n,y_n) - f(x_{n-1},y_{n-1})] \qquad (7.26)$$

$$T_{n+1} = -\frac{1}{24}h^4 y^{(4)}(\xi)$$

四阶隐式 Adams 公式:

$$y_{n+1} = y_n + \frac{h}{24}[9f(x_{n+1},y_{n+1}) + 19f(x_n,y_n) - 5f(x_{n-1},y_{n-1}) + f(x_{n-2},y_{n-2})]$$
$$\qquad (7.27)$$

$$T_{n+1} = -\frac{19}{720}h^5 y^{(5)}(\xi)$$

7.4 常微分方程组的数值解法

7.4.1 一阶常微分方程组的数值解法

将由 m 个一阶方程组成的常微分方程初值问题

$$\begin{cases} \dfrac{\mathrm{d}y_1}{\mathrm{d}x} = f_1(x,y_1,y_2,\cdots,y_m), \\ \dfrac{\mathrm{d}y_2}{\mathrm{d}x} = f_2(x,y_1,y_2,\cdots,y_m), \\ \qquad\qquad \cdots\cdots \\ \dfrac{\mathrm{d}y_m}{\mathrm{d}x} = f_m(x,y_1,y_2,\cdots,y_m), \quad a \leqslant x \leqslant b \\ y_1(a) = \eta_1, \\ y_2(a) = \eta_2, \\ \qquad \cdots\cdots \\ y_m(a) = \eta_m, \end{cases} \qquad (7.28)$$

写成向量形式:

$$
\begin{cases}
\dfrac{\mathrm{d}Y}{\mathrm{d}x} = F(x, Y) \\[2mm]
Y(a) = \eta
\end{cases}
\tag{7.29}
$$

其中

$$
Y(x) = \begin{pmatrix} y_1(x) \\ y_2(x) \\ \vdots \\ y_m(x) \end{pmatrix}, \quad
F(x, Y) = \begin{pmatrix} f_1(x, y_1, \cdots, y_m) \\ f_2(x, y_1, \cdots, y_m) \\ \vdots \\ f_m(x, y_1, \cdots, y_m) \end{pmatrix}, \quad
\eta = \begin{pmatrix} \eta_1 \\ \eta_2 \\ \vdots \\ \eta_m \end{pmatrix}
$$

解常微分方程的 Euler 方法、Runge-Kutta 方法等各种方法, 都可以平行地应用到常微分方程组的数值解中. 为了叙述方便, 下面以两个方程组为例, 给出相应的计算公式.

对于常微分方程组

$$
\begin{cases}
\dfrac{\mathrm{d}y}{\mathrm{d}x} = f(x, y, z), \\[2mm]
\dfrac{\mathrm{d}z}{\mathrm{d}x} = g(x, y, z), \quad a \leqslant x \leqslant b \\[2mm]
y(a) = y_0, \\[1mm]
z(a) = z_0,
\end{cases}
$$

记

$$
Y(x) = \begin{pmatrix} y(x) \\ z(x) \end{pmatrix}, \quad
F(x, Y) = \begin{pmatrix} f(x, y, z) \\ g(x, y, z) \end{pmatrix}
$$

应用向前 Euler 公式, 得到

$$
Y_{n+1} = Y_n + hF(x_n, Y_n)
$$

即有

$$
\begin{pmatrix} y_{n+1} \\ z_{n+1} \end{pmatrix} = \begin{pmatrix} y_n \\ z_n \end{pmatrix} + h \begin{pmatrix} f(x_n, y_n, z_n) \\ g(x_n, y_n, z_n) \end{pmatrix}
$$

也可以写成

$$
\begin{cases}
y_{n+1} = y_n + hf(x_n, y_n, z_n) \\
z_{n+1} = z_n + hg(x_n, y_n, z_n)
\end{cases}
$$

类似可以得到预估–校正公式 (7.8),

$$\begin{pmatrix} \bar{y}_{n+1} \\ \bar{z}_{n+1} \end{pmatrix} = \begin{pmatrix} y_n \\ z_n \end{pmatrix} + h \begin{pmatrix} f(x_n, y_n, z_n) \\ g(x_n, y_n, z_n) \end{pmatrix}$$

$$\begin{pmatrix} y_{n+1} \\ z_{n+1} \end{pmatrix} = \begin{pmatrix} y_n \\ z_n \end{pmatrix} + \frac{h}{2} \left[\begin{pmatrix} f(x_n, y_n, z_n) \\ g(x_n, y_n, z_n) \end{pmatrix} + \begin{pmatrix} f(x_{n+1}, \bar{y}_{n+1}, \bar{z}_{n+1}) \\ g(x_{n+1}, \bar{y}_{n+1}, \bar{z}_{n+1}) \end{pmatrix} \right]$$

四阶 Runge-Kutta 公式 (7.19):

$$\begin{pmatrix} y_{n+1} \\ z_{n+1} \end{pmatrix} = \begin{pmatrix} y_n \\ z_n \end{pmatrix} + \frac{h}{6} \left[\begin{pmatrix} k_1^{(1)} \\ k_1^{(2)} \end{pmatrix} + 2 \begin{pmatrix} k_2^{(1)} \\ k_2^{(2)} \end{pmatrix} + 2 \begin{pmatrix} k_3^{(1)} \\ k_3^{(2)} \end{pmatrix} + \begin{pmatrix} k_4^{(1)} \\ k_4^{(2)} \end{pmatrix} \right]$$

$$\begin{pmatrix} k_1^{(1)} \\ k_1^{(2)} \end{pmatrix} = \begin{pmatrix} f(x_n, y_n, z_n) \\ g(x_n, y_n, z_n) \end{pmatrix}$$

$$\begin{pmatrix} k_2^{(1)} \\ k_2^{(2)} \end{pmatrix} = \begin{pmatrix} f\left(x_n + \dfrac{h}{2}, y_n + \dfrac{h}{2}k_1^{(1)}, z_n + \dfrac{h}{2}k_1^{(2)}\right) \\ g\left(x_n + \dfrac{h}{2}, y_n + \dfrac{h}{2}k_1^{(1)}, z_n + \dfrac{h}{2}k_1^{(2)}\right) \end{pmatrix}$$

$$\begin{pmatrix} k_3^{(1)} \\ k_3^{(2)} \end{pmatrix} = \begin{pmatrix} f\left(x_n + \dfrac{h}{2}, y_n + \dfrac{h}{2}k_2^{(1)}, z_n + \dfrac{h}{2}k_2^{(2)}\right) \\ g\left(x_n + \dfrac{h}{2}, y_n + \dfrac{h}{2}k_2^{(1)}, z_n + \dfrac{h}{2}k_2^{(2)}\right) \end{pmatrix}$$

$$\begin{pmatrix} k_4^{(1)} \\ k_4^{(2)} \end{pmatrix} = \begin{pmatrix} f(x_n + h, y_n + hk_3^{(1)}, z_n + hk_3^{(2)}) \\ g(x_n + h, y_n + hk_3^{(1)}, z_n + hk_3^{(2)}) \end{pmatrix}$$

例 7.7　两种果树寄生虫, 其数量分别是 $u = u(t), v = v(t)$, 其中一种寄生虫以吃另一种寄生虫为生, 两种寄生虫的增长函数如常微分方程组

$$\begin{cases} \dfrac{\mathrm{d}u}{\mathrm{d}t} = 0.09u\left(1 - \dfrac{u}{20}\right) - 0.45uv \\ \dfrac{\mathrm{d}v}{\mathrm{d}t} = 0.06v\left(1 - \dfrac{v}{15}\right) - 0.001uv \\ u(0) = 1.6 \\ v(0) = 1.2 \end{cases}$$

所示, 预测 3 年后这一对寄生虫的数量.

解　记

$$\begin{cases} f(u, v) = 0.09u\left(1 - \dfrac{u}{20}\right) - 0.45uv \\ g(u, v) = 0.06v\left(1 - \dfrac{v}{15}\right) - 0.001uv \end{cases}$$

在本例中

$$f(t, u, v) = f(u, v), \quad g(t, u, v) = g(u, v)$$

用 Euler 预估–校正公式

$$
\left.\begin{array}{c}
\left\{\begin{array}{c} \bar{u}_{n+1} \\ \bar{v}_{n+1} \end{array}\right\} = \begin{pmatrix} u_n \\ v_n \end{pmatrix} + h \begin{pmatrix} f(u_n, v_n) \\ g(u_n, v_n) \end{pmatrix} \\
\left.\begin{array}{c} u_{n+1} \\ v_{n+1} \end{array}\right\} = \begin{pmatrix} u_n \\ v_n \end{pmatrix} + \frac{h}{2}\left[\begin{pmatrix} f(u_n, v_n) \\ g(u_n, v_n) \end{pmatrix} + \begin{pmatrix} f(\bar{u}_{n+1}, \bar{v}_{n+1}) \\ g(\bar{u}_{n+1}, \bar{v}_{n+1}) \end{pmatrix} \right]
\end{array}\right.
$$

取 $h = 1$, 计算结果见表 7.4.

表 7.4

t/年	$u(t)$	$v(t)$
1	1.6	1.2
2	1.02457	1.26834
3	0.640912	1.3366
4	0.391211	1.41077

7.4.2 高阶常微分方程数值方法

以三阶常微分方程

$$
\begin{cases}
\dfrac{\mathrm{d}^3 y(x)}{\mathrm{d}x} = f(x, y, y', y''), \\
y(a) = \eta^{(0)}, \\
y'(a) = \eta^{(1)}, \\
y''(a) = \eta^{(2)},
\end{cases} \qquad a \leqslant x \leqslant b
$$

为例说明高阶常微分方程的数值计算步骤.

令

$$y(x) = y_1(x)$$
$$\frac{\mathrm{d}y_1(x)}{\mathrm{d}x} = y_2(x)$$
$$\frac{\mathrm{d}y_2(x)}{\mathrm{d}x} = y_3(x)$$

将三阶方程化为一阶方程组

$$\begin{cases} \dfrac{\mathrm{d}y_1(x)}{\mathrm{d}x} = y_2(x) \\[2mm] \dfrac{\mathrm{d}y_2(x)}{\mathrm{d}x} = y_3(x) \\[2mm] \dfrac{\mathrm{d}y_3(x)}{\mathrm{d}x} = f(x, y_1(x), y_2(x), y_3(x)) \\[2mm] y_1(a) = \eta^{(0)} \\[1mm] y_2(a) = \eta^{(1)} \\[1mm] y_3(a) = \eta^{(2)} \end{cases}$$

使用前面介绍的方法求解这个方程组即可.

*7.5　绝对稳定性

用 Euler 公式 $y_{n+1} = y_n + h f(x_n, y_n)$ 计算时, 假设计算中的某一步有误差, 而以后的计算是精确的, 那么这一步的误差对以后的计算有何影响? 如果随着计算的进程这一步的误差对以后的影响能够被控制, 那么该格式是稳定的. 如果这一步的误差在以后计算中无限放大, 则称格式是不稳定的. 在选用格式时, 格式的稳定性是最为重要的指标. 不稳定的格式是不能采用的.

常微分方程数值解的收敛性和稳定性是常微分方程数值解涉及较深的数学理论部分, 在有关常微分方程数值解的专著中有详细的讨论. 本教材仅给出一点概念性的介绍和一些具体方法实例. 下面要讨论的绝对稳定性, 是讨论格式求解如下的典型的微分方程

$$\begin{cases} \dfrac{\mathrm{d}y}{\mathrm{d}x} = \lambda y, \\[2mm] y(a) = y_0, \end{cases} \qquad a \leqslant x \leqslant b, \quad \lambda \text{是复数}, \quad \mathrm{Re}\,\lambda < 0 \tag{7.30}$$

时表现出来的稳定性.

例 7.8　讨论向前 Euler 格式的绝对稳定性.

解　计算典型微分方程 (7.30) 的向前 Euler 公式为

$$y_{n+1} = y_n + \lambda h y_n \tag{7.31}$$

若 y_n 有误差 ρ_n, 记 $y_n^* = y_n + \rho_n$, 则

$$y_{n+1}^* = y_n^* + \lambda h y_n^* \tag{7.32}$$

也就是说, y_{n+1} 有误差 ρ_{n+1}, 为 $\rho_{n+1} = y_{n+1}^* - y_{n+1}$.

(7.31) 与 (7.32) 两式相减, 得到误差满足的关系式

$$\rho_{n+1} = \rho_n + \lambda\, h\rho_n = (1+\lambda\, h)\rho_n$$

或

$$\frac{|\rho_{n+1}|}{|\rho_n|} = |1 + \lambda h|$$

当 $|1 + \lambda\, h| < 1$ 时, 即 λh 落在如图 7.3 所示的单位圆内时有

$$\frac{|\rho_{n+1}|}{|\rho_n|} < 1$$

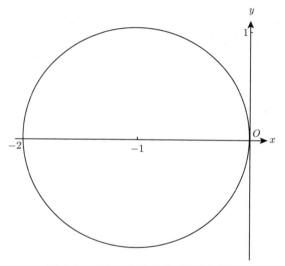

图 7.3   Euler 方法的绝对稳定区域

所以, 当 h 足够小时, 误差逐次衰减. 如果一个格式应用到微分方程 (7.30) 上, 总存在左半复平面上的区域, 使得格式是稳定的, 则称这个格式是绝对稳定的. 这个区域称为绝对稳定区域. 格式的绝对稳定性区域, 决定了计算中可以采用的最大步长 h 的大小. 显然, 绝对稳定区域越大, 所能允许的 h 也越大. 向前 Euler 方法的 $\{\lambda, h\}$ 受到 $|1 + \lambda\, h| < 1$ 的约束.

例 7.9   讨论向后 Euler 方法的绝对稳定性.

解   向后 Euler 方法计算 (7.30) 的公式:

$$y_{n+1} = y_n + \lambda h y_{n+1}$$

误差方程:

$$y_{n+1} - y_{n+1}^* = y_n - y_n^* + \lambda h(y_{n+1} - y_{n+1}^*)$$
$$\rho_{n+1} = \rho_n + \lambda h\rho_{n+1}$$

计算相邻两步误差的比值

$$\left| \frac{\rho_{n+1}}{\rho_n} \right| = \frac{1}{|1 - \lambda h|}$$

由 $\text{Re}(\lambda) < 0$, 对任意 h, 恒有 $\left| \dfrac{\rho_{n+1}}{\rho_n} \right| = \dfrac{1}{|1 - \lambda h|} < 1$, 误差逐次衰减. 此格式的绝对稳定区域是整个左半复平面. 当绝对稳定区域是整个左半复平面时, 则称这个格式是 A 稳定的, 或称无条件绝对稳定. 这种格式对任意步长 h 都是稳定的.

如果一个数值方法对于方程 (7.30) 是绝对稳定的, 而对复杂一些的更一般的微分方程不一定是绝对稳定的, 只能在一定程度上反映数值方法的特性.

例 7.10　讨论中心差分方法的稳定性.

解　用中心差分方法计算 (7.30) 的公式:

$$y_{n+1} = y_{n-1} + 2\lambda hy_n$$

误差方程:

$$\rho_{n+1} = \rho_{n-1} + 2\lambda h\rho_n \tag{7.33}$$

不失一般性, 我们考虑由 ρ_0, ρ_1 对以后 ρ_n 的影响. 差分方程 (7.33) 的特征方程为

$$\xi^2 - 2\lambda h\xi - 1 = 0$$

它的两个根为

$$\xi_1 = \lambda h + \sqrt{1 + (\lambda h)^2}, \quad \xi_2 = \lambda h - \sqrt{1 + (\lambda h)^2}$$

由差分方程理论 (略), ρ_n 的一般解可由下式表达:

$$\rho_n = a\left(\lambda h + \sqrt{(1 + (\lambda h)^2)}\right)^n + b\left(\lambda h - \sqrt{(1 + (\lambda h)^2)}\right)^n$$

其中 a, b 可由 ρ_0, ρ_1 决定. 由于 $\text{Re}\lambda h < 0$, 故 $|\lambda h - \sqrt{1 + (\lambda h)^2}| > 1$. 这样 ρ_n 因 n 增大而恶性发展, 所以方法对任何 h 是不稳定的.

例 7.11　讨论 Runge-Kutta 方法的稳定性.

解   以三阶 Runge-Kutta 为例,

$$\begin{cases} y_{n+1} = y_n + \dfrac{h}{6}(k_1 + 4k_2 + k_3) \\[2mm] k_1 = f(x_n, y_n) \\[2mm] k_2 = f\left(x_n + \dfrac{1}{2}h, y_n + \dfrac{1}{2}hk_1\right) \\[2mm] k_3 = f(x_n + h, y_n - hk_1 + 2hk_2) \end{cases}$$

应用到 $\dfrac{\mathrm{d}y}{\mathrm{d}x} = \lambda\,y$ 得到

$$\begin{cases} y_{n+1} = y_n + \dfrac{h}{6}(k_1 + 4k_2 + k_3) \\[2mm] k_1 = \lambda\,y_n \\[2mm] k_2 = \lambda\left(y_n + \dfrac{1}{2}\lambda h y_n\right) = \lambda\left(1 + \dfrac{1}{2}\lambda h\right)y_n \\[2mm] k_3 = \lambda[1 + \lambda h + (\lambda h)^2]y_n \end{cases}$$

$$y_{n+1} = y_n + \frac{\lambda h}{6}\left[1 + 4\left(1 + \frac{1}{2}\lambda h\right) + [1 + \lambda h + (\lambda h)^2]\right]y_n$$

$$y_{n+1} = \left[1 + \lambda h + \frac{1}{2}(\lambda h)^2 + \frac{1}{6}(\lambda h)^3\right]y_n$$

误差方程为

$$\rho_{n+1} = \left[1 + \lambda h + \frac{1}{2}(\lambda h)^2 + \frac{1}{6}(\lambda h)^3\right]\rho_n$$

得到稳定区域为

$$\left|1 + \lambda h + \frac{1}{2}(\lambda h)^2 + \frac{1}{6}(\lambda h)^3\right| < 1$$

因此三阶 Runge-Kutta 是绝对稳定格式.

可以证明, Runge-Kutta 方法和隐式的 Adams 方法都是绝对稳定的. 例如, k 阶 Runge-Kutta 方法的绝对稳定区域如图 7.4 所示.

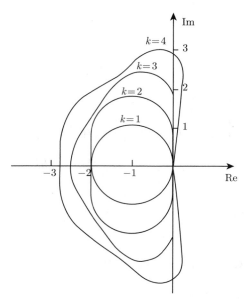

图 7.4　Runge-Kutta 绝对稳定区域

习　题　7

1. 用 (向前)Euler 公式解初值问题

$$\begin{cases} \dfrac{\mathrm{d}y}{\mathrm{d}x} = x + y^2, \\ y(0) = 1, \end{cases} \quad 0 \leqslant x \leqslant 0.5,\text{取 } h = 0.1$$

2. 用向后 Euler 公式解初值问题

$$\begin{cases} \dfrac{\mathrm{d}y}{\mathrm{d}x} = x^2 + y, \\ y(1.0) = 1, \end{cases} \quad 1.0 \leqslant x \leqslant 1.5,\text{取 } h = 0.1$$

3. $p(t)$ 是关于 t 年时的人口数, 若平均出生率 b 为常数, 平均死亡率与人口数量成正比, 用 (向前)Euler 公式解初值问题, 则人口生长率满足

$$\frac{\mathrm{d}p(t)}{\mathrm{d}t} = bp(t) - kp^2(t)$$

其中

$$p(0) = 50976, \quad b = 2.9 \times 10^{-2}, \quad k = 1.4 \times 10^{-7}$$

用二阶 Runge-Kutta 公式计算 5 年后的人口数.

4. 用改进的 Euler 法解初值问题

$$\begin{cases} \dfrac{\mathrm{d}y}{\mathrm{d}x} = x^2 + y, \\ y(1.0) = 1, \end{cases} \qquad 1 \leqslant x \leqslant 2,\text{取 } h = 0.2$$

5. 用四阶 Runge-Kutta 公式解初值问题

$$\begin{cases} \dfrac{\mathrm{d}y}{\mathrm{d}x} = x/y, \\ y(2.0) = 1, \end{cases} \qquad 2.0 \leqslant x \leqslant 2.6,\text{取 } h = 0.2$$

6. 用线性多步法解初值问题, 取 $p = 1, q = 2$ 的隐式格式

$$\begin{cases} \dfrac{\mathrm{d}y}{\mathrm{d}x} = xy, \\ y(3.0) = 1, \end{cases} \qquad 3.0 \leqslant x \leqslant 3.6,\text{取 } h = 0.2$$

7. 用两步 Adams 显示公式解初值问题

$$\begin{cases} \dfrac{\mathrm{d}y}{\mathrm{d}x} = -xy, \\ y(0) = 1, \end{cases} \qquad 0 \leqslant x \leqslant 0.5,\text{取 } h = 0.1$$

8. 由三阶显式 Adams 公式

$$y_{n+1} = y_n + \frac{h}{12}\left[23f(x_n, y_n) - 16f(x_{n-1}, y_{n-1}) + 5f(x_{n-2}, y_{n-2})\right]$$

推导局部截断误差

$$T_{n+1} = \frac{3}{8}h^4 y^{(4)}(\xi)$$

9. 一对物种称为 A.fisheri 和 A.melinus, 其数量分别为 $u = u(t), v = v(t)$, 其中 A.fisheri 以吃 A.melinus 为生, 预测 3 年后这一对物种的数量 (方法自选).

$$\begin{cases} \dfrac{\mathrm{d}u}{\mathrm{d}t} = 0.05u\left(1 - \dfrac{u}{20}\right) - 0.002uv \\ \dfrac{\mathrm{d}v}{\mathrm{d}t} = 0.09v\left(1 - \dfrac{v}{15}\right) - 0.15uv \\ u(0) = 0.193 \\ v(0) = 0.083 \end{cases}$$

*10. 对于常微分方程初值问题 (7.1), 试确定常数 α 和 β, 使得如下线性多步格式

$$y_{n+3} - y_n + \alpha(y_{n+2} - y_{n+1}) = h\beta\left[f(x_{n+2}, y_{n+2}) + f(x_{n+1}, y_{n+1})\right]$$

至少具有 3 阶精度, 并给出局部截断误差.

本章课件

第 8 章　计算矩阵的特征值和特征向量

在讨论迭代矩阵的收敛性、论证常微分方程的稳定性时, 在 Google 搜索引擎算法中都与特征值密切相关. 设一个 n 阶矩阵 A, 若有数 λ 及 n 维非零向量 v 满足 $Av = \lambda v$, 则称 λ 为 A 的特征值, 称 v 为属于特征值 λ 的特征向量. 在线性代数中, 需要先计算矩阵 A 的特征多项式, 即 $\det(\lambda I - A) = \lambda^n + \cdots + (-1)^n \det A$ 的根, 得到 A 的 n 个特征值 $\{\lambda_i, \ i = 1, 2, \cdots, n\}$, 再逐次解出线性方程组 $(A - \lambda_i I)v = 0$ 的非零解, 得到属于 λ_i 的特征向量. 由于求解高次多项式的根是件很困难的事, 上述方法一般无法解出阶数略大 $(n > 4)$ 的矩阵特征值的精确解, 在实际计算中按定义来计算矩阵特征值行之无效.

本章介绍的是一些简单有效的计算矩阵特征值和特征向量的近似值的数值方法.

8.1　幂　　法

8.1.1　幂法计算

在实际问题中, 矩阵的按模最大特征值往往起更重要的作用. 例如, 矩阵的谱半径即矩阵的按模最大特征值的值, 决定了迭代矩阵是否收敛. 因此, 矩阵的按模最大的特征值比其余的特征值的地位更加重要. 幂法是计算矩阵按模最大特征值及相应的特征向量的数值方法.

简单地说, 任取非零初始向量 $X^{(0)}$, 进行迭代计算

$$X^{(k+1)} = AX^{(k)}$$

得到迭代序列 $\{X^{(k)}\}$, 分析 $X^{(k+1)}$ 与 $X^{(k)}$ 之间的关系, 得到 A 的按模最大特征值及特征向量的近似解.

例 8.1　矩阵 $A = \begin{pmatrix} 0 & 1 \\ 1 & 1 \end{pmatrix}$, 用迭代序列 $X^{(k+1)} = AX^{(k)}$ 计算 A 的最大特征值.

解　计算 A 的特征多项式可得到 A 的特征值为 1.61803 和 0.61803. 取

$$X^{(0)} = \begin{pmatrix} 1 \\ 1 \end{pmatrix}, \ X^{(1)} = A \cdot X^{(0)} = \begin{pmatrix} 1 \\ 2 \end{pmatrix}, \ X^{(2)} = A \cdot X^{(1)} = \begin{pmatrix} 2 \\ 3 \end{pmatrix}$$

$$X^{(3)} = A \cdot X^{(2)} = \begin{pmatrix} 3 \\ 5 \end{pmatrix}, \quad X^{(4)} = \begin{pmatrix} 5 \\ 8 \end{pmatrix}, \quad X^{(5)} = \begin{pmatrix} 8 \\ 13 \end{pmatrix}, \cdots$$

在表 8.1 中列出迭代序列 $X^{(0)}, X^{(1)}, \cdots, X^{(12)}$; 以及 $x_1^{(k)}/x_1^{(k-1)}$ 和 $x_2^{(k)}/x_2^{(k-1)}$ 的值.

表 8.1

k	$X^{(k)}$		$x_1^{(k)}/x_1^{(k-1)}$	$x_2^{(k)}/x_2^{(k-1)}$	k	$X^{(k)}$		$x_1^{(k)}/x_1^{(k-1)}$	$x_2^{(k)}/x_2^{(k-1)}$
0	1	1			8	34	55	1.61905	1.61765
1	1	2	1	2	9	55	89	1.61765	1.61818
2	2	3	2	1.5	10	89	144	1.61818	1.61798
3	3	5	1.5	1.66667	11	144	233	1.61798	1.61806
4	5	8	1.66667	1.6	12	233	377	1.61806	1.61803
5	8	13	1.6	1.625	13	377	610	1.61803	1.61804
6	13	21	1.625	1.61538	14	610	987	1.61803	1.61804
7	21	34	1.61538	1.61905	15	987	1597	1.61803	1.61803

观察前后两个向量对应分量的比值

$$\frac{x_1^{(14)}}{x_1^{(13)}} = \frac{610}{377} = 1.61803, \quad \frac{x_2^{(14)}}{x_2^{(13)}} = \frac{987}{610} = 1.61804$$

$$\frac{x_1^{(15)}}{x_1^{(14)}} = \frac{987}{610} = 1.61803, \quad \frac{x_2^{(15)}}{x_2^{(14)}} = \frac{1597}{987} = 1.61803$$

在本题中, 可以看到当 k 充分大的时候 $X^{(k+1)}$ 与 $X^{(k)}$ 对应元素的比值趋于最大特征值 1.61803. 但是, 并非对每个矩阵 $X^{(k+1)}$ 与 $X^{(k)}$ 对应元素的比值都趋于矩阵按模最大的特征值. 这与矩阵特征值的分布有关.

在幂法中, 假设矩阵 A 有特征值 $\lambda_i, i = 1, 2, \cdots, n$, 其中

$$|\lambda_1| \geqslant |\lambda_2| \geqslant |\lambda_3| \geqslant \cdots \geqslant |\lambda_n|$$

并有 n 个线性无关的特征向量 v_i, $Av_i = \lambda_i v_i$, $i = 1, 2, \cdots, n$.

任取初始向量 $X^{(0)}$, $X^{(0)}$ 可由 A 的 n 个线性无关的特征向量 v_i 线性表示. 设

$$X^{(0)} = \alpha_1 v_1 + \alpha_2 v_2 + \cdots + \alpha_n v_n \tag{8.1}$$

那么, $X^{(1)} = AX^{(0)} = \alpha_1 \lambda_1 v_1 + \alpha_2 \lambda_2 v_2 + \cdots + \alpha_n \lambda_n v_n$.

一般地, 有

$$X^{(k)} = AX^{(k-1)} = \alpha_1 \lambda_1^k v_1 + \alpha_2 \lambda_2^k v_2 + \cdots + \alpha_n \lambda_n^k v_n \tag{8.2}$$

$X^{(k)}$ 的变化趋势与特征值的分布有关, 幂法根据 $X^{(k)}$ 的变化趋势计算矩阵按模最大的特征值. 下面讨论幂法中两种比较简单的情况.

(1) 按模最大的特征值只有一个, 且是单实根.

设 $|\lambda_1| > |\lambda_2| \geqslant |\lambda_3| \geqslant \cdots |\lambda_n|$, 由 (8.2) 得到

$$X^{(k)} = \alpha_1 \lambda_1^k v_1 + \alpha_2 \lambda_2^k v_2 + \cdots + \alpha_n \lambda_n^k v_n$$

$$= \lambda_1^k \left[\alpha_1 v_1 + \alpha_2 \left(\frac{\lambda_2}{\lambda_1} \right)^k v_2 + \cdots + \alpha_n \left(\frac{\lambda_n}{\lambda_1} \right)^k v_n \right] \tag{8.3}$$

若 $\alpha_1 \neq 0$, 由于 $\left| \dfrac{\lambda_i}{\lambda_1} \right| < 1, i = 2, 3, \cdots, n,$

$$\left| \frac{\lambda_i}{\lambda_1} \right|^k \to 0, \quad k \to +\infty, \quad i = 2, 3, \cdots, n$$

故对充分大的 k,

$$X^{(k)} \approx \lambda_1^k \alpha_1 v_1, \quad X^{(k+1)} \approx \lambda_1^{k+1} \alpha_1 v_1 = \lambda_1 \lambda_1^k \alpha_1 v_1 = \lambda_1 X^{(k)} \tag{8.4}$$

记 $X^{(k)} = (x_1^{(k)}, \cdots, x_n^{(k)})^{\mathrm{T}}$, 得到按模最大的特征值

$$\lambda_1 \approx x_i^{(k+1)}/x_i^{(k)}, \quad i = 1, 2, \cdots, n \tag{8.5}$$

相应的特征向量近似地为 $X^{(k)}$.

由 (8.3) 式可知, $\{x_i^{(k+1)}/x_i^{(k)}\}$ 收敛于 λ_1 的速度取决于比值 $\left| \dfrac{\lambda_2}{\lambda_1} \right|$ 的大小.

例 8.2　计算矩阵 A 的按模最大的特征值和它的特征向量.

$$A = \begin{pmatrix} -4 & 6 \\ 3 & -1 \end{pmatrix}$$

解　用表 8.2 给出计算结果.

表 8.2

k	$X^{(k)}$		$x_1^{(k)}/x_1^{(k-1)}$	$x_2^{(k)}/x_2^{(k-1)}$	$|\lambda_1^{(k)} - \lambda_1^{(k-1)}|$
0	1	-1			
1	-10	4			
2	64	-34			
3	-460	226	-7.1875	-7.1875	
4	3196	-1606	-6.94783	-6.94783	0.239674
5	-22420	11194	-7.01502	-7.01502	0.0671927
6	156844	-78454	-6.99572	-6.99572	0.0193007

$$x_2^{(6)}/x_2^{(5)} = -78454/11194 = -6.99572$$

可以看到, 这个比值按幂法计算越来越接近 A 按模最大的特征值 -7.

(2) 按模最大的特征值是互为反号的实根.

设 $\lambda_1 > 0$, 且 $\lambda_1 = -\lambda_2$, 即 $|\lambda_1| = |\lambda_2| > |\lambda_3| \geqslant \cdots \geqslant |\lambda_n|$. 这时有

$$X^{(k)} = \lambda_1^k \left(\alpha_1 v_1 + (-1)^k \alpha_2 v_2 + \alpha_3 \left(\frac{\lambda_3}{\lambda_1} \right)^k v_3 + \cdots + \alpha_n \left(\frac{\lambda_n}{\lambda_1} \right)^k v_n \right)$$

当 k 充分大时, 有

$$
\begin{aligned}
X^{(k)} &\approx \lambda_1^k (\alpha_1 v_1 + (-1)^k \alpha_2 v_2) \\
X^{(k+1)} &= \lambda_1^{k+1} (\alpha_1 v_1 + (-1)^{k+1} \alpha_2 v_2) \quad (X^{(k)}\text{与}X^{(k+1)}\text{没有比例关系}) \quad (8.6) \\
X^{(k+2)} &\approx \lambda_1^{k+2} (\alpha_1 v_1 + (-1)^{k+2} \alpha_2 v_2) \approx \lambda_1^2 X^{(k)}
\end{aligned}
$$

对充分大的 k, $X^{(k)}$ 与 $X^{(k+2)}$ 近似一个常数因子 λ_1^2. 所以

$$\lambda_1 = \sqrt{x_i^{(k+2)}/x_i^{(k)}} \tag{8.7}$$

再计算相应的特征值. 由

$$
\left\{
\begin{aligned}
X^{(k+1)} &= \lambda_1^{k+1} (\alpha_1 v_1 + (-1)^{k+1} \alpha_2 v_2) \\
X^{(k)} &= \lambda_1^k (\alpha_1 v_1 + (-1)^k \alpha_2 v_2)
\end{aligned}
\right.
$$

得

$$
\left\{
\begin{aligned}
X^{(k+1)} + \lambda_1 X^{(k)} &\approx 2\lambda_1^{k+1} \alpha_1 v_1 \\
X^{(k+1)} - \lambda_1 X^{(k)} &\approx (-1)^{(k+1)} 2\lambda_1 \alpha_2 v_2
\end{aligned}
\right.
$$

按特征向量的性质, 相应的特征向量可以取为

$$
\left\{
\begin{aligned}
v_1 &= X^{(k+1)} + \lambda_1 X^{(k)} \\
v_2 &= X^{(k+1)} - \lambda_1 X^{(k)}
\end{aligned}
\right.
\tag{8.8}
$$

还有很多更复杂的情况, 可参考有关书籍或选用其他方法. 本书中只讨论两种情况. 在计算中若 $x_i^{(k+1)}/x_i^{(k)}$ 的比值趋于一个稳定的值, 则属于第一种情况; 如果 $x_i^{(k+1)}/x_i^{(k)}$ 不能趋于一个稳定的值, 但是 $x_i^{(2k+2)}/x_i^{(2k)}$ 和 $x_i^{(2k+1)}/x_i^{(2k-1)}$ 的比值分别趋于一个稳定的值, 则属于第二种情况.

8.1.2 幂法的规范运算

在幂法迭代计算 $X^{(k+1)} = AX^{(k)}$ 中, 当 k 充分大时, 若 A 的按模最大特征值其绝对值较大时, $X^{(k)}$ 的某些分量迅速增大 (如例 8.2 所示), 或许会超过计算机实数的值域 (上溢); 而 A 的按模最大特征值其绝对值较小时, $X^{(k)}$ 的分量迅速缩

小, 当 k 充分大时, 或许会被计算机当零处理 (下溢). 因此, 分量过大或过小都会导致计算失败. 在实际计算中, 通常采用规范运算, 对 $X^{(k)}$ 的每个元素除以 $X^{(k)}$ 按模最大的分量 $\left\|X^{(k)}\right\|_\infty = \max\limits_{1 \leqslant i \leqslant n} |x_i^{(k)}|$.

规范运算可按下面公式进行

$$\begin{cases} Y^{(k)} = X^{(k)} / \left\|X^{(k)}\right\|_\infty, \\ X^{(k+1)} = AY^{(k)}, \end{cases} \quad k = 0, 1, \cdots \tag{8.9}$$

规范化运算保证了 $\|Y^{(k)}\| = 1$, 即 $Y^{(k)}$ 按模最大分量的值保持为 1 或 -1. 下面给出在规范运算中迭代序列的几种情况:

(1) 如果 $\{X^{(k)}\}$ 收敛, 则 A 的特征值按模最大分量的值仅有一个, 且 $\lambda_1 > 0$, 对充分大的 k, 按模最大分量 $x_j^{(k)}$ 不变号, 对应的 $|y_j^{(k)}| = 1$, $\lambda_1 \approx |x_j^{(k+1)}|$, 即

$$\lambda_1 \approx \max_{1 \leqslant i \leqslant n} |x_i^{(k+1)}| = |x_j^{(k+1)}|$$

相应的特征向量是 $v_1 \approx Y^{(k)}$.

(2) 如果 $\{X^{(2k)}\}$, $\{X^{(2k+1)}\}$ 分别收敛于互为反号的向量, 则按模最大的特征值也仅有一个单实根, 且 $\lambda_1 < 0$, 即对充分大的 k, 若 $x_j^{(k)}$ 的符号交替变号, 则 λ_1 为负值.

$$\lambda_1 \approx - \max_{1 \leqslant i \leqslant n} |x_i^{(k)}| = -|x_j^{(k)}|$$

相应的特征向量是 $v_1 \approx Y^{(k)}$.

(3) 如果 $\{X^{(2k)}\}$, $\{X^{(2k+1)}\}$ 分别收敛于两个不同的向量 (与 (2) 不同), 则按模最大的特征值有两个, 是互为反号的一对实根. 这时, 对充分大的 k, 再作一次非规范运算

$$X^{(k+1)} = AX^{(k)}$$

则

$$\lambda_1 \approx \sqrt{x_i^{(k+1)}/y_i^{(k-1)}}, \quad \lambda_2 = -\lambda_1 \tag{8.10}$$

而仍有

$$\begin{cases} V_1 = X^{(k+1)} + \lambda_1 X^{(k)} \\ V_2 = X^{(k+1)} - \lambda_1 X^{(k)} \end{cases}$$

(4) 如果 $\{X^{(k)}\}$ 的趋势无一定的规律, 这时 A 的按模最大的特征值的情况更为复杂, 需要另行处理.

例 8.3　用规范运算计算矩阵 A 的按模最大的特征值和它的特征向量.

$$A = \begin{pmatrix} 9 & -3 \\ 4 & 1 \end{pmatrix}$$

解 用表 8.3 给出计算结果, 并请与例 8.2 的数值做比较.

表 8.3

k	$Y^{(k)}$		$X^{(k+1)}$	
0	1	1	6	5
1	1	0.833333	6.5	4.83333
2	1	0.74359	6.76923	4.74359
3	1	0.700758	6.89773	4.70076
4	1	0.681493	6.95552	4.18149
5	1	0.673061	6.98081	4.67306
6	1	0.669415	6.99176	4.66942
7	1	0.66782	6.99654	4.66782
8	1	0.667161	6.99852	4.66716
9	1	0.666879	6.99936	4.66688

得到按模最大的特征值 $\lambda_1 \approx 6.99936$ 及其特征向量 $v_1 = \begin{pmatrix} 1.0 \\ 0.666879 \end{pmatrix}$.

例 8.4 用规范运算计算矩阵 A 的按模最大的特征值和它的特征向量.

$$A = \begin{pmatrix} 4 & -1 & 1 \\ 16 & -2 & -2 \\ 16 & -3 & -1 \end{pmatrix}$$

解 计算结果列在表 8.4 中.

表 8.4

k	$x_1^{(k)}$	$x_2^{(k)}$	$x_3^{(k)}$	$y_1^{(k)}$	$y_2^{(k)}$	$y_3^{(k)}$
0	0.5	0.5	1	0.5	0.5	1
1	2.5	5	5.5	0.454545	0.909091	1
2	1.909089	3.454538	3.553628	0.537222	0.972116	1
3	2.176772	4.65132	4.679104	0.465201	0.994091	1
4	2.176772	3.455134	3.461124	0.539392	0.998269	1
5	2.159299	4.633734	4.635485	0.465721	0.999627	1
6	1.862661	3.452282	3.452655	0.539487	0.999892	1
7	2.158056	4.632000	4.632116	0.465890	0.999975	1
8	1.863585	3.454290	3.454315	0.534950	0.999993	1
9	2.157985	4.631926	4.631926	0.465893	0.999999	1
10	1.863573	3.454290	3.454291	0.539495	1	1
11	2.157980	4.631920	4.631920	0.465893	1	1
12	1.863572	3.454288	3.454288			
13	7.454288	16	16			

$$\lambda_1 = \sqrt{x_2^{(13)}/y_2^{(11)}} = 4, \quad \lambda_2 = -4$$

$$v_1 = X^{(13)} + \lambda_1 X^{(12)} = (14.908576, 29.817152, 29.817152)$$

$$v_2 = X^{(13)} - \lambda_1 X^{(12)} = (0, 2.182848, 2.182848)$$

8.1.3　原点位移法

矩阵 $B = A - pI$ 的特征值与矩阵 A 的特征值分别为 λ 与 $\lambda - p$. 通过计算矩阵 $A - pI$ 的特征值得到矩阵 A 的特征值的方法称为**原点位移法**.

若取得的 p 满足

$$\left|\frac{\lambda_2 - p}{\lambda_1 - p}\right| < \left|\frac{\lambda_2}{\lambda_1}\right|$$

则对矩阵 B 的幂法, 收敛会比矩阵 A 的幂法要快. 只有对矩阵特征值的分布有个大致了解, 才能有效选取 p.

例 8.5　设 $A = \begin{pmatrix} -4 & 14 & 0 \\ -5 & 13 & 0 \\ -1 & 0 & 2 \end{pmatrix}$, A 的特征值为 6, 3 和 2, 故取位移量 p

为 2.5, 则 $B = \begin{pmatrix} -6.5 & 14 & 0 \\ -5 & 10.5 & 0 \\ -1 & 0 & -0.5 \end{pmatrix}$, B 的特征值为 3.5, 0.5 和 -0.5, 则取初

始向量为 $X^{(0)} = (1, 1, 1)^{\mathrm{T}}$, 用规范的幂法运算可得表 8.5.

表 8.5

k	$x_1^{(k)}$	$x_2^{(k)}$	$x_3^{(k)}$	$y_1^{(k)}$	$y_2^{(k)}$	$y_3^{(k)}$
0	1	1	1	1	1	1
1	7.5	5.5	-1.5	1.	0.73333333	-0.2
2	7.2	5.4	-0.8	1.	0.75	-0.11111111
$\vdots$	$\vdots$	$\vdots$	$\vdots$	$\vdots$	$\vdots$	$\vdots$
16	6.00005232	4.28576287	-1.49997383	1.	0.71428758	-0.24999346
17	6.00002616	4.28573858	-1.49998692	1.	0.71428665	-0.24999673
18	6.00001308	4.28572643	-1.49999346	1.	0.71428618	-0.24999836

而直接对矩阵 A 的规范的幂法运算的结果为表 8.6.

表 8.6

k	$x_1^{(k)}$	$x_2^{(k)}$	$x_3^{(k)}$	$y_1^{(k)}$	$y_2^{(k)}$	$y_3^{(k)}$
0	1	1	1	1	1	1
1	7.5	5.5	-1.5	1.	0.73333333	-0.2
2	3.76666667	2.7	-0.9	1.	0.71681416	-0.23893805
$\vdots$	$\vdots$	$\vdots$	$\vdots$	$\vdots$	$\vdots$	$\vdots$
5	3.50071416	2.50053562	-0.87511159	1.	0.714293	-0.24998087
6	3.500102	2.5000765	-0.87500956	1.	0.71428676	-0.24999545
7	3.50001457	2.50001093	-0.87500228	1.	0.71428586	-0.24999961

可以看到 B 的收敛速度远比 A 的要快.

8.2 反 幂 法

反幂法是计算矩阵按模最小的特征值以及相应的特征向量的数值方法.

设矩阵 A 可逆, λ 和 v 分别为 A 的特征值以及相应的特征向量, 对 $Av = \lambda v$ 两边同乘 A^{-1}, 得 $A^{-1}v = \dfrac{1}{\lambda}v$. 可见 A 和 A^{-1} 的特征值互为倒数, 而且 v 也是 A^{-1} 的特征值 $\dfrac{1}{\lambda}$ 的特征向量. A^{-1} 的按模最大的特征值正是 A 的按模最小的特征值的倒数. 用幂法计算 A^{-1} 按模最大的特征值从而得到 A 的按模最小的特征值的方法, 称为反幂法.

用幂法计算 A^{-1} 按模最大的特征值仍可用规范方法:

$$\begin{cases} Y^{(k)} = X^{(k)}/||X^{(k)}||_\infty, \\ X^{(k+1)} = A^{-1}Y^{(k)}, \end{cases} \qquad k = 0, 1, \cdots$$

在实际计算中不是先算出 A^{-1}, 再作乘积 $A^{-1}Y^{(k)}$, 而是解方程 $AX^{(k+1)} = Y^{(k)}$, 求得 $X^{(k+1)}$. 由于需要反复求解, 一般不用 Gauss 消元法, 而用直接分解法. 这样, 求 A^{-1} 按模最大特征值的规范迭代计算公式为

$$\begin{cases} Y^{(k)} = X^{(k)}/||X^{(k)}||_\infty, \\ AX^{(k+1)} = Y^{(k)}, \end{cases} \qquad k = 0, 1, \cdots \tag{8.11}$$

若 A 有特征值

$$|\lambda_1| \geqslant |\lambda_2| \geqslant \cdots \geqslant |\lambda_{n-1}| > |\lambda_n|$$

则算法 (8.11) 可以得到值 $\dfrac{1}{\lambda_n}$ 和向量 v_n, 其中 v_n 是 A 的关于特征值 λ_n 的特征向量. 同时可以看到 $\left|\dfrac{\lambda_n}{\lambda_{n-1}}\right|$ 越小, 格式的收敛速度越快. 也就是说, A 的按模最小特征值越接近 0, 收敛越快.

若我们想知道最接近 p 的特征值 λ_i, 可以使用带原点位移的反幂法计算. 先用公式

$$\begin{cases} Y^{(k)} = X^{(k)}/||X^{(k)}||_\infty, \\ (A - pI)X^{(k+1)} = Y^{(k)}, \end{cases} \qquad k = 0, 1, \cdots$$

计算得到特征值 μ, 然后得到

$$\lambda_i = p + \frac{1}{\mu}$$

例 8.6 用规范运算计算矩阵 A 的按模最小的特征值和它的特征向量.

$$A = \begin{pmatrix} 9 & -3 \\ 4 & 1 \end{pmatrix}$$

解　计算结果列在表 8.7 中.

表 8.7

k	$Y^{(k)}$		$X^{(k+1)}$	
0	1	1	0.1904766	0.238095
1	0.8	1	0.180952	0.27619
2	0.655172	1	0.174056	0.303777
3	0.572973	1	0.170142	0.319434
4	0.532636	1	0.168221	0.327117
5	0.514253	1	0.167345	0.330618
6	0.514253	1	0.16696	0.33216
7	0.502649	1	0.166793	0.332829
8	0.501137	1	0.166721	0.333117

演示7 反幂法求
特征值Matlab演示

由表 8.7 可知 $\mu = 0.333117$ 为 A^{-1} 的按模最大的特征值. 故 $\lambda_2 = 1/0.333117 = 3.0019$ 为 A 的按模最小的特征值, $v_2 = \{0.501137, 1\}$ 为其近似的特征向量.

*8.3　实对称矩阵的 Jacobi 方法

在客观世界中, 矩阵的特征值都有它的物理意义. 不同类型矩阵特征值的分布特点也不相同. 对称矩阵是一类常见的矩阵, 对称矩阵的一些良好特性给计算它的全部特征值提供了便利的条件. Jacobi 方法是计算对称矩阵全部特征值的方法.

我们注意到以下事实:

(1) 若 A 为 n 阶对角阵, $A = \begin{pmatrix} a_1 & & & \\ & a_2 & & \\ & & \ddots & \\ & & & a_n \end{pmatrix}$, 则 $a_1, a_2, \cdots, a_n$ 就是

A 的 n 个特征值;

(2) A 为 n 阶矩阵, P 为任意 n 阶可逆矩阵, 则称 A 与 $P^{-1}AP$ 相似, 相似矩阵具有相同的特征值;

(3) 若 A 为 n 阶对称矩阵, 则存在正交矩阵 Q, 使 $Q^{\mathrm{T}}AQ = \begin{pmatrix} \lambda_1 & & & \\ & \lambda_2 & & \\ & & \ddots & \\ & & & \lambda_n \end{pmatrix}$,

即对称矩阵正交相似于一个对角阵.

但是, 对于给定的对称矩阵 A, 寻求正交矩阵 Q, 使

$$Q^{\mathrm{T}}AQ = \begin{pmatrix} \lambda_1 & & & \\ & \lambda_2 & & \\ & & \ddots & \\ & & & \lambda_n \end{pmatrix}$$

是件十分困难的事情. 因此, 我们构造一系列特殊形式的正交矩阵 $Q_1, Q_2, \cdots, Q_k$, 对 A 作正交相似变换, 使矩阵的非对角线比重逐次减少, 同时矩阵的对角线比重逐次增大. 直到每个非对角线元素已小得无足轻重时, 其对角元素即可看作 A 的特征值.

计算对称矩阵全部特征值的 Jacobi 方法就是实现以上思想的一种数值方法, 它通过一系列平面旋转变换 (也是正交变换) 来逐渐减少非对角线元素的比重.

例 8.7 计算矩阵 $A = \begin{bmatrix} 0 & 1 \\ 1 & 0 \end{bmatrix}$ 的特征值和相应的特征向量.

解 记 $B = \begin{pmatrix} \cos\theta & \sin\theta \\ -\sin\theta & \cos\theta \end{pmatrix}$,

$$\begin{aligned} B^{\mathrm{T}}AB &= \begin{pmatrix} \cos\theta & -\sin\theta \\ \sin\theta & \cos\theta \end{pmatrix} \begin{pmatrix} 0 & 1 \\ 1 & 0 \end{pmatrix} \begin{pmatrix} \cos\theta & \sin\theta \\ -\sin\theta & \cos\theta \end{pmatrix} \\ &= \begin{pmatrix} -2\sin\theta\cos\theta & \cos^2\theta - \sin^2\theta \\ \cos^2\theta - \sin^2\theta & 2\sin\theta\cos\theta \end{pmatrix} \end{aligned}$$

做旋转变换的目的是要 $\cos^2\theta - \sin^2\theta = 0$.

若取 $\theta = \dfrac{\pi}{4}$, 这时 $\cos\theta = \sin\theta = \dfrac{\sqrt{2}}{2}$, $B = \begin{pmatrix} \dfrac{\sqrt{2}}{2} & \dfrac{\sqrt{2}}{2} \\ -\dfrac{\sqrt{2}}{2} & \dfrac{\sqrt{2}}{2} \end{pmatrix}$, 而 $B^{\mathrm{T}}AB = $

$\begin{pmatrix} -1 & 0 \\ 0 & 1 \end{pmatrix}$, 得到 A 的特征值 $\lambda_1 = -1, \lambda_2 = 1$, 相应的特征向量

$$v_1 = \begin{pmatrix} \dfrac{\sqrt{2}}{2} \\ -\dfrac{\sqrt{2}}{2} \end{pmatrix}, \quad v_2 = \begin{pmatrix} \dfrac{\sqrt{2}}{2} \\ \dfrac{\sqrt{2}}{2} \end{pmatrix}$$

例 8.7 中 B 是一个二阶正交矩阵, 事实上是一个平面旋转变换矩阵, 称为 Givens 矩阵. 对任意一个二阶对称矩阵, 只需适当选取 θ, 就可通过正交相似变换

把矩阵化为对角矩阵. 对高于二阶的对称矩阵, 情况远为复杂. 记

$$
Q(p,q,\theta) = \begin{pmatrix}
1 & & & & & & & & \\
& \ddots & & & & & & & \\
& & \cos\theta & & & & \sin\theta & & \\
& & & 1 & & & & & \\
& & & & \ddots & & & & \\
& & & & & 1 & & & \\
& & -\sin\theta & & & & \cos\theta & & \\
& & & & & & & \ddots & \\
& & & & & & & & 1
\end{pmatrix}
\begin{array}{l} \\ \\ \to \quad p\ \text{行} \\ \\ \\ \\ \to \quad q\ \text{行} \\ \\ \end{array}
$$

$$p\ 列 \qquad\qquad q\ 列$$

$Q(p,q,\theta)$ 是一个正交矩阵, 称为 Givens 旋转变换. 下面分析 Givens 变换作用到对称矩阵后正交相似的变换效果.

记

$$
A = (a_{ij}), \quad B = Q^{\mathrm{T}}(p,q,\theta)AQ(p,q,\theta) = (b_{ij})
$$

并记 $A = (A_1, A_2, \cdots, A_p, \cdots, A_q, \cdots, A_n)$, 其中 $A_k = \begin{pmatrix} a_{1k} \\ a_{2k} \\ \vdots \\ a_{nk} \end{pmatrix}$.

$$
Q^{\mathrm{T}}(p,q,\theta) = \begin{pmatrix} e_1 \\ \vdots \\ e_p \\ \vdots \\ e_q \\ \vdots \\ e_n \end{pmatrix}
$$

$$
e_i = (0, \cdots 0, \overset{i}{1}, 0, \cdots, 0), \quad i \neq p, q
$$
$$
e_p = (0, \cdots, 0, \underset{p}{\cos\theta}, 0 \cdots 0, \underset{q}{-\sin\theta}, 0, \cdots 0)
$$
$$
e_q = (0, \cdots, 0, \underset{p}{\sin\theta}, 0 \cdots 0, \underset{q}{\cos\theta}, 0, \cdots 0)
$$

$$\tilde{B} = Q^{\mathrm{T}}(p,q,\theta)A = \begin{pmatrix} e_1 \\ \vdots \\ e_p \\ \vdots \\ e_q \\ \vdots \\ e_n \end{pmatrix} \begin{pmatrix} A_1 & \cdots & A_p & \cdots & A_q & \cdots & A_n \end{pmatrix}$$

$$= \begin{pmatrix} e_1 A_1 & \cdots & e_1 A_p & \cdots & e_1 A_q & \cdots & e_1 A_n \\ \vdots & & \vdots & & \vdots & & \vdots \\ e_p A_1 & \cdots & e_p A_p & \cdots & e_p A_q & \cdots & e_p A_n \\ \vdots & & \vdots & & \vdots & & \vdots \\ e_q A_1 & \cdots & e_q A_p & \cdots & e_q A_q & \cdots & e_q A_n \\ \vdots & & \vdots & & \vdots & & \vdots \\ e_n A_1 & \cdots & e_n A_p & \cdots & e_n A_q & \cdots & e_n A_n \end{pmatrix}$$

其中

$$e_i A_j = \begin{pmatrix} 0 & \cdots & 1 & \cdots & 0 \end{pmatrix} \begin{pmatrix} a_{1j} \\ \vdots \\ a_{ij} \\ \vdots \\ a_{in} \end{pmatrix} = a_{ij}, \quad i \neq p,q$$

$$e_p A_j = \begin{pmatrix} 0 & \cdots & \cos\theta & \cdots & -\sin\theta & \cdots & 0 \end{pmatrix} \begin{pmatrix} a_{1j} \\ \vdots \\ a_{ij} \\ \vdots \\ a_{nj} \end{pmatrix} = a_{pj}\cos\theta - a_{qj}\sin\theta$$

$$e_q A_j = \begin{pmatrix} 0 & \cdots & \sin\theta & \cdots & \cos\theta & \cdots & 0 \end{pmatrix} \begin{pmatrix} a_{1j} \\ \vdots \\ a_{ij} \\ \vdots \\ a_{nj} \end{pmatrix} = a_{pj}\sin\theta + a_{qj}\cos\theta$$

易知 Q^{T} 左乘 A 的作用结果是 A 的 p 行和 q 行元素有所变化, 其余行的元素依然如故; Q 右乘 $Q^{\mathrm{T}}A$ 的作用结果是 $Q^{\mathrm{T}}A$ 的 p 列和 q 列元素有所变化; 其中 p,q 的行和列的交叉元素 $a_{pq}, a_{qp}, a_{pp}, a_{qq}$ 被作用两次. 由 $Q^{\mathrm{T}}AQ$ 的对称性容易

得到下列公式:

$$\begin{cases} b_{ip} = b_{pi} = a_{pi} \cos\theta - a_{qi} \sin\theta, & i \neq p, q \\ b_{iq} = b_{qi} = a_{pi} \sin\theta + a_{qi} \cos\theta, & i \neq p, q \\ b_{pp} = a_{pp} \cos^2\theta + a_{qq} \sin^2\theta - a_{pq} \sin 2\theta \\ b_{qq} = a_{pp} \sin^2\theta + a_{qq} \cos^2\theta + a_{pq} \sin 2\theta \\ b_{pq} = b_{qp} = a_{pq} \cos 2\theta + \dfrac{a_{pp} - a_{qq}}{2} \sin 2\theta \end{cases} \tag{8.12}$$

利用 Givens 变换的目的是要 $b_{pq} = 0, b_{qp} = 0$, 要 $a_{pq} \cos 2\theta + \dfrac{a_{pp} - a_{qq}}{2} \sin 2\theta = 0$, 取 θ 满足 $\cot 2\theta = -\dfrac{a_{pp} - a_{qq}}{2a_{pq}}$, 记 $s = \dfrac{a_{qq} - a_{pp}}{2a_{pq}}, t = \tan\theta$. 由 b_{pq} 的表达式 (8.12) 及恒等式 $\tan^2\theta + 2\cot 2\theta \tan\theta - 1 = 0$ 可知, 当 t 取

$$t = \begin{cases} t^2 + 2st - 1 = 0 \text{ 的绝对值较小根}, & s \neq 0 \\ 1, & s = 0 \end{cases} \tag{8.13}$$

可使 $b_{pq} = 0, b_{qp} = 0$. 即当 $a_{pp} \neq a_{qq}$ 时, $\tan\theta$ 取方程 $t^2 + 2st - 1 = 0$ 的按模最小根; 当 $a_{pp} = a_{qq}$ 时, 取 $\tan\theta = 1, \theta = \dfrac{\pi}{4}$. 由 $t = \tan\theta$, 可得

$$\begin{cases} \cos\theta = \dfrac{1}{\sqrt{1 + t^2}} \\ \sin\theta = \dfrac{t}{\sqrt{1 + t^2}} \end{cases}$$

记 $\begin{cases} c = \cos\theta, \\ d = \sin\theta, \end{cases}$ 则当 t 按 (8.13) 取值时, (8.12) 化简成

$$\begin{cases} b_{ip} = b_{pi} = ca_{pi} - da_{qi}, & i \neq p, q \\ b_{iq} = b_{qi} = da_{pi} + ca_{qi}, & i \neq p, q \\ b_{pp} = a_{pp} - ta_{pq}, \\ b_{qq} = a_{qq} + ta_{pq}, \\ b_{pq} = b_{qp} = 0, \\ b_{ij} = a_{ij}, & i \neq p, q; \quad j \neq p, q \end{cases} \tag{8.14}$$

由 (8.14), 容易证明

$$\sum_{\substack{i \neq j \\ n}} b_{ij}^2 = \sum_{\substack{i \neq j \\ n}} a_{ij}^2 - 2a_{pq}^2$$

$$\sum_{i=1}^{n} b_{ii}^2 = \sum_{i=1}^{n} a_{ii}^2 + 2a_{pq}^2$$

即 B 的非对角元素比重小于 A 的非对角元素比重.

如果选取 p, q 使 $|a_{pq}| = \max\limits_{i \neq j} |a_{ij}|$, 那么实施以上变换的效率将更高. Jacobi 方法就是对 A 连续施行以上变换的方法.

不妨记 $A = (a_{ij}) = A^{(0)} = (a_{ij}^{(0)})$, 将按式 (8.13), (8.14) 计算得到的矩阵记为 B, $B = (b_{ij}) = A^{(1)} = (a_{ij}^{(1)})$, 再对 $A^{(1)}$ 实施类似的变换, 得到 $A^{(2)}$, 继续做下去, 得到正交相似序列 $A^{(0)}, A^{(1)}, A^{(2)}, \cdots$; 而且后面矩阵的非对角元素比重均小于前面矩阵的非对角元素. 可以证明, 若任给误差控制量 $\varepsilon > 0$, 必存在充分大的 k, 使得

$$\sum_{i \neq j} (a_{ij}^{(k)})^2 < \varepsilon$$

这时 $A^{(k)}$ 的对角元素 $a_{ii}^{(k)}, i = 1, 2, \cdots, n$ 可视为 A 的特征值.

Jacobi 算法描述

计算目标: 给定控制精度 e, 计算 n 阶对称方阵 $A = (a_{ij})$ 的全部特征值.

step1 输入: 矩阵阶数 n, 对称方阵 $A = (a_{ij})$ 的元素, 控制精度 e;

step2 while $\sum\limits_{i \neq j} a_{ij}^2 > e, i \neq j$

    2.1 选取非对角线按模最大元素 $|a_{pq}| = \max\limits_{i \neq j} |a_{ij}|$

    2.2 确定旋转角度 θ, 其中 $t = \tan\theta$

$$s = \frac{a_{qq} - a_{pp}}{2a_{pq}},$$

if $s = 0$ then

  $t=1$

else

  $t1 = -s - \sqrt{s^2 + 1}, \quad t2 = -s + \sqrt{s^2 + 1}$

  if $|t1| > |t2|$ then

    $t = t2$

  else

    $t = t1$

  endif

endif

$$\begin{cases} c = \dfrac{1}{\sqrt{1+t^2}} & ! \ c = \cos\theta \\ d = \dfrac{t}{\sqrt{1+t^2}} & ! \ d = \sin\theta \end{cases}$$

    2.3 计算 $Q^{\mathrm{T}}AQ$ 的 p, q 行和 p, q 列的元素; 计算 $Q^{\mathrm{T}}AQ$ 的对角元素 a_{pp}, a_{qq} 并将 $Q^{\mathrm{T}}AQ$ 存放在 A 中.

```
for      i = 1, 2, ⋯, p − 1, p + 1, ⋯ q − 1, q + 1, ⋯, n
```
$$a_{ip} = a_{pi} \leftarrow ca_{pi} - da_{qi}$$
$$a_{iq} = a_{qi} \leftarrow ca_{qi} + da_{pi}$$
```
end for
```
$$a_{pp} \leftarrow a_{pp} - ta_{pq}$$
$$a_{qq} \leftarrow a_{qq} + ta_{pq}$$
```
endwhile
```
step3　输出 A 的特征值 $a_{ii} = \lambda_i, i = 1, 2, \cdots, n$.

上述算法还可以进一步细化, 例如, 给出选取非对角线按模最大元素 $|a_{pq}| = \max\limits_{i \neq j} |a_{ij}|$ 算法. 在做要 a_{pq} 为零的旋转变换中, 常会使原为零的非对角线元素 a_{uv} 变为非零元素. 因此, 当阶数大于 2 时, 一般不可能通过 Jacobi 方法得到纯对角矩阵.

Jacobi 方法求得的计算结果精度一般都比较高, 特征向量的正交性也较好, 它的缺点是当计算稀疏矩阵的特征值时, 旋转以后常不能保持原稀疏的性质, 因此, Jacobi 方法用于一般阶不很高的 "满矩阵" 情形.

例 8.8　用 Jacobi 方法计算矩阵 $A = \begin{pmatrix} 3 & 1 & 2 \\ 1 & 3 & 4 \\ 2 & 4 & 6 \end{pmatrix}$ 的全部特征值.

解　取 $p = 1, q = 2; s = \dfrac{a_{22} - a_{11}}{2a_{12}} = \dfrac{3 - 3}{2} = 0; t = 1, c = \sqrt{2}/2, d = \sqrt{2}/2,$

$$\begin{cases} a_{13}^{(1)} = a_{31}^{(1)} = a_{13}c - a_{23}d = -1.4142 \\ a_{23}^{(1)} = a_{32}^{(1)} = a_{23}c + a_{13}d = 4.2426 \\ a_{11}^{(1)} = a_{11} - ta_{12} = 2 \\ a_{22}^{(1)} = a_{22} + ta_{12} = 4 \\ a_{33}^{(1)} = a_{33} = 6 \\ a_{12}^{(1)} = a_{21}^{(1)} = 0 \end{cases}$$

即

$$\begin{aligned} A^{(1)} = Q^{\mathrm{T}} A Q &= \begin{pmatrix} c & -d & 0 \\ d & c & 0 \\ 0 & 0 & 1 \end{pmatrix} A \begin{pmatrix} c & d & 0 \\ -d & c & 0 \\ 0 & 0 & 1 \end{pmatrix} \\ &= \begin{pmatrix} 2 & 0 & -1.4142 \\ 0 & 4 & 4.2426 \\ -1.4142 & 4.2426 & 6 \end{pmatrix} \end{aligned}$$

取 $p = 2$, $q = 3$; $s = \dfrac{a_{33} - a_{22}}{2a_{23}} = \dfrac{6 - 4}{2 \times 4.2426} = 0.2357$; $t = -s + \sqrt{s^2 + 1} = 0.7917$,

$$c = 1/\sqrt{1 + t^2} = 0.7840, \quad d = t/\sqrt{1 + t^2} = 0.6207$$

即

$$A^{(2)} = Q^{\mathrm{T}} A^{(1)} Q = \begin{pmatrix} 1 & 0 & 0 \\ 0 & c & -d \\ 0 & d & c \end{pmatrix} A^{(1)} \begin{pmatrix} 1 & 0 & 0 \\ 0 & c & d \\ 0 & -d & c \end{pmatrix}$$

$$= \begin{pmatrix} 2 & 0.8778 & -1.1088 \\ 0.8778 & 0.6411 & 0 \\ -1.1088 & 0 & 9.3589 \end{pmatrix}$$

第一步将 $p = 1$, $q = 2$ 位置的元素化为零, 第二步将 $p = 2$, $q = 3$ 位置的元素化为零后, $p = 1$, $q = 2$ 位置的元素 $a_{12}^{(2)}$ 又变为非零元素了, 但是 $|a_{12}^{(2)}|$ 比 $|a_{12}^{(0)}|$ 的数值小. 继续做下去可求出 A 的特征值为 9.52, 2.29, 0.183.

如果按选取非对角线按模最大元素 $|a_{pq}| = \max\limits_{i \neq j} |a_{ij}|$ 的步骤, 那么, 第一步选取 $p = 2$, $q = 3$ 位置的元素, 将 $a_{23}^{(1)}$ 和 $a_{32}^{(1)}$ 化为零. 通常, 以按模最大元素的步骤进行旋转变换, 其计算速度会更快一些.

*8.4 QR 方法简介

8.4.1 QR 方法初步

QR 算法是计算机问世以来计算数学最重要的成果之一. 1961 年 Francis 提出 QR 算法, 它能有效地计算中小型矩阵的特征值和特征向量.

n 阶矩阵 Q, 若满足 $QQ^{\mathrm{T}} = I$, 称 Q 为正交矩阵. 正交阵有如下特性:

(1) $|\det Q| = 1$,

(2) Q_1, Q_2 为正交阵, 则 $Q = Q_1 Q_2$ 仍为正交矩阵.

8.3 节中给出的 Givens 矩阵 $Q(p, q, \theta)$ 也是正交矩阵.

利用线性代数相关定理, 若 A 为 n 阶实矩阵, 则存在正交阵 Q, 上三角阵 R, 使得

$$A = QR$$

A 分解成正交阵 Q 与上三角阵 R, 称为 A 的 QR 分解.

A 为给定的 n 阶实矩阵, 记 $A_1 = A$, 对 A_1 作 QR 分解

$$A_1 = Q_1 R_1$$

这里 Q_1 为正交阵, R_1 为上三角矩阵. 记 $A_2 = R_1 Q_1$, 对 A_2 作 QR 分解,

$$A_2 = Q_2 R_2$$

记 $A_3 = R_2 Q_2$. 若已有

$$A_k = Q_k R_k$$

记 $A_{k+1} = R_k Q_k$. 如此可得到 n 阶矩阵序列 $\{A_k\}$, 它们满足:

(1) $\{A_k\}$ 为相似正交矩阵序列. 事实上, 对 A_{k+1} 作正交相似变换

$$Q_k A_{k+1} Q_k^{\mathrm{T}} = Q_k (R_k Q_k) Q_k^{\mathrm{T}} = Q_k R_k = A_k$$

即 A_{k+1} 正交相似于 A_k.

(2) 记 A_k 的元素 $(a_{ij}^{(k)})_{n \times n}$, 若 A 满足一定的条件, 则有

$$a_{ij}^{(k)} \to 0, \quad \text{当 } k \to \infty,\ 1 \leqslant i < j \leqslant n$$
$$a_{ii}^{(k)} \to \lambda_i, \quad \text{当 } k \to \infty,\ i = 1, 2, \cdots, n$$

这里 λ_i 即为 A 的特征值, 矩阵序列 $\{A_k\}$ 的这种性质称为基本收敛.

利用矩阵的 QR 分解, 得到正交相似序列 $\{A_k\}$, 从而求得 A 的特征值的方法, 称为 QR 方法. QR 分解过程比较繁复, 而基本收敛的收敛条件及定理证明更具专业性, 故这里不再给出, 有兴趣的读者可以参考有关书籍.

8.4.2　矩阵的 QR 分解

矩阵的 QR 分解可以有多种方法, 比如说用前面介绍过的旋转矩阵, 或 Schmidt 正交化过程. 下面介绍利用 Householder 反射变换来作 QR 分解.

若 $v \in \mathbf{R}^n, \|v\| = 1$, 则矩阵

$$H = I - 2vv^{\mathrm{T}}$$

称为 Householder 矩阵. 它是个正交矩阵, 且满足

(1) $\det H = -1$;

(2) H 为对称的正交矩阵;

(3) x, y 为 $\mathbf{R}^n$ 上向量, $\|x\| = \|y\|$, 令 $v = \dfrac{y - x}{\|y - x\|}$, $H = I - 2vv^{\mathrm{T}}$, 则有

$$Hx = y$$

对任意向量 x, 记 $\alpha = \|x\|$, 取 $y = \alpha(1, 0, \cdots, 0)^{\mathrm{T}} = \|x\| e_1$, 则有 Householder 矩阵 H, 满足

$$Hx = \alpha(1, 0, \cdots, 0)^{\mathrm{T}}$$

如图 8.1 所示, Householder 矩阵把向量 x 映射为沿虚线对称的另一个向量. 因此, Householder 变换又被称为镜像映射.

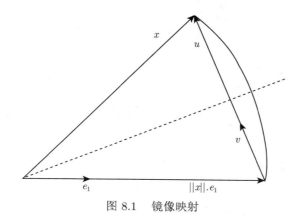

x

u

v

e_1　　　　$\|x\|.e_1$

图 8.1　镜像映射

对于任意矩阵 A, 我们可以用一系列的 Householder 矩阵, 把它变换为上三角阵. 首先, 取 A 的第 1 列作为向量 x, 则存在 Householder 矩阵 H_1, 使得

$$H_1 A = \begin{pmatrix} \alpha_1 & * & \cdots & * \\ 0 & & & \\ \vdots & & A' & \\ 0 & & & \end{pmatrix}$$

其中 A' 是一个低一阶的矩阵. 同样, 可以找到 H_1', 使得 $H_1' A'$ 的第一列下三角部分为 0. 取

$$H_2 = \begin{pmatrix} 1 & 0 & \cdots & 0 \\ 0 & & & \\ \vdots & & H_1' & \\ 0 & & & \end{pmatrix}$$

经过 $n-1$ 步后, 矩阵 A 变换为一个上三角阵

$$H_{n-1} \cdots H_2 H_1 A = R$$

取

$$Q = H_1^{\mathrm{T}} H_2^{\mathrm{T}} \cdots H_{n-1}^{\mathrm{T}}$$

则 $A = QR$ 是 A 的一个 QR 分解.

例 8.9　用 Householder 变换, 给出矩阵 A 的 QR 分解.

$$A = \begin{pmatrix} 12 & -51 & 4 \\ 6 & 167 & -68 \\ -4 & 24 & -41 \end{pmatrix}$$

解　首先, 需要找出将 A 的第 1 个列向量 $a_1 = (12, 6, -4)^{\mathrm{T}}$ 变换为 $r_1 = \|a_1\| e_1 = (14, 0, 0)^{\mathrm{T}}$ 的矩阵.

取 $v = \dfrac{a_1 - r_1}{\|a_1 - r_1\|} = \dfrac{1}{\sqrt{14}}(-2, 6, -4)^{\mathrm{T}}$, 则有

$$H_1 = I - \frac{2}{\sqrt{14}\sqrt{14}} \begin{pmatrix} -1 \\ 3 \\ -2 \end{pmatrix} \begin{pmatrix} -1 & 3 & -2 \end{pmatrix}$$

$$= \begin{pmatrix} 6/7 & 3/7 & -2/7 \\ 3/7 & -2/7 & 6/7 \\ -2/7 & 6/7 & 3/7 \end{pmatrix}$$

$$H_1 A = \begin{pmatrix} 14 & 21 & -14 \\ 0 & -49 & -14 \\ 0 & 168 & -77 \end{pmatrix}$$

对降了一阶的二阶矩阵

$$A' = \begin{pmatrix} -49 & -14 \\ 168 & -77 \end{pmatrix}$$

作同样的变换, 有

$$H_2 = \begin{pmatrix} 1 & 0 & 0 \\ 0 & -7/25 & 24/25 \\ 0 & 24/25 & 7/25 \end{pmatrix}$$

因此

$$Q = H_1^{\mathrm{T}} H_2^{\mathrm{T}} = \begin{pmatrix} 6/7 & -69/175 & 58/175 \\ 3/7 & 158/175 & -6/175 \\ -2/7 & 6/35 & 33/35 \end{pmatrix}$$

$$R = Q^{\mathrm{T}} A = \begin{pmatrix} 14 & 21 & -14 \\ 0 & 175 & -70 \\ 0 & 0 & -35 \end{pmatrix}$$

习　题　8

1. 用幂法计算下列矩阵按模最大的特征值和相应的特征向量:

(1) $A = \begin{pmatrix} 5 & -3 \\ -6 & -2 \end{pmatrix}$;　　　　　(2) $B = \begin{pmatrix} 1 & 2 \\ 4 & 1 \end{pmatrix}$;

(3) $C = \begin{pmatrix} -4 & 4 & 1 \\ 0 & 1 & 0 \\ 0 & 0 & 1 \end{pmatrix}$.

2. 用幂法计算下列矩阵按模最小的特征值和相应的特征向量:

(1) $A = \begin{pmatrix} 7 & 3 \\ 3 & 1 \end{pmatrix}$;　　　　(2) $B = \begin{pmatrix} 5 & 3 \\ -2 & 0 \end{pmatrix}$.

3. 用 Jacobi 方法计算下列 2 阶矩阵全部特征值:

(1) $A = \begin{pmatrix} 3 & 1 \\ 1 & 5 \end{pmatrix}$;　　　　　(2) $B = \begin{pmatrix} 4 & -3 \\ -3 & 4 \end{pmatrix}$.

4. 用 Jacobi 方法计算下列 3 阶矩阵全部特征值:

(1) $C = \begin{pmatrix} 1 & -1 & 0 \\ -1 & 2 & 2 \\ 0 & 2 & 3 \end{pmatrix}$;　　　　(2) $D = \begin{pmatrix} 2 & -1 & 3 \\ -1 & 5 & 0 \\ 3 & 0 & 1 \end{pmatrix}$.

5. 用幂法求 3 阶矩阵 A 的特征值, 以某初值开始, 若干步后, 得到如下结果 (表 8.8). 试分析矩阵 A 的按模最大特征值和相应的特征向量.

表 8.8

k	$X^{(k)}$
6	$(-12.8014, 6.9905, 19.7919)$
7	$(-60.6427, 27.962, 88.6047)$
8	$(-204.8219, 111.8481, 316.6699)$
9	$(-970.2823, 447.3923, 1417.6747)$
10	$(-3277.1495, 1789.5697, 5066.7192)$

6. 用幂法的规范运算求 3 阶矩阵 $A = \begin{pmatrix} 3 & 1 & 3 \\ 2 & 5 & 0 \\ 3 & 0 & -8 \end{pmatrix}$ 的特征值. 以某初值开始, 若干步后, 得到如下结果 (表 8.9). 试分析矩阵 A 的按模最大特征值和相应的特征向量.

表 8.9

$Y^{(k)}$
$(-0.2580, 0.03746, 1)$
$(0.2580, -0.03746, -1)$
$(-0.2580, 0.03746, 1)$
$(0.2580, -0.03746, -1)$

7. 求矩阵 $A = \begin{pmatrix} 2 & 1 & 0 \\ 1 & 3 & 1 \\ 0 & 1 & 4 \end{pmatrix}$ 与 1.2 最接近的特征值.

8. A 为实对称矩阵, 特征值满足 $|\lambda_1| > |\lambda_2| \geqslant \cdots \geqslant |\lambda_n|$. 对 A 做幂法运算 $x^{(k+1)} = Ax^{(k)}$, 则

$$\frac{(Ax^{(k)}, x^{(k)})}{(x^{(k)}, x^{(k)})} = \lambda_1 + O\left(\left(\frac{\lambda_2}{\lambda_1}\right)^{2k}\right), \quad k \to +\infty$$

本章课件

参 考 文 献

曹志浩, 张玉德, 李瑞遐. 1979. 矩阵计算和方程求根. 北京: 人民教育出版社.

陈发来, 陈效群, 李思敏, 等. 2015. 线性代数与解析几何. 北京: 高等教育出版社.

冯康, 等. 1978. 数值计算方法. 北京: 国防工业出版社.

何旭初, 苏煜城, 包雪松. 1980. 计算数学简明教程. 北京: 人民教育出版社.

石钟慈. 2000. 第三种科学方法——计算机时代的科学计算. 广州: 暨南大学出版社.

奚梅成. 2001. 数值分析方法. 合肥: 中国科学技术大学出版社.

徐萃薇. 1985. 计算方法引论. 北京: 高等教育出版社.

徐树方, 高立, 张平文. 2000. 数值线性代数. 北京: 北京大学出版社.

张韵华. 2003. 数值计算方法解题指导. 北京: 科学出版社.

张韵华, 王新茂. 2014. Mathematica7 实用教程. 2 版. 合肥: 中国科学技术大学出版社.

Atkinson K, 韩渭敏. 2009. 数值分析导论. 王国荣, 徐兆亮, 孙劼, 译. 3 版. 北京: 人民邮电出版社.

Burden R L, Faires J D. 2005. 数值分析. 冯烟利, 朱海燕, 译. 北京: 高等教育出版社.

Faires J D, Burden R L. 1993. Numerical Methods. Boston: PWS Publishing Company.

Kincaid D, Cheney W. 2003. 数值分析. 3 版. 北京: 机械工业出版社.

Mount Holyoke College. 1998. 数学实验室. 白峰杉, 蔡大用, 译. 北京: 高等教育出版社.

Quarteroni A, Sacco R, Saleri F. 2006. 数值数学. 北京: 科学出版社.

Szidarovszky F, Yakowitz S. 1982. 数值分析的原理及过程. 施明光, 潘仲雄, 译. 上海: 上海科学技术文献出版社.

Wilkinson J H. 2001. 代数特征值问题. 石钟慈, 邓健新, 译. 北京: 科学出版社.

附录 1 上机作业题

程序 1 设 $\Psi(x) = \sum\limits_{k=1}^{\infty} \dfrac{1}{k(k+x)}$, 分别取 $x = 0.0, 0.5, 1.0, \sqrt{2}, 10.0, 100.0,$
300.0, 计算 $\Psi(x)$ 的近似值, 要求截断误差在 10^{-6} 内.

提示：依据截断误差要求, 估计出 k.

输出：x 和 $\Psi(x)$ 的值.

程序 2 下面给出美国 1920~1970 年的人口表 (表 A1)：

表 A1

年份	1920	1930	1940	1950	1960	1970
人口/千人	105711	123203	131669	150697	179323	203212

用表 A1 中数据构造一个 5 次 Lagrange 插值多项式, 并用此估计 1910 年,
1965 年和 2002 年的人口. 1910 年的实际人口数约为 91772000, 请判断插值计算
得到的 1965 年和 2002 年的人口数据准确性是多少?

程序 3 数据同表 A1, 用 Newton 插值估计：

(1) 1965 年的人口数;

(2) 2012 年的人口数.

程序 4 数据同表 A1, 用自然样条函数预测在 1910 年, 1965 年和 2002 年
的人口数. 请比较以上三种方法所求值的效果, 哪一种方法最优?

程序 5 给定 $n+1$ 个插值节点, 构造 n 次 Lagrange 插值多项式, 并计算 $f(x)$.

输入：插值点数 n, 插值点 $\{x_i, f(x_i)\}, i = 0, 1, 2, \cdots, n$; 要计算的函数点 x.

输出：$L_n(x)$ 的值.

程序 6 用 Newton 插值计算 Hermite 插值.

输入：插值点数 n, 插值点 $\{x_i, f(x_i), f'(x_i)\}, i = 0, 1, 2, \cdots, n$; 要计算的函
数点 x.

输出：$H(x)$ 的值.

程序 7 给定 $n+1$ 个插值点和一阶导数的端点值 m_0, m_n, 用 m 关系式构
造三次样条插值多项式 $S(x)$, 求在给定点 x 处 $S(x)$ 的值.

输入：插值点数 n, 插值点 $\{x_i, f(x_i)\}, i = 0, 1, 2, \cdots, n$; 一阶导数的端点值
m_0, m_n, 要计算的函数点 x.

输出：$S(x)$ 的值.

程序 8　用复化 Simpson 自动控制误差方式计算积分 $S(x) = \int_a^b f(x)\mathrm{d}x$.

输入：积分区间 $[a, b]$, 精度控制值 e, 定义函数 $f(x)$.

输出：积分值 S.

程序 9*　计算积分：

(1) $S = \int_{-\infty}^{\infty} \dfrac{1}{\sqrt{2\pi}} \mathrm{e}^{-x^2/2} \mathrm{d}x;$　　　　　　　(2) $S = \int_0^{\infty} \dfrac{x\mathrm{d}x}{\mathrm{e}^x + 1}.$

算法：计算以 (a_i, b_i) 为积分区间的积分序列 $c_i = \int_{a_i}^{b_i} f(x)\mathrm{d}x$, 直到 $|c_i - c_{i-1}|$ 小于给定精度时停止. 例如, (a_i, b_i) 积分区间序列取

$$(-1, 1), (-2, 2), (-3, 3), (-3.5, 3.5), (-3.7, 3.7), (-3.9, 3.9), \cdots$$

输入：积分区间序列 $(a_i, b_i), i = 1, 2, \cdots, m$, 精度控制值 e, 定义函数 $f(x)$.

输出：积分值 S.

程序 10　用 Newton 迭代法求解非线性方程组

$$\begin{cases} f(x) = x^2 + y^2 - 1 = 0 \\ g(x) = x^3 - y = 0 \end{cases}$$

取 $\begin{pmatrix} x_0 \\ y_0 \end{pmatrix} = \begin{pmatrix} 0.8 \\ 0.6 \end{pmatrix}$, 误差控制 $\max(|x_k|, |y_k|) \leqslant 10^{-5}$.

输入：初始点 $(x_0, y_0) = (0.8, 0.6)$, 精度控制值 e, 定义函数 $f(x), g(x)$.

输出：迭代次数 k, 第 k 步的迭代解 (x_k, y_k).

程序 11　用 Gauss 消元法计算 A 的行列式.

输入：行列式的阶数 n, 行列式 A 的元素.

输出：A 的行列式的值.

程序 12　用 Doolittle 直接分解法求解线性方程组 $Ax = b$.

输入：方程组的阶数 n, 矩阵 A 的元素和常向量 b 的元素.

输出：方程组的解.

程序 13　用 Crout 列主元直接分解法求解线性方程组 $Ax = b$.

输入：方程组的阶数 n, 矩阵 A 的元素和常向量 b 的元素.

输出：方程组的解.

程序 14　用 Doolittle 或 Crout 直接分解法求解三对角方程组：

$$\begin{pmatrix} a_1 & b_1 & & & \\ c_2 & a_2 & b_2 & & \\ & \ddots & \ddots & \ddots & \\ & & c_{n-1} & a_{n-1} & b_{n-1} \\ & & & c_n & a_n \end{pmatrix} X = b$$

输入：方程组的阶数 n, (a_i, b_i, c_i), i 从 1 到 n, 常向量 b 的元素.

输出：方程组的解 X.

程序 15   用 Doolitte 或 Crout 直接分解法计算矩阵 A 的逆矩阵.

输入：矩阵的阶数 n, 矩阵 A 的元素.

输出：A 的逆矩阵.

程序 16   用 Gauss-Seidel 法求解线性方程组 $Ax = b$.

输入：方程组的阶数 n, 矩阵 A 的元素和常向量 b 的元素.

输出：方程组的解.

程序 17*   随机形成元素值在 20 以内的三阶系数矩阵 A, 使由它构造的 Jacobi 迭代收敛, 而 Gauss-Seidel 迭代不收敛.

输出：三阶系数矩阵 A.

程序 18*   随机形成元素值在 20 以内的三阶系数矩阵 A, 使由它构造的 Gauss-Seidel 迭代收敛, 而 Jacobi 迭代不收敛.

输出：三阶系数矩阵 A.

程序 19*   随机形成元素值在 -10 到 10 以内的 20 阶实系数矩阵 A, 随机形成解向量 X 的值, 常向量 b 的元素由算法 $b = AX$ 得到; 分别用列主元 Gauss 消元法和 Gauss-Seidel 迭代法求解线性方程组 $AX = b$, 比较两种方法求解的效果和所用的 CPU 时间.

程序 20   用 Jacobi 方法计算实对称矩阵的全部特征值和特征向量.

输入：矩阵的阶数 n, 矩阵 A 的元素.

输出：矩阵的 n 个特征值和特征向量.

程序 21   用二阶 Runge-Kutta 公式求解常微分方程组初值问题

$$\begin{cases} y'(x) = f(x,y), \\ y(a) = y_0, \end{cases} \qquad a \leqslant x \leqslant b$$

$$(1) \begin{cases} y'(x) = y \sin \pi x, \\ y(0) = 1; \end{cases} \qquad (2) \begin{cases} y'(x) = x + y, \\ y(0) = 1.442. \end{cases}$$

输入：区间剖分点数 n, 区间端点 a, b; 定义函数 $y'(x) = f(x,y)$.

输出：y_k, $k = 1, 2, \cdots, n$.

程序 22   用改进的 Euler 公式求解常微分方程组初值问题.

计算公式:

$$\begin{pmatrix} \bar{y}_{n+1} \\ \bar{z}_{n+1} \end{pmatrix} = \begin{pmatrix} y_n \\ z_n \end{pmatrix} + h \begin{pmatrix} f(x_n, y_n, z_n) \\ g(x_n, y_n, z_n) \end{pmatrix}$$

$$\begin{pmatrix} y_{n+1} \\ z_{n+1} \end{pmatrix} = \begin{pmatrix} y_n \\ z_n \end{pmatrix} + \frac{h}{2} \left[\begin{pmatrix} f(x_n, y_n, z_n) \\ g(x_n, y_n, z_n) \end{pmatrix} + \begin{pmatrix} f(x_{n+1}, \bar{y}_{n+1}, \bar{z}_{n+1}) \\ g(x_{n+1}, \bar{y}_{n+1}, \bar{z}_{n+1}) \end{pmatrix} \right]$$

输入: 区间剖分点数 N, 区间端点 a, b; 定义函数

$$y'(x) = f(x, y, z), \quad z'(x) = g(x, y, z)$$

输出: $(y_k, z_k), k = 1, 2, \cdots, N.$

程序 23　用预估–校正公式解常微分方程组初值问题, 并与用改进的 Euler 公式计算效果进行比较.

计算公式:

$$\begin{cases} \bar{y}_{n+1} = y_{n-2} + \dfrac{h}{3}[7f(x_n, y_n) - 2f(x_{n-1}, y_{n-1}) + f(x_{n-2}, y_{n-2})] \\ y_{n+1} = y_{n-2} + \dfrac{h}{4}[3f(x_{n+1}, \bar{y}_{n+1}) + 9f(x_{n-1}, y_{n-1})] \end{cases}$$

输入: 区间剖分点数 N, 区间端点 a, b; 定义函数 $y'(x) = f(x, y)$.
输出: $y_k, k = 1, 2, \cdots, N.$

- 上机语言自选, 可用 C 语言, Mathematica, Matlab, Maple, Python 等各种语言.
- 上机作业格式
  - 题目
  - 所用方法
  - 算法简述
  - 输入、输出说明
  - 程序
  - 运行结果
  - 计算结果分析

附录 2 C 语言程序示例

程序 1 给定 $(x_i, y_i), i = 0, 1, \cdots, n$, 构造 Newton 插值多项式, 使得 $N_n(x_i) = y_i, i = 0, 1, \cdots, n$. 输入 x, 计算 $N_n(x)$.

算法描述

输入 n 值及 $(x_i, y_i), i = 0, 1, \cdots, n$; 记 $f(x_i) = y_i$; for $i = 0, 1, \cdots, n$ 计算差商 $f[x_0, x_1, \cdots, x_k] = \dfrac{f[x_1, x_2, \cdots, x_k] - f[x_0, x_1, \cdots, x_{k-1}]}{x_k - x_0}$, 其中 $f[x_i] = f(x_i)$.

对给定的 x, 由

$$
\begin{aligned}
N_n(x) = & f(x_0) + (x - x_o)f[x_0, x_1] + (x - x_0)(x - x_1)f[x_0, x_1, x_2] + \cdots \\
& + (x - x_0)(x - x_1)\cdots(x - x_0)f[x_0, x_1, \cdots, x_n]
\end{aligned}
$$

计算出 $N_n(x)$ 的值.

输出 $N_n(x)$.

程序源码

```
//    Purpose: (x_i,y_i) 的 Newton 插值多项式        //

#include <stdio.h>
#define MAX_N 20                      //定义 (x_i,y_i) 的最大维数
typedef struct tagPOINT              //点的结构
{   double x;
    double y;
} POINT;
int main()
{   int n;
    int i, j;
    POINT points[MAX_N+1]; double diff[MAX_N+1];
    double x, tmp, newton=0;
    printf("\nInput n value: ");        //输入被插值点的数目
    scanf("%d", &n);
    if (n>MAX_N)
    {
        printf("The input n is larger then MAX_N, please redefine the
    MAX_N.\n");
        return 1;
```

```
    }
    if (n<=0)
    {
        printf("Please input a number between 1 and %d.\n", MAX_N);
        return 1;
    }
                            //输入被插值点 (x_i,y_i)
    printf("Now input the (x_i, y_i), i=0,···,%d:\n", n);
    for (i=0; i<=n; i++)
        scanf("%lf%lf", &points[i].x, &points[i].y);
    printf("Now input the x value: ");  //输入计算 Newton 插值多项式的 x 值
    scanf("%lf", &x);
    for (i=0; i<=n; i++) diff[i]=points[i].y;
    for (i=0; i<n; i++)
    {
        for (j=n; j>i; j--)
        {
        diff[j]=(diff[j]-diff[j-1])/(points[j].x-points[j-1-i].x);
        }                                  //计算 f(x_0,...,x_n) 的差商
    }
    tmp=1; newton=diff[0];
    for (i=0; i<n; i++)
    {
        tmp=tmp*(x-points[i].x);
        newton=newton+tmp*diff[i+1];
    }
    printf("newton(%f)=%f\n", x, newton); //输出
    return 0;
}
```

计算实例

给定 $\sin 11° = 0.190809$, $\sin 12° = 0.207912$, $\sin 13° = 0.224951$, 构造 Newton 插值函数以计算 $\sin 11°30'$.

程序输入输出

```
input n value: 2
Now input the (x_i,y_i), i=0,···,2:
11 0.190809 12 0.207912 13 0.224951
Now Input the x value: 11.5
newton(11.500000)=0.199369
```

程序 2　用弦截法求 $f(x)$ 在 x_0, x_1 附近的根.
算法描述

给定 $f(x)$, 从 x_0, x_1 开始, 根据弦截法迭代公式

$$x_{k+1} = x_k - \frac{f(x_k)(x_k - x_{k-1})}{f(x_k) - f(x_{k-1})}, \quad k = 1, 2, \cdots$$

求得 $f(x)$ 在其附近的根.

程序源码

```
///////////////////////////////////////////////////
// Purpose: 弦截法求根                              //
///////////////////////////////////////////////////
#include <stdio.h>
#include <math.h>
#define f(x)    (x*x*x-7.7*x*x+19.2*x-15.3) //f 函数
#define x0 0.0                  //初始 x0, x1
#define x1 1.0
#define MAXREPT 1000                    //最大迭代次数
#define epsilon 0.00001                 //求解精度
void main()
{   int i;
    double x_k=x0, x_k1=x1, x_k2=x1;
    for (i=0; i<MAXREPT; i++)
    {
        printf("Got··· %f\n", x_k2);
        x_k2=x_k1-(f(x_k1)*(x_k1-x_k))/(f(x_k1)-f(x_k));  //弦截法求新x_n
        if (x_k2-x_k1<epsilon && x_k2-x_k1>-epsilon)
        {
            printf("!Root: %f\n", x_k2);     //满足精度, 输出
            return;
        }
        x_k=x_k1; x_k1=x_k2;                 //准备下一次迭代
    }
    printf("After %d repeate, no solved.\n", MAXREPT);
}   // --------------- End of File -------------------
```

计算实例

用弦截法求方程 $f(x) = x^3 - 7.7x^2 + 19.2x - 15.3$ 的根, 取 $x_0=1.5$, $x_1=4.0$.
程序输入输出

由本程序的 $f(x)$ 及 x_0, x_1, 得到输出

```
!Root: 1.700000
```

程序 3　用超松弛迭代 (ω 作参数) 求解方程组

$$\begin{pmatrix} a_{11} & a_{12} & \cdots & a_{1n} \\ a_{21} & a_{22} & \cdots & a_{2n} \\ \vdots & \vdots & & \vdots \\ a_{n1} & a_{n2} & \cdots & a_{nn} \end{pmatrix} \begin{pmatrix} x_1 \\ x_2 \\ \vdots \\ x_n \end{pmatrix} = \begin{pmatrix} c_1 \\ c_2 \\ \vdots \\ c_n \end{pmatrix}$$

算法描述

输入矩阵 A 及列向量 C;

按因子为 ω 的超松弛迭代公式

$$\begin{cases} x_1^{(k+1)} = (1-\omega)x_1^{(k)} + \omega(-a_{12}x_2^{(k)} - \cdots - a_{1n}x_n^{(k)} + c_1)/a_{11} \\ x_2^{(k+1)} = (1-\omega)x_2^{(k)} + \omega(-a_{21}x_1^{(k+1)} - a_{23}x_3^{(k)} - \cdots - a_{2n}x_n^{(k)} + c_2)/a_{22} \\ \qquad\qquad\qquad \cdots\cdots \\ x_n^{(k+1)} = (1-\omega)x_n^{(k)} + \omega(-a_{n1}x_1^{(k+1)} - \cdots - a_{n,n-1}x_{n-1}^{(k+1)} + c_n)/a_{nn} \end{cases}$$

求解 $AX = C$.

程序源码

```c
//    Purpose: 超松弛迭代求解线性方程组                    //
#include <stdio.h>
#include <math.h>
#define MAX_N 20                        //方程的最大维数
#define MAXREPT 100
#define epsilon 0.00001                         //求解精度
int main()
{   int n;
    int i, j, k;
    double err, w;
    static double a[MAX_N][MAX_N], b[MAX_N][MAX_N], c[MAX_N], g[MAX_N];
    static double x[MAX_N], nx[MAX_N];
    printf("\nInput n value(dim of AX=C):");  //输入方程的维数
    scanf("%d", &n);
    if (n>MAX_N)
    {   printf("The input n is larger than MAX_N, please redefine the
        MAX_N.\n"); return 1;
    }
    if (n<=0)
```

```
    {   printf("Please input a number between 1 and %d.\n", MAX_N);
        return 1; }
                          //输入 AX=C 的 A 矩阵
printf("Now input the matrix a(i,j), i,j=0,···,%d:\n", n-1);
for (i=0; i<n; i++)
    for (j=0; j<n; j++)
  scanf("%lf", &a[i][j]);
                          //输入 C 矩阵
printf("Now input the matrix c(i), i=0,···,%d: \n", n-1);
for (i=0; i<n; i++) scanf("%lf", &c[i]);
printf("Now input the w value: ");
scanf("%lf", &w);
if (w<=1 || w>=2)
{
    printf("w must between 1 and 2.\n");
    return 1;
}
for (i=0; i<n; i++)      //改造 x_{k+1}=bx_{k}+g 迭代矩阵
    for (j=0; j<n; j++)
    {
      b[i][j]=-a[i][j]/a[i][i];
      g[i]=c[i]/a[i][i];
        }
    for (i=0; i<MAXREPT; i++)
    {
        for (j=0; j<n; j++)
      nx[j]=g[j];
        for (j=0; j<n; j++)
        {
        for (k=0; k<j; k++)
          nx[j]+=b[j][k]*nx[k];                          //迭代
        for (k=j+1; k<n; k++)
          nx[j]+=b[j][k]*x[k];
        nx[j]=(1-w)*x[j]+w*nx[j];
        }
        err=0;
        for (j=0; j<n; j++)
      if (err<fabs(nx[j]-x[j])) err=fabs(nx[j]-x[j]);    //误差
        for (j=0; j<n; j++)
      x[j]=nx[j];
```

```
    if (err<epsilon)
    {
    printf("Solve… x_i=\n");                    //输出
    for (i=0; i<n; i++) printf("%f\n", x[i]);
    return 0;
    }
  }
  printf("After %d repeat, no result…\n", MAXREPT);        //输出
  return 1;
}
```

计算实例

解下列方程组

$$\begin{cases} 64x_1 - 3x_2 - x_3 = 14 \\ 2x_1 - 90x_2 + x_3 = -5 \\ x_1 + x_2 + 40x_3 = 20 \end{cases}$$

程序输入输出

```
Input n value(dim of AX=C): 3
Now input the matrix a(i,j), i,j=0,…,2:
64 −3 −1 2 −90 1 1 1 40
Now input the matrix c(i), i=0,…,2:
14 −5 20
Now input the w value: 1
Solve… x_i=
0.229547
0.066130
0.492608
```

程序 4　龙贝格 (Romberg) 积分算法

计算公式和算法描述请看 6.2.4 小节.

程序源码

```
//      Purpose: Romberg 算法                    //
#include <stdio.h>
#include <math.h>
#define f(x)              (sin(x))
#define N_H                20
#define MAXREPT            10
#define a                  1.0
#define b                  2.0
```

```
#define epsilon                 0.00001

double computeT(double aa, double bb, long int n)     //复化梯形公式
{
    int i; double sum, h=(bb-aa)/n;
    for (i=1; i<n; i++)
        sum+=f(aa+i*h);
    sum+=(f(aa)+f(bb))/2;
    return (h*sum);
}
void main()
{
    int i;
    long int n=N_H, m=0;
    double T[MAXREPT+1][2];
    T[0][1]=computeT(a, b, n);
    n*=2;
    for (m=1; m<MAXREPT; m++)
    {
        for (i=0; i<m; i++)
        {   T[i][0]=T[i][1];    }
        T[0][1]=computeT(a, b, n);          //计算 T^ {m-1}(h/2)
        n*=2;
                                                        //T^m(h)
        for (i=1; i<=m; i++)
          T[i][1]=T[i-1][1]+(T[i-1][1]-T[i-1][0])/(pow(2, 2*m)-1);
          if ((T[m-1][1]<T[m][1]+epsilon) && (T[m-1][1]>T[m][1]-epsilon))
        {       printf("The Integrate is %lf\n", T[m][1]);    //输出
            return;       }
    }
    printf("Return no solved···\n");
}
// ---------------- End of File --------------------
```

计算实例   利用 Romberg 积分法计算 $\int_0^1 \sin(x)\mathrm{d}x$.

程序输入输出

对于不同 $f(x)$，修改程序 #define f(x) 项，本例 f(x)=sin(x)，区间 [a,b]=[0,1]，初始 h=(b-a)/n=(b-a)/20

对于本程序的给定，输出结果

T=0.956447

程序 5　用四阶 Runge-Kutta 法求解常微分方程初值问题

$$\begin{cases} y'(x) = f(x,y), \\ y(a) = y_0, \end{cases} \qquad a \leqslant x \leqslant b$$

算法描述

对给定的 $f(x,y)$，用四阶 Runge-Kutta 法求解常微分方程初值问题

$$\begin{cases} y_{n+1} = y_n + \dfrac{h}{6}(k_1 + 2k_2 + 2k_3 + k_4) \\ k_1 = f(x_n, y_n) \\ k_2 = f\left(x_n + \dfrac{1}{2}h, y_n + \dfrac{1}{2}hk_1\right) \\ k_3 = f\left(x_n + \dfrac{1}{2}h, y_n + \dfrac{1}{2}hk_2\right) \\ k_4 = f(x_n + h, y_n + hk_3) \end{cases}$$

程序源码

```c
//     Purpose: 四阶 Runge-Kutta 法求解常微分方程初值问题//
#include <stdio.h>
#include <math.h>
#define f(x,y) (x/y) //dy/dx=f(x,y)
int main()
{   int m;
    int i;
    double a, b, y0;
    double xn, yn, yn1;
    double k1, k2, k3, k4;
    double h;
    printf("\nInput the begin and end of x: ");
    scanf("%lf%lf", &a, &b);
    printf("Input the y value at %f: ", a);
    scanf("%lf", &y0);
    printf("Input m value[divide (%f,%f)]: ", a, b);
    scanf("%d", &m);
    if (m<=0)
    {
        printf("Please input a number larger than 1.\n");
        return 1;
    }
```

```
    h=(b-a)/m;
    xn=a;  yn=y0;
    for (i=1;  i<=m;  i++)
    {
        k1=f(xn, yn);
        k2=f((xn+h/2), (yn+h*k1/2));
        k3=f((xn+h/2), (yn+h*k2/2));
        k4=f((xn+h), (yn+h*k3));
        yn1=yn+h/6*(k1+2*k2+2*k3+k4);
        xn+=h;
        printf("x%d=%f, y%d=%f\n", i, xn, i, yn1);
        yn=yn1;
    }
    return 0;       }
```

计算实例

用四阶 Runge-Kutta 公式解初值问题

$$\begin{cases} \dfrac{\mathrm{d}y}{\mathrm{d}x} = x/y, \\ y(2.0) = 1, \end{cases} \quad 2.0 \leqslant x \leqslant 2.6, \text{取 } h = 0.2$$

程序输入输出

```
Input the begin and end of x: 2.0 2.6
Input the y value at 0.000000: 1
Input m value[divide (0.000000,0.800000)]: 3
x1=2.200000, y1=1.356505
x2=2.400000, y2=1.661361
x3=2.600000, y3=1.939104
```

附录 3 在符号语言 Mathematica 中做题

学习任何课程, 做题都是检验和巩固学习效果的重要步骤之一. 怎样做计算方法的题目? 计算题型是计算方法的主要题型. 传统的做题方法是用手算一些简单的题目. 例如, 用简单迭代法解一个三元方程组. 掌握了解题的方法和步骤后, 做算术运算就是解题的主要工作, 难免与繁琐和枯燥同行. 如果用 C 语言等高级语言编程解题, 既可减少繁琐, 又可提高计算机技术应用能力, 但用高级语言编程也有相应的工作量.

建议用某符号计算系统做计算方法的题目, 它是一种雅俗共赏的做数学题的环境. 在符号计算系统中做题, 既可免除繁琐的算术运算, 又可在宽松环境中编程解题, 使学生将精力主要放在理解方法和演示方法的过程中.

符号计算系统是一种集成化的数学软件系统, 它主要包括: 数值计算、符号计算、图形生成和程序设计四个方面. 符号计算系统含有种类丰富的功能强大的内部函数, 用户也可以自由地定义自己的函数并扩充到系统函数中.

Wolfram 公司的 Mathematica 是优秀的符号计算系统之一. 在此简要给出 Mathematica 系统的交互式的操作步骤, 列出部分有关数值计算方法的函数, 供使用参考. 要进一步掌握和了解 Mathematica 功能, 请查阅 Mathematica 系统的在线帮助和参考有关的书籍.

Mathematica 版本从 1.0 到 13.2 性能不断发展和提高, 但是常用的基本函数不受版本限制, 本附录的例题是在 10.3 版本中运行的, 输入命令与在 4.0 和 7.0 版本几乎一致, 极少数函数的输出部分略有不同, 高版本比低版本给出更多的信息.

- **输入和计算表达式**

符号计算系统有两种运行方式, 一种是交互式, 用户键入一个函数, 系统执行相应的计算, 例如, 计算定积分 $\int_{-1}^{1} x^2(11 - \sin x)\mathrm{d}x$ 的函数命令是

```
NIntegrate [x^2(11 - Sin[x]),{x,-1,1}]
```

另一种是写一段程序, 系统连续执行一个计算序列, 程序使用的是符号计算系统自己的语言, 对已掌握一门高级语言的用户来说, 语句的形式大同小异, 也容易掌握.

用户在工作屏幕上输入函数命令, 系统接受计算命令后显示计算结果. 工作屏幕像一张长长的草稿纸, 称工作屏幕为 Notebook, 它是后缀为.nb 文件类型. 像

其他的计算机文件一样, 可以对 Notebook 进行新建、保存、打开、修改和打印等操作, 这些操作命令都放在 "文件" 菜单中.

　　用户先输入一行或多行表达式, 再发出计算表达式命令, 系统在完成计算后输出计算结果时, 再显示输入的行标记 "In[1]:=". 需要注意的是：在输入中回车键仅表示命令之间的分隔标记.

　　计算表达式的命令方式如下：

　　　　快捷键　按 Shift ＋ 回车键,

　　　　菜单命令　单击计算 (V) → 计算单元 (E)

　　例如, 在 Mathematica10.3 版本中, 启动 Mathematica 后, 输入 Plot[x Sin[x]−1, {x, −20, 20}], 按 Shift＋ 回车键, 则绘出函数 $f(x) = x \sin x - 1$ 在区间 $[-20, 20]$ 上的图形. 屏幕显示如下.

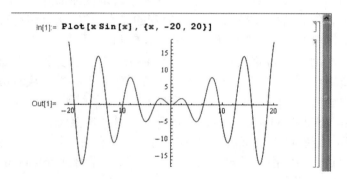

• 在 Mathematica 中获取帮助

　　单击帮助 (H) 菜单, 在文本框中输入 FindRoot, 按回车键, 则显示 FindRoot 的细则除在菜单获取帮助外, 在行文中输入 "? 函数名", 可得到有关这个函数相关信息; 输入 "?? 函数名", 可得到有关这个函数更多的信息.

　　例如, 输入：?NIntegrate

　　输出：

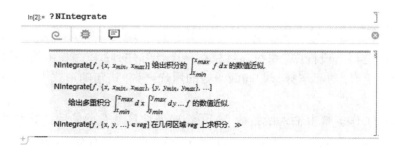

1. 插值

• 插值函数 InterpolatingPolynomial [data, var]

做出以 data 为插值点数据, 以 var 为变量名的插值多项式. 插值点数据是按点列的形式排列, 点列 $\{\{x_0, y_0\}, \{x_1, y_1\}, \cdots, \{x_n, y_n\}\}$ 组成一个表. 运行后, 系统显示所构造的用最少运算次数的 Newton 插值函数形式.

例 1 按下列函数表计算 $f(1.2)$.

x	1	2	4	5
y	16	12	8	9

```
In[1]:= data = Table[{{1.,16},{2.,12},{4.,8},{5.,9}}];
        f[x_] = InterpolatingPolynomial [data,x]
Out[1]=9+(-1.75+(0.75+0.08333333333333337(−2.+x))(−1.+x))(−5.+x)

In[2]:= f[1.2]
Out[2]= 15.1307
```

下面的图形展示了 7.0 版本中运行结果.

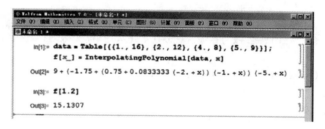

在数据中还可以包括插值点处的导数, 其数值按 $\{\{x_0, \{y_0, dy_0\}\}, \{x_1, \{y_1, dy_1\}\}, \cdots\}$ 形式存放数据.

例 2 给定数据 $f(0) = 1.0, f(1) = 0.75, f(3) = 0.25, f'(3) = 0.56$, 作出三次插值多项式.

```
In[1]:= d = {{0,1.0},{1,0.75},{3,{0.25,0.56}}};
In[2]:= InterpolatingPolynomial[d,x]

Out[2]= 0.25+(0.56+(0.27+0.135*)(-3+x))(−3+x)

        ″ 做出 Newton 插值多项式
In[3]:= Simplify [%]              ″ 如果需要化简插值多项式
Out[3]=1.+ 0.155 x - 0.54 x² + 0.135 x³
```

- **插值函数 Interpolation [data,InterpolationOrder->n]**

对数据 data 进行插值运算, 并可设置插值多项式的次数 n, 默认值为 3, Interpolation 生成一个 InterpolatingFunction [插值范围, <>] 目标 (如 Out[2]), 系统不显示所构造的插值函数. 因此, 用户直接用生成的插值函数计算函数的近似值.

例 3   按例 1 给出的数据, 用 Interpolation 函数计算 $x=1.2$ 处函数的近似值.

```
In[1]:= data = {{1.,16}, {2.,12},{4.,8},{5.,9}};
        g = Interpolation[data, InterpolationOrder->3];
In[2]:= g[1.2]
Out[2]= 15.1307
```

例 4   按例 1 给出数据构造 Lagrange 插值多项式, 计算 $x = 1.2$ 处函数的近似值.

```
In[1]:= la[x_,x0_,a_,b_,c_]:=
(x-a)(x-b)(x-c)/((x0-a)(x0-b)(x0-c))
        poly[x_]=la[x,1.0,2.,4.,5.]16+la[x,2.0,1.,4.,5.]12+
            la[x,4.,1,2.,5]8+la[x,5.0,1,2,4]9.
Out[1]=

    -1.33333 (-5.+x )(-4.+x )(-2.+x )+0.75(-4+x )(-2+x )(-1+x )

    -1.33333 (-5+x )(-2.+x)(-1+x )+2.(-5.+x)(-4.+x )(-1.+x )

In[2]:= poly[1.2]
Out[2]= 15.1307
```

2. 曲线拟合

- **拟合函数 Fit [data, fun, var]**

用数据 data, 以 var 为变量, 按拟合的基函数 fun 的形式构造拟合函数. 数据的表示方法与插值函数中的表示方式相同.

例 5   用二次多项式拟合下列数据.

x_i	−1.00	−0.50	0.00	0.25	0.75
y_i	0.22	0.82	2.11	2.56	3.87

```
In[1]:=dd
  ={{-.1,0.22},{-0.5,0.82},{0,2.11},{0.25,2.56},{0.75,3.87}};
      Fit[dd,{1,x,x^2},x]
```

```
Out[1]= 1.51383 +2.4149x +1.180673,,x²
```

例 6　按数据 $\{-1.15,0.22\},\{-0.5,0.8\},\{0,10,2.0\},\{0.25,2.5\},\{0.75,3.8\}$ 构造线性拟合函数.

```
In[1]:= a ={{1.,-1.15},{1,-0.50},{1.,0.10},{1,0.25},{1,0.75}};
        MatrixForm[A=Transpose[a].a]      (*用矩阵形式输出法方程*)
Out[1]//MatrixForm=
```
$$\begin{pmatrix} 5. & -0.55 \\ -0.55 & 2.2075 \end{pmatrix}$$
```
In[2]:=b=Transpose[a].{0.22,0.8,2.0,2.5,3.8}
Out[2]={9.32, 3.022}    (*常数项 b*)
In[3]:=LinearSolve[A,b]       (*解方程 Ax=b*)
Out[3]={2.07136, 1.88505}
```

得到拟合函数
$$p(x) = 2.07136 + 1.88505x$$

例 7　给出下列数据.

x	-3	-2	-1	2	4
y	14.3	8.3	4.7	8.3	22.7

(1) 用最小二乘法求形如 $y = a + bx^2$ 的经验公式, 并计算最小平方误差.
(2) 用三次多项式拟合这些数据.

```
In[1]:= d = {{-3,14.3},{-2,8.3},{-1,4.7},{2,8.3},{4,22.7}};
        Fit [d, {1, x^2},x ]
Out[1]= 3.5 + 1.2x²
In[2]:= f[x_]:=3.5+1.2 x^2
In[3]= Sum[(d[[i,2]]-f[d[[i,1]]])^2,{i,1,5}]
                (* d[[i,1]], d[[i,2]] 表示, xᵢ,yᵢ *)
Out[3]=3.15544×10⁻³⁰      (*最小平方误差*)
In[4]:= Fit[d,{1,x,x^2, x^3},x]
Out[4]= 3.5-1.10984×10⁻¹⁴x+1.2x²-1.01033×10⁻¹⁵x³
```

3. 求解非线性方程

● **非线性方程求根函数 FindRoot**
FindRoot [方程, $\{x, x_0\}$]　求解方程在 x_0 附近的一个近似根

FindRoot [方程，$\{x, \{x0, x1\}\}$]　　在区域 $(x_0,\ x_1)$ 内求解方程的一个近似根

FindRoot [方程，$\{x, xstart, xmin, xmax\}$]　　按初始值在区域内计算方程的近似根

FindRoot [$\{$方程组$\}$，$\{x, x0\}$，$\{y, y0\}$，$\cdots$]　　计算非线性方程组的近似解

例 8　$f(x) = x^3 - 3x - 1$, 取 $x_0 = 1.5$, 计算 $f(x)$ 的根.

不妨先看看函数的图形.

In[1]:= Plot[x^3-3x-1,{x, -3,3}]

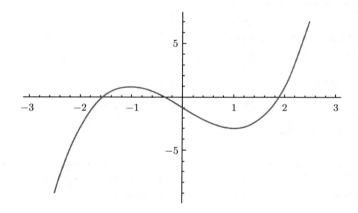

In[2]:= FindRoot[x^3-3x-1==0,{x,1.5}] (∗注意两个等号∗)

Out[2]= {x -> 1.87939}

例 9　$f(x) = x\sin x - 1$, 用弦截法计算在 $x_0 = 18, x_1 = 21$ 附近的根.

In[3]:= FindRoot[x Sin[x]-1==0,{x,18,21}]
Out[3]= {x -> 18.9025}

例 10　用 Newton 迭代法求解非线性方程组

$$\begin{cases} x^2 + y^2 - 1 = 0, \\ x^3 - y = 0, \end{cases} \quad 取 \quad \begin{pmatrix} x_0 \\ y_0 \end{pmatrix} = \begin{pmatrix} 0.8 \\ 0.6 \end{pmatrix}$$

In[4]:= FindRoot[{x^2+y^2-1==0,x^3-y==0},{x,0.8},{y,0.6}]
　　　　　　　　　　　　　　　　(∗用花扩号将方程组扩起来∗)
Out[4]={x ->0.826031, y ->0.563624}

4. 求解线性方程组

● 求解方程组函数 LinearSolve [A,B]

如果方程组有解, 则给出满足方程组 $A_{m,n}X = b$ 的一个解; 如果方程组无解, 则给出 "碰到的线性方程无解" 的提示.

常用矩阵计算符号和函数如下:

A+B　　　　　矩阵 A 和 B 相加

A·B　　　　　矩阵 A 和 B 相乘

Det[M]　　　计算矩阵 M 的行列式

Inverse [M]　计算矩阵 M 的逆矩阵 (M^{-1})

Transepose[M]　计算矩阵 M 的转置矩阵 $(M^{\mathrm{T}}$ 或 $M')$

例 11　求解方程组

$$\begin{pmatrix} 2 & 4 & 6 \\ 1 & 4 & 7 \\ 3 & 8 & 12 \end{pmatrix} \begin{pmatrix} x_1 \\ x_2 \\ x_3 \end{pmatrix} = \begin{pmatrix} 26 \\ 25 \\ 46 \end{pmatrix}$$

```
In[1]:=A={{2,4,6.0},{1,4,7},{3,8,12}}; b= {26,25,46};
        LinearSolve[A,b]
Out[1]= {6,-4,5}
```

例 12　用简单迭代法求解方程组

$$\begin{pmatrix} 10 & -2 & -1 \\ -2 & 10 & -1 \\ -1 & -2 & 5 \end{pmatrix} \begin{pmatrix} x_1 \\ x_2 \\ x_3 \end{pmatrix} = \begin{pmatrix} 26 \\ 25 \\ 46 \end{pmatrix}$$

以 $\{0,0,0\}$ 为初始值, 迭代 6 步.

```
In[1]:= B ={{0,2./10,1./10},{2./10,0,1./10},{1./5,2./5,0}};
        g ={11./10,-25/10.,18./5}; x1={0,0,0};
        Do[x2 = B.x1+g; x1=x2; Print[x2],{k,6}]
Out[1]=
    {1.1, -2.5, 3.6}
    {0.96, -1.92, 2.82}
    {0.998, -2.026, 3.024}
    {0.9972, -1.998, 2.9892}
    {0.99932, -2.00164, 3.00024}
    {0.999696, -2.00011, 2.99921}   (*方程组的准确解是 {1, -2, 3}*)
```

5. 数值积分

● 定积分函数 NIntegrate

NIntegrate [f,{x,a,b}]   计算定积分 $\int_a^b f(x)\mathrm{d}x$

NIntegrate [f,{x,a,b},{y,c,d}]   计算定积分 $\int_a^b \mathrm{d}x \int_c^d f(x,y)\mathrm{d}y$

例 13   计算 $\int_1^2 \sin(\cos x^2)\mathrm{d}x$.

例 14   计算 $\int_0^1 \int_1^2 \int_2^3 \int_3^4 \dfrac{\sqrt{uv}}{x+y}\mathrm{d}x\mathrm{d}y\mathrm{d}u\mathrm{d}v$.

```
In[1]:= NIntegrate [Sin[Cos[x^2]],{x,1,2}]
Out[1]= −0.386289
In[2]:=NIntegrate[Sqrt[u v]/(Sin[x]+y),{x,0,1},{y,1,2},
       {u,2,3},{v,3,4}]
Out[2]=1.56892
```

对于被积函数的奇点, 可在积分区域上列出.

例 15   计算 $\int_{-1}^1 \dfrac{1}{\sqrt{|x|}}\mathrm{d}x$, 0 是奇点.

```
In[1]:= NIntegrate[1/Sqrt[Abs[x]], {x, -1,0,1}]
Out[1]= 4.
```

例 16   分别取步长 0.02 和 0.0002, 计算积分 $\int_0^{0.6}(1-x^2)\mathrm{d}x$.

```
In[1]:= f[x_]:=1.0-x^2; a= 0;b= 0.6;
     g[f_,a_,b_,h_]:=(f[a]/2+f[b]/2+NSum[f[k],{k,a+h,b-h,h}])h
In[2]:= g[f,a,b,0.02]
Out[2]= 0.52796
In[3]:= g[f,a,b,0.002]
Out[3]= 0.528           (*准确值 ∫₀⁰·⁶ 1-x²dx= 0.528*)
```

6. 常微分方程数值解

● 常微分方程数值解函数 NDSolve

NDSolve [eqn1, y, {x, xmin, xmax}]

对常微分方程 eqn1, 求函数 y 关于 x 在 $[x_{\min}, x_{\max}]$ 范围内的数值解.

NDSolve [{eqn1, eqn2,⋯ }, {y1, y2, ⋯}, {x, xmin, xmax}]

求解常微分方程组 $\{eqn1, \cdots\}$ 关于函数 $\{y_1, y_2, \cdots\}$ 在区域内的数值解.

方程或方程组的初始条件也必须作为方程列出, 并和方程放在一起. 因此, 要解 n 阶的常微分方程, 必须同时给出 $n-1$ 个导数的初始值.

例 17 求解微分方程 $\ddot{x} + 2r\dot{x} + x + x^3 = f\cos(wt), 0 \leqslant t \leqslant 8$.

```
In[1]:=d=D[x[t],{t,2}]+2*r*D[x[t],t]+x[t]+x[t]^3-f*Cos[w t]
ans=NDSolve[{d==0/.{r->1/10,f->1,w->4},x'[0]==0,x[0]==0},x,
      {t,0,8}]; (*这个输出 10.3 与 7.0 版有点区别*)
```

不妨画出解函数的图形.

```
In[3]:=Plot[x[t]/.ans,{t,0,8},AxesLabel->{"t","x"},
      PlotLabel->"x[t]"]
Out[3]=
```

$$-f\cos(tw) + 2r\frac{\partial x(t)}{\partial t} + \frac{\partial^2 x(t)}{\partial t^2} + x(t)^3 + x(t) = 0$$

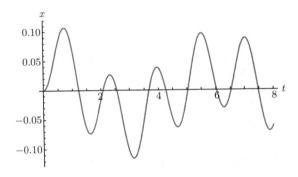

例 18 求解常微分方程

$$\begin{cases} y'''(x) + y''(x) + 7y'(x) + 10y(x) = 0, \\ y(0) = 6, \\ y'(0) = -20, \\ y''(0) = 20, \end{cases} \quad x \in [0,2]$$

```
In[1]:= ss = NDSolve[{y'''[x]+ y''[x]+7 y'[x]+10 y[x]==0,
      y[0]==6,y'[0]== -20, y''[0]==20},y,{x,0,2}]
Out[1]= {{y -> InterpolatingFunction[{0., 2.}, <>]}}
In[2]:= p=y/.First[%]   (*取出近似函数的头部*)
Out[2]= InterpolatingFunction[{0., 2.}, <>]
In[3]:= p[1.36]
Out[3]= 5.09536
```

In[4]:= Plot[Evaluate[y[x]/.ss], {x,0,2}]　　(*画出解函数的图形*)

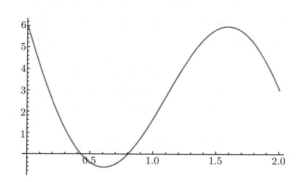

例 19　求解常微分方程组 $\begin{cases} x'(t) = -y(t) - x(t)^2, \\ y'(t) = 2x(t) - y(t), \quad t \in [0,1], \text{ 计算 } x(1.2), \\ x(0) = y(0) = 1, \end{cases}$
$y(1.2)$ 的值.

```
In[5]:= NDSolve[{x'[t]==-y[t]-x[t]^2, y'[t]==2x[t]-y[t],
            x[0]== y[0]= =1}, {x, y}, {t, 0,3}];
In[6]:= {p = x/.First[%], q = y/.Last[%]};
In[7]:= {p[1.2], q[1.2]} (* 计算 {x(1.2), y(1.2)}*)
Out[7]= {-0.301152, 0.432897}
```

例 20　用二阶 Runge-Kutta 公式编程解初值问题, 并画出近似解草图.

$$\begin{cases} \dfrac{\mathrm{d}y}{\mathrm{d}x} = \cos x\sqrt{y}, \\ y(1.2) = 3.2, \end{cases} \quad 1.2 \leqslant x \leqslant 2.05, \text{取 } h = 0.05$$

解　计算公式

$$\begin{cases} y_{n+1} = y_n + \dfrac{h}{2}(k_1 + k_2) \\ k_1 = f(x_n, y_n) \\ k_2 = f(x_n + h, y_n + hk_1) \end{cases}$$

```
In[1]:=f[x_,y_]:=Cos[x]Sqrt[y];              (*定义函数*)
    xylist={{1.2,3.2}}; h=0.05;             (*赋初始值*)
Do[xn=xylist[[n]][[1]];yn=xylist[[n]][[2]];
    k1=f[xn,yn];
    k2=f[xn+h,yn+h k1];
```

```
    d=(k1+k2) h/2;
    xylist=Append[xylist,{xn+h,yn+d}],        (*将新点加入 xylist 序列中*)
        {n,1,17}]                             (*n 是循环控制量*)
      xylist                                  (*输出 {xₙ,yₙ},n=1,2,···,17*)
```
Out[1]= {{1.2, 3.2}, {1.25, 3.23038}, {1.3, 3.25662}, {1.35, 3.2786},
      {1.4, 3.29623}, {1.45, 3.30943},{1.5, 3.31813}, {1.55, 3.3223},
      {1.6,3.32192},{1.65, 3.31699},{1.7,3.30752},{1.75, 3.29358},
      {1.8, 3.27521},{1.85, 3.2525}, {1.9, 3.22555},
        {95, 3.19449}, {2., 3.15945}, {2.05, 3.12059}}

In[2]:= ListPlot[xylist, Joined->True] (*画出点列*)

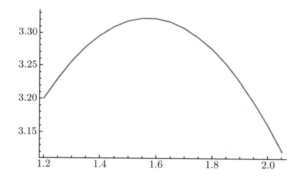

7. 计算特征值和特征向量

• 计算特征值和特征向量函数

Eigenvalues [M]   计算矩阵 M 的全部特征值

Eigenvectors [M]   计算矩阵 M 的全部特征向量

Eigensystem [M]   计算矩阵 M 的全部特征值和特征向量

例 21   计算矩阵 A 的特征值和特征向量:

$$A = \begin{pmatrix} 1 & 2 & 1 \\ -1 & 2 & 1 \\ 3 & 5 & 2 \end{pmatrix}$$

```
In[1]:= A = {{1., 2, 1}, {-1., 2, 1}, {3, 5, 2}};
         eigen = Eigenvalues[A]       (*计算全部特征值*)
Out[2]= {4.44949, 1., -0.44949}
In[3]:= Eigensystem[A]       (*计算矩阵 A 的全部特征值和特征向量*)
Out[3]= {{4.44949, 1., -0.44949}, {{0.382966, 0.210826, 0.899383},
```

{0.408248,−0.408248,0.816497},{−0.0738855,−0.402638,0.912372}}}

按形式 $\{\{\lambda_1, \lambda_2, \lambda_3\}, \{\{v_1\}, \{v_2\}, \{v_3\}\}\}$ 输出特征值和特征向量.

不妨随机形成一个 100 阶的矩阵, 再计算它的特征值和特征向量. 对于阶数比较大的矩阵, 可用 Max 函数挑出按模最大的特征值.

```
In[4]:= Max[Abs[eigen]]
Out[4]= 4.44949
```

实际上系统也是按特征值的模从大到小排列特征值的顺序.

```
In[5]:= eigen[[1]]
Out[5]= 4.44949
```

附录 4　习题参考答案

习题 1

1. $L_2(x) = \dfrac{1}{4}(-3+x)(-2+x) + \dfrac{5}{3}(3-x)(1+x) + \dfrac{7}{4}(-2+x)(1+x)$,

   $L_2(x) = 3 + \dfrac{1}{3}x + \dfrac{1}{3}x^2$,　$L_2(0) = 3$.

2. $L_2(x) = \dfrac{1}{4}(5-x)(2+x) + \dfrac{2}{7}(-2+x)(2+x) = \dfrac{19}{14} + \dfrac{3}{4}x + \dfrac{1}{28}x^2$,

   $L_2(-1.2) = 0.5086$,　$L_2(1.2) = 2.3086$.

3. (1) $L_3(x) = 3\dfrac{x\left(x-\dfrac{1}{2}\right)(x-1)}{(-1)\left(-1-\dfrac{1}{2}\right)(-1-1)} - \dfrac{1}{2}\dfrac{(x+1)\left(x-\dfrac{1}{2}\right)(x-1)}{(1)\left(-\dfrac{1}{2}\right)(-1)} + \dfrac{x(x+1)\left(x-\dfrac{1}{2}\right)}{(1+1)\left(1-\dfrac{1}{2}\right)}$,

   $L_3(x) = -x\left(x-\dfrac{1}{2}\right)(x-1) - (x+1)\left(x-\dfrac{1}{2}\right)(x-1) + x(x+1)\left(x-\dfrac{1}{2}\right)$;

   (2) $L_3(x) = -\dfrac{1}{6}x(x-2)(x-3) - \dfrac{1}{6}(x+1)x(x-3) + \dfrac{1}{4}(x+1)x(x-2)$.

4. 提示：$f(x) = \dfrac{x-b}{a-b}f(a) + \dfrac{x-a}{b-a}f(b) + \dfrac{f''(\xi)}{2!}(x-a)(x-b)$.

   由 $f(x) = \dfrac{f''(\xi)}{2!}(x-a)(x-b)$, 计算出 $|(x-a)(x-b)|$ 极小值.

   从而 $|f(x)| \leqslant \dfrac{1}{8}(b-a)^2 M_2$.

5. $L_2(x) = \dfrac{9}{760}(x-100)(x-121) - \dfrac{10}{399}(x-81)(x-121) + \dfrac{11}{840}(x-81)(x-100)$,

   $L_2(105) = 10.2481$,　$\sqrt{105} = 10.247$,

   $\left| L_2(105) - \sqrt{105} \right| = 1.17 \times 10^{-3}$,

   $R_2(x) = \dfrac{f^{(3)}(\xi)}{3!}(x-81)(x-100)(x-121)$,

   $|R_2(105)| \leqslant \left| \dfrac{f^{(3)}(81)}{3!}(105-81)(105-100)(105-121) \right| = 2.03 \cdot 10^{-3}$.

6. $N_3(x) = 3 + \dfrac{2}{3}(x+1) + \dfrac{1}{3}(x+1)(x-2) - \dfrac{7}{15}(x+1)(x-2)(x-3)$.

   $f(1.2) = 2.4016$.

7. (1) $N_3(x) = 1 + 2(x-4) + (x-1)(x-4) - (x-1)(x-3)(x-4)$;

   (2) $f[2,3,4] = (2-1)f[1,2,3,4] + f[1,3,4] = 0$,　$f[2] = -7$.

8. $R_1(x) = -\dfrac{\sin(\xi)}{2}(x-a)(x-b), \xi \in [a,b]$.

令 $h = b - a, |R_1(x)| \leqslant \left| \dfrac{1}{2}(x - a)(x - b) \right| \leqslant \dfrac{1}{8}h^2 \leqslant \dfrac{1}{2}10^{-4}$, 从而 $h \leqslant 0.02$.

9. $f[2^0, 2^1] = f(2) - f(1) = -2089$,

$\quad f[2^0, 2^1, \cdots, 2^7] = 1$,

$\quad f[2^0, 2^1, \cdots, 2^8] = 0$.

10. $L1(x) = \dfrac{x - 1.10}{1.05 - 1.10}2.12 + \dfrac{x - 1.05}{1.10 - 1.05}2.20, \quad L1(1.075) = 2.16$,

$\quad L2(x) = \dfrac{x - 1.20}{1.15 - 1.20}2.32 + \dfrac{x - 1.15}{1.20 - 1.15}2.17, \quad L2(1.175) = 2.245$.

11. $H_2(x) = f(0) + xf[0, 1] + x(x - 1)(f'(1) - f[0, 1])$,

$\quad R_2(x) = \dfrac{f^{(3)}(\xi)}{3!}x(x - 1)^2, \xi \in [0, 1]$.

12. $H_2(x) = 5 + 5(x - 3) + (x - 3)(x - 5)$,

$\quad H_2(3.7) \approx 7.59, \quad R_2(x) = \dfrac{f^{(3)}(\xi)}{3!}(x - 3)(x - 5)^2, \xi \in [3, 5]$.

13. $H_3(x) = f(0) + xf[0, 1] + x(x - 1)f[0, 1, 3]$

$\quad\quad + \dfrac{1}{3}x(x - 1)(x - 3)\left(\dfrac{1}{2}(f'(3) - f[1, 3]) - f[0, 1, 3] \right)$,

$\quad R_3(x) = \dfrac{f^{(4)}(\xi)}{4!}x(x - 1)(x - 3)^2, \xi \in [0, 3]$.

14. $H_3(x) = 1 - 0.25x + 0.135x(x - 1)(x - 3)$,

$\quad R_3(x) = \dfrac{f^{(4)}(\xi)}{4!}x(x - 1)(x - 3)^2, \xi \in [0, 3]$.

15. $H_4(x) = 17 - 49x + 51.5x^2 - 22.5x^3 + 3.5x^4$,

$\quad R_4(x) = \dfrac{f^{(5)}(\xi)}{5!}(x - 1)^2(x - 2)^3, \xi \in [1, 2]$.

16. $S_0(x) = -\dfrac{3}{2}x^3 - 9x^2 - \dfrac{19}{2}x + 1, x \in [-2, 1]$,

$\quad S_1(x) = \dfrac{3}{2}x^3 - \dfrac{1}{2}x + 4, x \in [-1, 1]$.

$\quad S_2(x) = -\dfrac{3}{2}x^3 + 9x^2 - \dfrac{19}{2}x + 7, x \in [1, 2]$,

$\quad S(0) = S_1(0) = 4$.

17. $\begin{cases} S_0(x) = 2.6136x^3 + 1.2272x^2 - 0.3864x + 3.0, \\ S_1(x) = 0.1586x^3 + 1.2278x^2 - 0.3864x + 3.0, \\ S_2(x) = 1.6364x^3 - 3.2048x^2 + 4.046x + 1.5224, \end{cases} \quad S(2) = S_2(2) = 9.886.$

习题 2

1. $L(x) = \dfrac{4}{15} + \dfrac{4}{5}x$, 拟合效果请看图 D1.

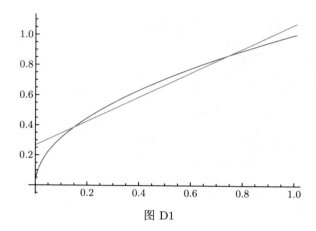

图 D1

2. $f(x) = x - \dfrac{1}{6}$, 拟合效果请看图 D2.

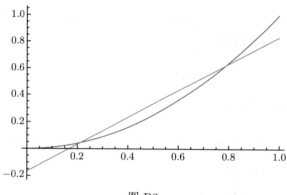

图 D2

3. $L_1(x) = 2.07151 + 2.07507x,\quad \min Q{=}29.7967,$
   $L_2(x) = 1.90736 + 2.20445x + 0.472238x^2,\quad \min Q{=}1.02454.$

4. $y(x) = 3.5 + 1.2x^2.$

5. $f(x) = 1.5 + 2\sqrt{x}.$

6. $\varphi(x) = 1.2 + 0.6\sin x.$

7. $y(x) = 1.99492\cos x - 2.98488\sin x.$

8. $y(x) = a\mathrm{e}^{bx}$, $a = 1.9973, b = 1.0020.$

方法 1：形成法方程组

$$\begin{pmatrix} 4 & -0.2 \\ -0.2 & 1.365 \end{pmatrix} \begin{pmatrix} \ln a \\ b \end{pmatrix} = \begin{pmatrix} 2.56668 \\ 1.22935 \end{pmatrix}$$

解得 $a = 1.9973, b = 1.0020, \ln a = 0.6918.$

方法 2: 调用 Mathematica 系统函数 FindFit.

```
In [1]:= data6={{-0.7,0.99},{-0.5,1.21},{0.25,2.57},{0.75,4.23}}
         model = a Exp[b x];
         FindFit[data6, model, {a,b}, x]
Out[1] ={{-0.7,0.99},{-0.5,1.21},{0.25,2.57},{0.75,4.23}}
Out[3] ={a → 1.99812, b → 1.00048}
```

注: 因所取数据点是为了练习拟合方法, 没有考虑选取数据的误差控制, 这样两种方法的计算结果略有误差, 本案例适用于本章所有习题参考解答.

9. $\varphi(x) = \dfrac{x}{a + bx}$, $a = 2.51811$, $b = 0.450389$.

10. (1) $\begin{pmatrix} x_1 \\ x_2 \end{pmatrix} = \begin{pmatrix} 2.36364 \\ 1.36364 \end{pmatrix}$; (2) $\begin{pmatrix} x_1 \\ x_2 \end{pmatrix} = \begin{pmatrix} 3.45856 \\ 1.79834 \end{pmatrix}$.

习题 3

1. $X = \{1.0, 1.34147, 1.47382, 1.4953, 1.49715, 1.49729\}$,

   $x = x_5 = 1.4973$.

2. $$\varphi a(x) = \frac{1}{19}\left(2x^3 - 5x^2 + 42\right), \quad \varphi a'(x)\big|_{x=3} = 1.26316$$

迭代格式 $\varphi a(x)$ 在 3 附近不收敛;

$$\varphi b(x) = \frac{1}{2x^2}\left(5x^2 + 19x - 42\right), \quad \varphi b'(x)\big|_{x=3} = 0.5$$

迭代格式 $\varphi b(x)$ 在 3 附近收敛;

$$\varphi c(x) = \frac{1}{5x}\left(2x^3 - 19x + 42\right), \quad \varphi c'(x)\big|_{x=3} = 1.46667$$

迭代格式 $\varphi c(x)$ 在 3 附近不收敛.

3. $X = \{0.6, 0.7, 0.65, 0.675, 0.6625, 0.6563\}$,

   $x = x_6 = 0.6563$, $|f(x_6)| < 10^{-2}$. 准确解: $x = 0.657298$.

4. $x_{k+1} = x_k - \dfrac{2x_k - \sin x_k - \cos x_k}{2 - \cos x_k + \sin x_k}$.

5. $x_{k+1} = x_k - \dfrac{x_k^n - a}{nx_k^{n-1}} = \left(1 - \dfrac{1}{n}\right)x_k + \dfrac{a}{nx_k^{n-1}}$.

6. $X = \{3.375, 3.31713, 3.31662, 3.31662\}$,

   $x = x_4 = 3.31662$.

7. $f(x) = x^5 - a = 0$, $\varphi(x_k) = x_k - \dfrac{x_k^5 - a}{5x^4}$,

   $X = \{1.63139, 1.6157, 1.61539, 1.61539\}$,

   $x = x_4 = 1.61539$.

8. $X = \{2.33333, 2.05556, 2.00195, 2., 2.\}$,

   $x = x_4 = 2.0000$.

9.

k	x_k	$f(x_k)$
0	1	-4.0
1	3	16.0
2	1.400000	-3.456000
3	1.684211	-2.275259
4	2.231877	2.421963
5	1.949491	-0.439399
6	1.992855	-0.063995
7	2.000248	0.002230
8	1.999999	-0.000011

近似根 $x = 1.99999$.

10. $X^{(1)} = \begin{pmatrix} 0.827049 \\ 0.563934 \end{pmatrix}, \left\| X^{(1)} - X^{(0)} \right\|_\infty = 0.027049,$

$X^{(2)} = \begin{pmatrix} 0.826032 \\ 0.563624 \end{pmatrix}, \left\| X^{(2)} - X^{(1)} \right\|_\infty = 0.001017,$

$X^{(3)} = \begin{pmatrix} 0.826031 \\ 0.563624 \end{pmatrix}, \left\| X^{(3)} - X^{(2)} \right\|_\infty = 1.125 \times 10^{-6}.$

习题 4

1. (1) Gauss 消元法:

$$\begin{bmatrix} 0.002 & 87.13 & 87.15 \\ 4.453 & -7.26 & 37.27 \end{bmatrix} \to \begin{bmatrix} 0.002 & 87.13 & 87.15 \\ 0. & -194000. & -194000. \end{bmatrix} \Rightarrow \begin{cases} x_2 = 1.000 \\ x_1 = 10.00 \end{cases}$$

列主元法:

$$\begin{bmatrix} 0.002 & 87.13 & 87.15 \\ 4.453 & -7.26 & 37.27 \end{bmatrix} \to \begin{bmatrix} 0. & 87.13 & 87.13 \\ 4.453 & -7.26 & 37.27 \end{bmatrix} \Rightarrow \begin{cases} x_2 = 1.000 \\ x_1 = 10.00 \end{cases}$$

(2) Gauss 消元法:

$$\begin{bmatrix} 0.01 & -69.47 & -138.93 \\ 2.01 & 8.51 & 15.01 \end{bmatrix} \to \begin{bmatrix} 0.01 & -69.47 & -138.93 \\ 0. & 13970. & 27940. \end{bmatrix} \Rightarrow \begin{cases} x_2 = 2.000 \\ x_1 = 1.000 \end{cases}$$

列主元法:

$$\begin{bmatrix} 0.01 & -69.47 & -138.93 \\ 2.01 & 8.51 & 15.01 \end{bmatrix} \to \begin{bmatrix} 0. & -69.51 & -139.0 \\ 2.01 & 8.51 & 15.01 \end{bmatrix} \Rightarrow \begin{cases} x_2 = 2.000 \\ x_1 = -1.000 \end{cases}$$

2. $(x_1, x_2, x_3, x_4) = (3, -2, 1, 5)$.

3. (1) $\begin{vmatrix} -1 & 3 & 2 \\ 2 & 1 & -2 \\ 3 & 6 & 2 \end{vmatrix} = \begin{vmatrix} -1 & 3 & 2 \\ 0 & 7 & 2 \\ 0 & 15 & 8 \end{vmatrix} = \begin{vmatrix} -1 & 3 & 2 \\ 0 & 7 & 2 \\ 0 & 0 & 26/7 \end{vmatrix} = -26.$

(2) $\begin{vmatrix} 10 & -2 & -1 \\ -2 & 10 & -1 \\ -1 & -2 & 5 \end{vmatrix} = \begin{vmatrix} 10 & -2 & -1 \\ 0 & 9.6 & -1.2 \\ 0 & -2.2 & 4.9 \end{vmatrix} = \begin{vmatrix} 10 & -2 & -1 \\ 0 & 9.6 & -1.2 \\ 0 & 0 & 4.625 \end{vmatrix} = 444.$

4. (1) $\begin{bmatrix} 5 & 2 & 2 & 1 \\ -1 & 3 & 0 & 7 \\ 1 & 1 & 2 & 3 \end{bmatrix} \rightarrow \begin{bmatrix} 5 & 2 & 2 & 1 \\ 0 & \dfrac{17}{5} & \dfrac{2}{5} & \dfrac{36}{5} \\ 0 & 0.6 & 1.6 & 2.8 \end{bmatrix} \rightarrow \begin{bmatrix} 5 & 2 & 2 & 1 \\ 0 & \dfrac{17}{5} & \dfrac{2}{5} & \dfrac{36}{5} \\ 0 & 0 & \dfrac{26}{17} & \dfrac{26}{17} \end{bmatrix}$

$\rightarrow \begin{bmatrix} 5 & 2 & 2 & 1 \\ 0 & \dfrac{17}{5} & \dfrac{2}{5} & \dfrac{36}{5} \\ 0 & 0 & 1 & 1 \end{bmatrix} \rightarrow \begin{bmatrix} 5 & 2 & 0 & -1 \\ 0 & \dfrac{17}{5} & 0 & \dfrac{34}{5} \\ 0 & 0 & 1 & 1 \end{bmatrix} \rightarrow \begin{bmatrix} 5 & 2 & 0 & -1 \\ 0 & 1 & 0 & 2 \\ 0 & 0 & 1 & 1 \end{bmatrix}$

$\rightarrow \begin{bmatrix} 5 & 0 & 0 & -5 \\ 0 & 1 & 0 & 2 \\ 0 & 0 & 1 & 1 \end{bmatrix} \rightarrow \begin{bmatrix} 1 & 0 & 0 & -1 \\ 0 & 1 & 0 & 2 \\ 0 & 0 & 1 & 1 \end{bmatrix} \Rightarrow \begin{cases} x_1 = -1, \\ x_2 = 2, \\ x_3 = 1. \end{cases}$

(2) $\begin{pmatrix} x_1 \\ x_2 \\ x_3 \end{pmatrix} = \begin{pmatrix} -2 \\ 2 \\ 1 \end{pmatrix}.$

5. $A = \begin{pmatrix} 3 & -1 & 1 \\ 6 & 0 & 6 \\ -3 & 7 & 13 \end{pmatrix} = \begin{pmatrix} 1 & 0 & 0 \\ 2 & 1 & 0 \\ -1 & 3 & 1 \end{pmatrix} \begin{pmatrix} 3 & -1 & 1 \\ 0 & 2 & 4 \\ 0 & 0 & 2 \end{pmatrix},$

$A = \begin{pmatrix} 3 & -1 & 1 \\ 6 & 0 & 6 \\ -3 & 7 & 13 \end{pmatrix} = \begin{pmatrix} 3 & 0 & 0 \\ 6 & 2 & 0 \\ -3 & 6 & 2 \end{pmatrix} \begin{pmatrix} 1 & -1/3 & 1/3 \\ 0 & 1 & 2 \\ 0 & 0 & 1 \end{pmatrix}.$

6. (1) $\begin{bmatrix} 2 & 1 & 2 \\ -2 & 2 & -1 \\ 2 & 4 & 6 \end{bmatrix} \rightarrow \begin{bmatrix} 2 & 1 & 2 \\ 0 & 3 & 1 \\ 0 & 3 & 4 \end{bmatrix} \rightarrow \begin{bmatrix} 2 & 1 & 2 \\ 0 & 3 & 1 \\ 0 & 0 & 3 \end{bmatrix}$

$\Rightarrow L = \begin{bmatrix} 1 & 0 & 0 \\ -1 & 1 & 0 \\ 1 & 1 & 1 \end{bmatrix}, U = \begin{bmatrix} 2 & 1 & 2 \\ 0 & 3 & 1 \\ 0 & 0 & 3 \end{bmatrix},$

$Ly = \begin{bmatrix} 18 \\ -39 \\ 24 \end{bmatrix} \Rightarrow y = \begin{bmatrix} 18 \\ -21 \\ 27 \end{bmatrix}, Ux = y \Rightarrow x = \begin{bmatrix} 5 \\ -10 \\ 9 \end{bmatrix}.$

(2) $\begin{bmatrix} 3 & 1 & 2 \\ -3 & 1 & -1 \\ 6 & -4 & 2 \end{bmatrix} \rightarrow \begin{bmatrix} 3 & 1 & 2 \\ 0 & 2 & 1 \\ 0 & -6 & -2 \end{bmatrix} \rightarrow \begin{bmatrix} 3 & 1 & 2 \\ 0 & 2 & 1 \\ 0 & 0 & 1 \end{bmatrix}$

$\Rightarrow L = \begin{bmatrix} 1 & 0 & 0 \\ -1 & 1 & 0 \\ 2 & -3 & 1 \end{bmatrix}, U = \begin{bmatrix} 3 & 1 & 2 \\ 0 & 2 & 1 \\ 0 & 0 & 1 \end{bmatrix}.$

$$Ly = \begin{bmatrix} 23 \\ -10 \\ 12 \end{bmatrix} \Rightarrow y = \begin{bmatrix} 23 \\ 13 \\ 5 \end{bmatrix}, Ux = y \Rightarrow x = \begin{bmatrix} 3 \\ 4 \\ 5 \end{bmatrix}.$$

7. (1) $\begin{bmatrix} 5 & 1 & 2 \\ 1 & 3 & -1 \\ 2 & 3 & 5 \end{bmatrix} \rightarrow \begin{bmatrix} 5 & 0 & 0 \\ 1 & \dfrac{14}{5} & -\dfrac{7}{5} \\ 2 & \dfrac{13}{5} & \dfrac{21}{5} \end{bmatrix} \rightarrow \begin{bmatrix} 5 & 0 & 0 \\ 1 & \dfrac{14}{5} & 0 \\ 2 & \dfrac{13}{5} & \dfrac{11}{2} \end{bmatrix}.$

$$\Rightarrow L = \begin{bmatrix} 5 & 0 & 0 \\ 1 & \dfrac{14}{5} & 0 \\ 2 & \dfrac{13}{5} & \dfrac{11}{2} \end{bmatrix}, U = \begin{bmatrix} 1 & \dfrac{1}{5} & \dfrac{2}{5} \\ 0 & 1 & -\dfrac{1}{2} \\ 0 & 0 & 1 \end{bmatrix}.$$

$$Ly = \begin{bmatrix} 10 \\ 2 \\ 15 \end{bmatrix} \Rightarrow y = \begin{bmatrix} 2 \\ 0 \\ 2 \end{bmatrix}, Ux = y \Rightarrow x = \begin{bmatrix} 1 \\ 1 \\ 2 \end{bmatrix}.$$

(2) $\begin{bmatrix} 2 & 4 & 6 \\ 1 & 4 & 7 \\ 3 & 8 & 12 \end{bmatrix} \rightarrow \begin{bmatrix} 2 & 0 & 0 \\ 1 & 2 & 4 \\ 3 & 2 & 3 \end{bmatrix} \rightarrow \begin{bmatrix} 2 & 0 & 0 \\ 1 & 2 & 0 \\ 3 & 2 & -1 \end{bmatrix}$

$$\Rightarrow L = \begin{bmatrix} 2 & 0 & 0 \\ 1 & 2 & 0 \\ 3 & 2 & -1 \end{bmatrix}, U = \begin{bmatrix} 1 & 2 & 3 \\ 0 & 1 & 2 \\ 0 & 0 & 1 \end{bmatrix}.$$

$$LY = \begin{bmatrix} 26 & 40 \\ 25 & 34 \\ 46 & 71 \end{bmatrix} \Rightarrow Y = \begin{bmatrix} 13 & 20 \\ 6 & 7 \\ 5 & 3 \end{bmatrix}, UX = Y \Rightarrow X = \begin{bmatrix} 6 & 9 \\ -4 & 1 \\ 5 & 3 \end{bmatrix}.$$

8. (1) $\begin{bmatrix} -6 & 3 & 2 \\ 3 & 5 & 1 \\ 2 & 1 & 6 \end{bmatrix} \rightarrow \begin{bmatrix} -6 & 3 & 2 \\ 0 & \dfrac{13}{2} & 2 \\ 0 & 2 & \dfrac{20}{3} \end{bmatrix} \rightarrow \begin{bmatrix} -6 & 3 & 2 \\ 0 & \dfrac{13}{2} & 2 \\ 0 & 0 & \dfrac{236}{39} \end{bmatrix}$

$$\Rightarrow L = \begin{bmatrix} 1 & 0 & 0 \\ -\dfrac{1}{2} & 1 & 0 \\ -\dfrac{1}{3} & \dfrac{4}{13} & 1 \end{bmatrix}, D = \begin{bmatrix} -6 & 0 & 0 \\ 0 & \dfrac{13}{2} & 0 \\ 0 & 0 & \dfrac{236}{39} \end{bmatrix}.$$

$$Lz = \begin{bmatrix} -4 \\ 11 \\ -8 \end{bmatrix} \Rightarrow z = \begin{bmatrix} -4 \\ 9 \\ -\dfrac{472}{39} \end{bmatrix}, Dy = z \Rightarrow y = \begin{bmatrix} \dfrac{2}{3} \\ \dfrac{18}{13} \\ -2 \end{bmatrix}, L^{\mathrm{T}}x = y \Rightarrow x = \begin{bmatrix} 1 \\ 2 \\ -2 \end{bmatrix}.$$

(2) $\begin{bmatrix} 1 & 2 & 3 \\ 2 & 1 & -2 \\ 3 & -2 & 1 \end{bmatrix} \rightarrow \begin{bmatrix} 1 & 2 & 3 \\ 0 & -3 & -8 \\ 0 & -8 & -8 \end{bmatrix} \rightarrow \begin{bmatrix} 1 & 2 & 3 \\ 0 & -3 & -8 \\ 0 & 0 & \dfrac{40}{3} \end{bmatrix}$

$$\Rightarrow L = \begin{bmatrix} 1 & 0 & 0 \\ -\dfrac{1}{2} & 1 & 0 \\ -\dfrac{1}{3} & \dfrac{4}{13} & 1 \end{bmatrix}, D = \begin{bmatrix} 1 & 0 & 0 \\ 0 & -3 & 0 \\ 0 & 0 & \dfrac{40}{3} \end{bmatrix}.$$

$$Lz = \begin{bmatrix} -3 \\ 10 \\ 7 \end{bmatrix} \Rightarrow z = \begin{bmatrix} -3 \\ 16 \\ -\dfrac{80}{3} \end{bmatrix}, Dy = z \Rightarrow y = \begin{bmatrix} -3 \\ -\dfrac{16}{3} \\ -2 \end{bmatrix}, L^{\mathrm{T}}x = y \Rightarrow x = \begin{bmatrix} 3 \\ 0 \\ -2 \end{bmatrix}.$$

9. (1) $\begin{bmatrix} a_i & 1 & 7 & 7 & 7 \\ b_i & 3 & 3 & 3 & - \\ c_i & - & 2 & 2 & 2 \\ f_i & -2 & -8 & -6 & 5 \end{bmatrix} \Rightarrow \begin{bmatrix} u_i & 1 & 1 & 1 & 1 \\ v_i & 3 & 3 & 3 & - \\ y_i & -2 & -4 & 2 & 1 \\ x_i & 1 & -1 & -1 & 1 \end{bmatrix}.$

(2) $\begin{bmatrix} a_i & 10 & 2 & 10 & 1 \\ b_i & 5 & 1 & 5 & - \\ c_i & - & 2 & 1 & 2 \\ f_i & 5 & 3 & 27 & 6 \end{bmatrix} \Rightarrow \begin{bmatrix} u_i & 10 & 1 & 9 & -\dfrac{1}{9} \\ v_i & \dfrac{1}{2} & 1 & \dfrac{5}{9} & - \\ y_i & \dfrac{1}{2} & 2 & \dfrac{25}{9} & -4 \\ x_i & 2 & -3 & 5 & -4 \end{bmatrix}.$

*10. (1) 当 A 的 LU 分解存在时, 设 $L = \begin{pmatrix} L_{11} & \\ L_{21} & L_{22} \end{pmatrix}$, $U = \begin{pmatrix} U_{11} & U_{12} \\ & U_{22} \end{pmatrix}$, 其中 L_{11}, U_{11} 都是 k 阶方阵, 则 $\Delta_k = \det(L_{11}U_{11}) \neq 0$.

反之, 设 $A = \begin{pmatrix} A_{11} & A_{12} \\ A_{21} & A_{22} \end{pmatrix}$, 其中 A_{11} 是 $n-1$ 阶可逆方阵, 则

$$A = \begin{pmatrix} I & \\ A_{21}A_{11}^{-1} & I \end{pmatrix} \begin{pmatrix} A_{11} & A_{12} \\ O & A_{22} - A_{21}A_{11}^{-1}A_{12} \end{pmatrix}$$

对 A_{11} 重复上述分解, 得 A 的 LU 分解.

(2) 显然.

(3) 对 n 归纳. 首先存在置换方阵 P_1 和 $L_1 = \begin{pmatrix} 1 & \\ \alpha & I_{n-1} \end{pmatrix}$, 使得 $L_1 P_1 A = \begin{pmatrix} b & \beta \\ & B \end{pmatrix}$, 其中 α 的元素绝对值都不超过 1. 根据归纳假设, $B = P_2 L_2 U_2$, 其中 P_2 是置换方阵, L_2 是元素绝对值都不超过 1 的单位下三角方阵, U_2 是上三角方阵. 从而,

$$A = P_1^{\mathrm{T}} \begin{pmatrix} 1 & \\ -\alpha & I_{n-1} \end{pmatrix} \begin{pmatrix} 1 & \\ & P_2 L_2 \end{pmatrix} \begin{pmatrix} b & \beta \\ & U_2 \end{pmatrix}$$

$$= P_1^{-1} \begin{pmatrix} 1 & \\ & P_2 \end{pmatrix} \begin{pmatrix} 1 & \\ -P_2^{\mathrm{T}}\alpha & L_2 \end{pmatrix} \begin{pmatrix} b & \beta \\ & U_2 \end{pmatrix} = PLU$$

其中 $P = P_1^{-1} \begin{pmatrix} 1 & \\ & P_2 \end{pmatrix}$ 是置换方阵, $L = \begin{pmatrix} 1 & \\ -P_2^{\mathrm{T}}\alpha & L_2 \end{pmatrix}$ 是元素绝对值都不超过 1 的

单位下三角方阵, $U = \begin{pmatrix} b & \beta \\ & U_2 \end{pmatrix}$ 是上三角方阵.

习题 5

1. (1) $\|X\|_1 = |a| + |b| + |c|, \|X\|_2 = \sqrt{a^2 + b^2 + c^2}, \|X\|_\infty = \max\{|a|, |b|, |c|\}$.

(2) $\|A\|_1 = 2, \|A\|_2 = \sqrt{\dfrac{3 + \sqrt{2}}{2}}, \|A\|_\infty = 2$.

(3) $\|A\|_1 = 7, \|A\|_2 \approx 6.22614$.

(4) $\|A\|_1 = 2, \|A\|_2 = \sqrt{\dfrac{3 + \sqrt{2}}{2}}, \|A\|_\infty = 2$.

2. (1) $\rho(B) = 4, \mathrm{Cond}_\infty(B) = 2$.

(2) $\rho(B) = 8, \mathrm{Cond}_\infty(B) = \dfrac{99}{20} = 4.95$.

3. (1) $\begin{cases} x_1^{(k+1)} = 0.1 * \left(1 + x_2^{(k)}\right), \\ x_2^{(k+1)} = 0.1 * \left(x_1^{(k)} + x_3^{(k)}\right), \\ x_3^{(k+1)} = 0.1 * \left(1 + x_2^{(k)} + x_4^{(k)}\right), \\ x_4^{(k+1)} = 0.1 * \left(2 + x_3^{(k)}\right), \end{cases}$

算得 $\begin{cases} X^{(1)} = (0.1000, \quad 0.0000, \quad 0.1000, \quad 0.2000), \\ X^{(2)} = (0.1000, \quad 0.0200, \quad 0.1200, \quad 0.2100), \\ X^{(3)} = (0.1020, \quad 0.0220 \quad 0.1230, \quad 0.2120). \end{cases}$

迭代矩阵 $M = \begin{bmatrix} 0 & \dfrac{1}{10} & 0 & 0 \\ \dfrac{1}{10} & 0 & \dfrac{1}{10} & 0 \\ 0 & \dfrac{1}{10} & 0 & \dfrac{1}{10} \\ 0 & 0 & \dfrac{1}{10} & 0 \end{bmatrix}, \rho(M) = \dfrac{1 + \sqrt{5}}{20} \approx 0.1618$.

(2) $\begin{cases} x_1^{(k+1)} = 0.1 * (1 + x_2^{(k)}), \\ x_2^{(k+1)} = 0.1 * (x_1^{(k+1)} + x_3^{(k)}), \\ x_3^{(k+1)} = 0.1 * (x_2^{(k+1)} + x_4^{(k)}), \\ x_4^{(k+1)} = 0.1 * (2 + x_3^{(k+1)}), \end{cases}$

算得
$$\begin{cases} X^{(1)} = (0.1000, \quad 0.0100, \quad 0.1010, \quad 0.2101), \\ X^{(2)} = (0.1010, \quad 0.0202, \quad 0.1230, \quad 0.2123), \\ X^{(3)} = (0.1020, \quad 0.0225 \quad 0.1235, \quad 0.2123). \end{cases}$$

迭代矩阵 $M = \begin{bmatrix} 0 & \dfrac{1}{10} & 0 & 0 \\[2mm] 0 & \dfrac{1}{100} & \dfrac{1}{10} & 0 \\[2mm] 0 & \dfrac{1}{1000} & \dfrac{1}{100} & \dfrac{1}{10} \\[2mm] 0 & \dfrac{1}{10000} & \dfrac{1}{1000} & \dfrac{1}{100} \end{bmatrix}$, $\rho(M) = \dfrac{3+\sqrt{5}}{200} \approx 0.02618$.

4. (1) $X^{(1)} = \left(-\dfrac{1}{2}, 0, \dfrac{4}{5}\right), X^{(2)} = \left(-\dfrac{9}{10}, -\dfrac{19}{10}, \dfrac{11}{10}\right)$.

(2) $X^{(1)} = \left(-\dfrac{1}{5}, 0, 2\right), X^{(2)} = \left(\dfrac{1}{5}, -\dfrac{17}{30}, \dfrac{21}{10}\right)$.

5. (1)

k	$X^{(k)}$	$\left\|X^{(k)} - X^{(k-1)}\right\|_\infty$
1	$(0.0000, -2.1000, -4.8400)$	4.8
2	$(-0.9040, -2.7648, -5.2867)$	0.9
3	$(-1.0816, -2.8450, -5.3543)$	0.2
4	$(-1.1044, -2.8563, -5.3634)$	0.02
5	$(-1.1076, -2.8579, -5.3647)$	0.003
6	$(-1.1080, -2.8581, -5.3648)$	0.0004
7	$(-1.1081, -2.8581, -5.3649)$	0.00006

(2)

k	$X^{(k)}$	$\left\|X^{(k)} - X^{(k-1)}\right\|_\infty$
1	$(3.2000, 0.5667, -2.3167)$	2.2
2	$(2.8500, 1.1806, -1.8347)$	0.6
3	$(3.0692, 0.9103, -2.0794)$	0.3
4	$(2.9662, 1.0434, -1.9614)$	0.1
5	$(3.0164, 0.9789, -2.0187)$	0.06
6	$(2.9920, 1.0102, -1.9909)$	0.03
7	$(3.0039, 0.9950, -2.0044)$	0.02
8	$(2.9981, 1.0024, -1.9979)$	0.007
9	$(3.0009, 0.9988, -2.0010)$	0.004
10	$(2.9996, 1.0006, -1.9995)$	0.002
11	$(3.0002, 0.9997, -2.0002)$	0.0008

6. (1) Jacobi 迭代矩阵 $M = \begin{pmatrix} 0 & -t \\ -\dfrac{1}{2}t & 0 \end{pmatrix}$, $\rho(M) = \dfrac{|t|}{\sqrt{2}} < 1 \Leftrightarrow |t| < \sqrt{2}$.

(2) Gauss-Seidel 迭代矩阵 $M = \begin{pmatrix} 0 & -t \\ 0 & \dfrac{1}{2}t^2 \end{pmatrix}$, $\rho(M) = \dfrac{t^2}{2} < 1 \Leftrightarrow |t| < \sqrt{2}$.

7. (1) $R = I - D^{-1}A = \begin{pmatrix} 0 & -2 & 2 \\ -1 & 0 & -1 \\ -2 & -2 & 0 \end{pmatrix}$, $\rho(R) = 0 \Rightarrow$ Jacobi 迭代收敛.

$S = I - (D+L)^{-1}A = \begin{pmatrix} 0 & -2 & 2 \\ 0 & 2 & -3 \\ 0 & 0 & 2 \end{pmatrix}$, $\rho(S) = 2 \Rightarrow$ Gauss-Seidel 迭代不收敛.

(2) $R = I - D^{-1}A = \begin{pmatrix} 0 & \dfrac{1}{2} & -\dfrac{1}{2} \\ -1 & 0 & -1 \\ \dfrac{1}{2} & \dfrac{1}{2} & 0 \end{pmatrix}$, $\rho(R) = \dfrac{\sqrt{5}}{2} \Rightarrow$ Jacobi 迭代不收敛.

$S = I - (D+L)^{-1}A = \begin{pmatrix} 0 & \dfrac{1}{2} & -\dfrac{1}{2} \\ 0 & -\dfrac{1}{2} & -\dfrac{1}{2} \\ 0 & 0 & -\dfrac{1}{2} \end{pmatrix}$, $\rho(S) = \dfrac{1}{2} \Rightarrow$ Gauss-Seidel 迭代收敛.

*8. (1) $A^{-1} = \begin{pmatrix} -0.9286 & -0.7857 & 0.5714 & 0.1429 \\ 1.1071 & 0.3214 & -0.3929 & -0.0357 \\ -0.0357 & -0.1071 & -0.0357 & 0.1786 \\ -0.2857 & 0.1429 & 0.2143 & -0.0714 \end{pmatrix}$.

(2) $B^{-1} = \begin{pmatrix} 4.0882 & -1.5000 & 1.4706 & -3.8529 \\ -2.3529 & 1.0000 & -0.8824 & 2.4118 \\ 2.6471 & -1.0000 & 1.1176 & -2.5882 \\ 1.0882 & -0.5000 & 0.4706 & -0.8529 \end{pmatrix}$.

*9. 证明: Jacobi 迭代矩阵 $M_1 = \begin{pmatrix} 0 & -\dfrac{a_{12}}{a_{11}} \\ -\dfrac{a_{21}}{a_{22}} & 0 \end{pmatrix}$, 谱半径 $\rho_1 = \sqrt{\left| \dfrac{a_{12}a_{21}}{a_{11}a_{22}} \right|}$.

Jacobi 迭代收敛当且仅当 $\rho_1 < 1$, 即 $|a_{12}a_{21}| < |a_{11}a_{22}|$.

Gauss-Seidel 迭代矩阵 $M_2 = \begin{pmatrix} a_{11} & 0 \\ a_{21} & a_{22} \end{pmatrix}^{-1} \begin{pmatrix} 0 & -a_{12} \\ 0 & 0 \end{pmatrix} = \begin{pmatrix} 0 & -\dfrac{a_{12}}{a_{11}} \\ 0 & \dfrac{a_{12}a_{21}}{a_{11}a_{22}} \end{pmatrix}$, 谱

半径 $\rho_2 = \left| \dfrac{a_{12}a_{21}}{a_{11}a_{22}} \right|$.

Gauss-Seidel 迭代收敛当且仅当 $\rho_2 < 1$, 即 $|a_{12}a_{21}| < |a_{11}a_{22}|$.

*10. 迭代矩阵 $M = \begin{pmatrix} 1-3\alpha & -2\alpha \\ -\alpha & 1-2\alpha \end{pmatrix}$.

特征多项式 $\varphi(\lambda) = (\lambda - 1 + 4\alpha)(\lambda - 1 + \alpha)$, 谱半径 $\rho = \min(|4\alpha - 1|, |\alpha - 1|)$.

迭代收敛当且仅当 $\rho < 1$, 即 $0 < \alpha < \dfrac{1}{2}$. 当 $\alpha = \dfrac{2}{5}$ 时, ρ 最小, 迭代收敛速度最快.

习题 6

1. (1) 提示：先分析代数精度, 再计算积分公式误差.

$$R(x) = \frac{f'(\eta)}{2}(b-a)^2, \quad \eta \in [a, b]$$

(2) 提示：对 $f\left(\dfrac{a+b}{2} + x - \dfrac{a+b}{2}\right)$ 在 $\dfrac{a+b}{2}$ 做 Taylor 展开,

$$R(x) = \frac{f''(\eta)}{24}(b-a)^3, \quad \eta \in [a, b]$$

2. 提示：用代数精度定义验证或用 Taylor 公式展开.

具有二阶代数精度.

3. $I(f) = \dfrac{9h}{4}f(0) + \dfrac{3h}{4}f(2h)$.

4. (1) 1.20711;　(2) 1.0000.

5. (1) 0.72417;　(2) 1.03829.

6. $T(f) = 5.5, S(f) = 5.46667$.

7. 在 [2.10,2.15], [2.15,2.17] 上用 Simpson 公式, 在 [2.17,2.20] 上用梯形公式, 得 $S(f) = 0.3185$.

8.

n	$T(f)$	$S(f)$	$T(f)$	$R(f)$
1	0.75000			
2	0.70833	0.69444		
4	0.69702	0.69325	0.69317	
8	0.69412	0.69315	0.69315	0.69315

$$I(f) \approx 0.69315$$

9. (1) 0.25;　(2) 0.34135.

10. (1) 2.0001;　(2) -125.345.

11. (1) $T_0(x) = 1, T_1(x) = x, T_2(x) = \dfrac{1}{2}\left(-1 + 3x^2\right), T_3(x) = \dfrac{1}{2}x\left(-3 + 5x^2\right)$.

(2) $T_2(x) = 0, x_1^{(2)} = -\dfrac{1}{\sqrt{3}} \approx -0.57735, x_2^{(2)} = \dfrac{\sqrt{3}}{3} \approx 0.57735$,

$$\alpha_1^{(2)} = \int_{-1}^{1} \frac{x - 1/\sqrt{3}}{-1/\sqrt{3} - 1/\sqrt{3}}\,\mathrm{d}x = 1, \quad \alpha_2^{(2)} = \int_{-1}^{1} \frac{x + 1/\sqrt{3}}{\dfrac{1}{\sqrt{3}} + 1/\sqrt{3}}\,\mathrm{d}x = 1$$

$$G_2(f) = f(-0.57735) + f(0.57735)$$

12. $f'(0.02) \approx -100$, $f'(0.06) \approx 150$.

13. $f''(0.20) \approx \dfrac{f'(0.20) - f'(0.10)}{0.10} = 30$, $f''(0.40) = -50$.

14. 三点中点公式：$f'(0.53) \approx 0.7783$.

    五点中点公式：$f'(0.53) \approx 0.77825$.

15. $f'(0) \approx L_2'(0) = -\dfrac{2}{3h} f(-h) + \dfrac{1}{2h} f(0) + \dfrac{1}{6h} f(2h)$,

$$f''(0) \approx L_2''(0) = \dfrac{2}{3h^2} f(-h) - \dfrac{1}{h^2} f(0) + \dfrac{1}{3h^2} f(2h).$$

习题 7

1. $y(x)$ 在 $\{0.1, 0.2, 0.3, 0.4, 0.5\}$ 处的值为 $\{1.1, 1.231, 1.4025, 1.6295, 1.9347\}$.

2. 用向前 Euler 公式作为初值估计, 用向后 Euler 公式做一步迭代, 得到 $y(x)$ 在 $\{1.1, 1.2, 1.3, 1.4, 1.5\}$ 处的值为 $\{1.241, 1.5336, 1.8857, 2.3060, 2.8043\}$.

3. 取 $h = 1$, 得到 5 年后的人口为 56751.

4. $y(x)$ 在 $\{1.2, 1.4, 1.6, 1.8, 2.0\}$ 处的值为 $\{1.484, 2.179, 3.150, 4.474, 6.247\}$.

5. $y(x)$ 在 $\{2.2, 2.4, 2.6\}$ 处的值为 $\{1.3565, 1.6614, 1.9391\}$.

6. 得到格式为 $y_{n+1} = y_{n-1} + \dfrac{h}{3}(f(x_{n+1}, y_{n+1}) + 4f(x_n, y_n) + f(x_{n-1}, y_{n-1}))$, 至少需要 3 阶精度的格式作为起步和预估计算. 使用 4 阶 Runge-Kutta 格式作为起步和预估计算, 得到 $y(x)$ 在 $\{3.2, 3.4, 3.6\}$ 的值为 $\{1.858, 3.5999, 7.2569\}$.

7. 格式为 2 阶精度, 因此可以用向前 Euler 格式作为起步计算. 得到 $y(x)$ 在 $\{0.1, 0.2, 0.3, 0.4, 0.5\}$ 处的值为 $\{1.0, 0.985, 0.9605, 0.9271, 0.8859\}$.

8. 提示：假定 $y_n = y(x_n), y_n = y(x_n), y_n = y(x_n)$, 利用微分方程得到

$$y_n = y(x_n) + \dfrac{h}{12}\left[23y'(x_n) - 16y'(x_{n-1}) + 5y'(x_{n-2})\right]$$

将上式在 x_n 处 Taylor 展开, 与 $y(x_{n+1})$ 在 x_n 处的 Taylor 展开式比较后, 即可得到误差为

$$y(x_{n+1}) - y_{n+1} = \dfrac{3}{8} y^{(4)}(x_{n-1})h^4 + O(h^5)$$

9. 用 4 阶 Runge-Kutta 方法, 以 1 年为步长, 得到 3 年后的数量为 $u = 0.2238, v = 0.0988$.

*10. 提示：与第 8 题类似, 利用 Taylor 展开可以得到 $\alpha = 9$, $\beta = 6$. 此时, 格式的局部截断误差为 $\dfrac{1}{10} y^{(5)}(x_n)h^5 + o(h^5)$, 是一个 4 阶精度的格式.

习题 8

1. (1) 特征值为 7, 特征向量 (略)；   (2) 特征值为 3.8284, 特征向量 (略)；

(3) 特征值为 -4, 特征向量 (略).

2. (1) -0.2426, 特征向量 (略)；   (2) 2, 特征向量 (略).

3. (1) 2.5858, 5.4142；   (2) 7, 1.

4. (1) 1.476, -0.1451, 4.669；   (2) 4, 5.6056, -1.6056.

5. **解**　注意到 $x_8/x_6 = x_9/x_7 = x_{10}/x_8 = (16, 16, 16)$, 因此按模最大特征值有 2 个, 且互为相反数, $\lambda_1 = -\lambda_2 = \sqrt{16} = 4$. 相应的特征向量为

$$v_1 = x_{10} + \lambda_1 x_9 = (-7158.2787, 3579.1389, 10737.418)$$

$$v_2 = x_{10} + \lambda_2 x_9 = (603.9797, 0, -603.9797)$$

根据特征向量性质取

$$V_1 = \frac{v_1}{3579.1389} = \{-2, 1, 3\}, \quad V_2 = \{1, 0, -1\}$$

6. **解**　注意到序列的奇、偶序列收敛到方向相反的两个向量, 因此按模最大的特征值只有一个, 且小于零. 此时特征向量 $v_1 = (0.2580, -0.03746, 1)$, 而 $x_1 = Av_1 = (-2.26346, 0.3287, 8.7739)$, 因此特征值 $\lambda_1 = -8.7739$.

7. 对 $A - pI$ 用反幂法可以求出 $A - pI$ 的按模最小特征值 μ 及相应的特征向量 v, 则 A 与 p 最接近的特征值为 $p + \mu$, 相应的特征向量为 v.

记 $B = A - 1.2I = \begin{pmatrix} 0.8 & 1 & 0 \\ 1 & 1.8 & 1 \\ 0 & 1 & 2.8 \end{pmatrix}$, 对 B 进行反幂法运算 $\begin{cases} y^{(k)} = \dfrac{x^{(k)}}{\|x^{(k)}\|_\infty}, \\ Bx^{(k+1)} = y^{(k)}. \end{cases}$

取初值 $x^{(0)} = (1, 1, 1)^{\mathrm{T}}$, 迭代后可以得到按模最小特征值及相应特征向量

$$\mu \approx \frac{1}{14.7169}, \quad v \approx (1, -0.7321, 0.2689)^{\mathrm{T}}$$

故所求特征值和特征向量为

$$\lambda \approx 1.2 + \frac{1}{14.7169} = 1.2680, \quad v \approx (1, -0.7321, 0.2689)^{\mathrm{T}}$$

可以得到其精确值为

$$\lambda = 3 - \sqrt{3} \approx 1.2680, \quad v = (1, 1 - \sqrt{3}, 2 - \sqrt{3})^{\mathrm{T}}$$

8. A 为实对称矩阵, 则存在 n 个单位特征向量 $v_1, v_2, \cdots, v_n$, 且满足

$$Av_i = \lambda_i v_i, \quad (v_i, v_j) = \delta_{ij}$$

则有

$$x^{(0)} = \alpha_1 v_1 + \alpha_2 v_2 + \cdots + \alpha_n v_n$$
$$x^{(k)} = \lambda_1^k \alpha_1 v_1 + \lambda_2^k \alpha_2 v_2 + \cdots + \lambda_n^k \alpha_n v_n$$

而

$$\frac{(Ax^{(k)}, x^{(k)})}{(x^{(k)}, x^{(k)})} = \frac{(x^{(k+1)}, x^{(k)})}{(x^{(k)}, x^{(k)})} = \frac{\lambda_1^{2k+1}\alpha_1^2 + \lambda_2^{2k+1}\alpha_2^2 + \cdots + \lambda_n^{2k+1}\alpha_n^2}{\lambda_1^{2k}\alpha_1^2 + \lambda_2^{2k}\alpha_2^2 + \cdots + \lambda_n^{2k}\alpha_n^2}$$

$$= \lambda_1 + O\left(\left(\frac{\lambda_2}{\lambda_1}\right)^{2k}\right)$$